경제적 자유를 위한
최소한의 수학

MILLION DOLLAR MATHS
Copyright ⓒ 2018 by Hugh Barker
All rights reserved.

Korean translation copyright ⓒ 2023 by PSYCHE'S FOREST BOOKS
Korean translation rights arranged with Atlantic Books Ltd through EYA(Eric Yang Agency)

이 책의 한국어판 저작권은 에릭양 에이전시(EYA)를 통한 Atlantic Books Ltd사와의 독점 계약으로 도서출판 프시케의숲에 있습니다. 저작권법에 의해 한국 내에서 보호를 받는 저작물이므로 무단 전재와 복제를 금합니다.

경제적 자유를 위한 최소한의 수학

휴 바커 지음
김일선 옮김

프시케의숲

일러두기

1. 외래어 표기는 국립국어원의 표기법을 따르되, 관행에 따라 일부 예외를 두었다.
2. 도서, 정기간행물은 《 》로, 논문, 신문, 영상, 시, 예술작품 등은 〈 〉로 표기했다.
3. 원칙적으로 숫자를 읽히는 대로 표기했으나(예: 두 배, 256배), 숫자간의 비교가 중요한 부분에서는 편의상 아라비아 숫자로 통일해서 표기했다(예: 2가지, 256가지).

차례

들어가며 •009

1장 마법의 콩을 찾아서 •013

돈이란 무엇인가 | 싸게 사서 비싸게 판다
72의 법칙 | 손쉽게 100만 파운드 만들기
현실에서의 마법의 콩 | 지수적 증가의 힘

2장 카지노와의 수 싸움 •035

도박에 담긴 수학 | 행운의 여신
동전 던지기 게임 | 카지노에 간 부자와 빈자
정규분포 이외의 분포 패턴 | 배당률을 확률로 변환하는 법
카지노의 확률적 몫 | 하우스 에지 알아내기
도박의 양면성을 이해하자 | 역72의 법칙

3장　세상 모든 베팅의 원리　•075

확실하게 돈을 따는 베팅 방법? | 적정한 베팅 금액 산정하기
워런 버핏도 즐겨 쓰는 켈리 베팅 | 헤징: 실패에 대비하다
저평가된 가치를 찾을 것 | 작은 수와 큰 수의 법칙
상트페테르부르크 복권 | 실질적 확률과 비이성적 함정
무작위성 속에 숨겨진 패턴 찾기 | 룰렛과 수학

4장　성공적인 투자자가 되려면　•125

주식시장의 기본 | 회사의 가치를 소유하다
내 주식은 고평가됐을까, 저평가됐을까 | 돈의 시간적 가치
불확실성 관리하기 | 변동성: 큰돈 혹은 파산
위험을 줄이는 방법 | 시장의 틈새를 찾아서
상승장과 하락장 | 투자자와 켈리 베팅
저위험 고수익 투자 | 비이성적 투자자

5장　시스템의 허점을 파고들다　•169

에드 소프라면 어떻게 할까? | 단순히 카드를 세기만 하면
MIT 블랙잭 팀 | 주사위와 카드 속임수
완벽한 예측이라는 거짓말 | 폰지 사기와 피라미드 사기
즉석 복권의 패턴 | 복권을 모두 사버리면 어떨까
행운을 눌러요 | 홀인원 노리기
좋은 정보, 나쁜 정보 | 여론조사 결과가 실제와 다를 때

6장　IT와 금융의 지배자　• 221

구글과 행렬 ｜ 페이스북의 수학
인터넷뱅킹의 비밀 ｜ 비잔틴 장군 문제와 비트코인
파생상품의 기초 ｜ 블랙-숄즈 모델과 금융위기
고빈도 매매의 수학

7장　일 잘하는 사람의 수학 스킬　• 253

데이터는 충분히 수집한다 ｜ 무작위성 이해하기
그림으로 표현하라 ｜ 데이터에 귀를 기울인다
상트페테르부르크 복권 팔기 ｜ 전시회의 수학
협상력을 높여주는 게임 이론 ｜ 부의 분배와 수학
빚과 레버리지 ｜ 78의 법칙

8장　불가능한 문제를 증명하기　• 291

현실판 〈굿 윌 헌팅〉 ｜ 상금 100만 달러짜리 문제
밀레니엄상에 도전해볼까? ｜ 수학과 관련된 다른 상들
이해하기 쉽지만 풀기는 어려운 ｜ 암호 해독의 유혹
문제는 풀리라고 있는 것

나가며　• 321

들어가며

돈과 수학, 그 오묘한 관계

"수입이 20파운드이고 지출이 19파운드 19실링 6펜스인 삶은 행복하다. 수입이 20파운드이고 지출이 20파운드 6펜스면 불행하다."

_찰스 디킨스, 《데이비드 코퍼필드》 중

좋고 싫고를 떠나, 우리가 사는 세계는 돈으로 움직이는 곳이므로 돈이 있으면 어쨌든 인생에서 더 많은 기회를 만들 수 있다. 돈이 행복이나 사랑을 가져다주지 않는다는 것쯤이야 누구나 알지만 돈이 부족하면 반드시 궁핍해지고 결국 좌절하게 된다. 그러므로 상식적 수준의 수학 지식이 있는 사람이라면 어떻게 해야 자신의 부를 늘릴 수 있을까 고민하는 건 지극히 자연스런 행동이다. 이런 평범한 사람들이 자신의 사업이나 재산을 과연 효과적으로 관리할 수 있을까? 또는 새롭고 번뜩이는 재테크 방법을 생각해 낼 수 있을까? 아니면 도박이나 금융 해킹에 사용될 수준의 기발한 금융 범죄 기법을 떠올리는 건 가능할까?

찰스 디킨스의 《데이비드 코퍼필드》에 나오는 구절이 말해주듯,

결국엔 지불 능력이 있느냐 없느냐가 문제가 된다. 이 정도는 사실 딱히 심오한 통찰력이 있어야 느낄 수 있는 것도 아닐 뿐더러 오히려 누구나 할 수 있는 당연한 이야기에 가깝다. 어쨌거나 대부분의 사람들이라면 6펜스보다는 좀 더 많이 저축을 해둬야 마음이 편하게 마련이다. 그리고 가능하면 더 부자가 되고 싶다는 것이 솔직한 속마음일 것이다. 재테크 관련 도서처럼 재산 증식 정보를 제공하는 업계가 잘 나가는 건 기본적으로 사람들에게 최소한의 노력으로 금방 돈을 벌 수 있을 거라는 꿈을 팔기 때문이다. 이 책의 목적은 그런 꿈을 주려는 게 아니라 각자의 상황에 맞게 쓸 수 있는 크고 작은 수학적 원리를 알려주려는 데 있다.

이 책에서 다룰 내용은 수학과 돈 사이의 다양한 관계, 그리고 이 관계로 인해 생기는 돈을 벌 수 있는 기회 등이다. 수학을 바탕으로 큰 성공을 거둔 유명한 투자가, 사업가, 도박사들의 이야기도 살펴본다(도박이나 투기의 윤리적 가치 판단은 가급적 피하려 하지만, 각 사례의 접근 방법에 따라 법적, 혹은 재무적 관점에서 위험 요소가 있을 가능성이 있는 것도 사실이긴 하다). 현대적인 투자 기법은 소셜미디어 회사가 사용하는 알고리즘, 비트코인의 기초가 되는 복잡한 수학, 해커와 인터넷 보안 전문가 사이의 싸움 등, 분야를 막론하고 아주 많이 수학에 의존한다. 또한 각 장의 말미에는 해야 할 행동과 하지 말아야 할 행동을 짧게 요약해서 설명해두었다.

앞으로 다룰 대부분의 내용은 개인의 재무, 투자, 도박에 관한 것이며 고등학교 정도의 수학으로 무리 없이 이해할 수 있는 수준이다. 일부 내용은 아마도 쉬울 테지만, 얼마나 많은 사람들이 수학적 원리를 모른 채 룰렛 테이블 앞에서 가슴을 졸이고, 주식의 가치를 파악할 때 이자율이라는 아주 직관적이고 필수적인 개념을 제쳐둔 채 그저 주식가격과 기업이 올린 수익의 비율PER만 따진다는 걸 알면 놀랄 것이다. 그리고 연봉 협상 테이블에서 연봉 인상의 가능성에 게임 이론이 어떻게 영향을 미치는지를 아는 독자도 있고 그렇지 못한 분도 계시리라 생각한다.

책을 읽다 보면 다양하고 생소한 문제들과도 마주치게 될 것이다. 이 중에는 순수하게 수학적 관점에서 바라보면 되는 것도 있고, 케인스의 미인대회 문제에서 비잔틴 장군 문제, 켈리 조건을 비롯해 매버릭 솔리테어 카드놀이 등 다양한 요소가 섞인 문제들도 있다.

일상생활에서 수학적 사고를 활용한다고 해서 수학을 잘할 필요는 전혀 없다. 사실 성공한 기업가나 투자가도 복잡한 수학을 쓰지는 않고, 그저 수가 어떤 의미를 갖는지, 데이터와 확률을 분석할 때 흔히 저지르는 실수가 무엇인지를 분명히 이해하고 있을 뿐이다. 감정에 휩쓸려 실수를 하지 않는 것이 바람직한 판단을 내리는 것 못지않게 중요하며, 그리고 많은 사람들이 잘못 이해하고 있는 수학적·통계적 실수를 파악하고 있으면 아주 큰 도움이 된다.

물론 이 책에 담긴 내용들이 아주 쉬운 수학이라고 말하기는 힘들다. 책 후반부에서는 거시적 관점에서 금융 시스템을 수학적으로 살펴보고 수학과 관련해서 어떤 상賞들이 있는지도 알아볼 텐데, 그러려면 좀 더 복잡한 수학을 대체적으로라도 이해해야 한다. 사실 이 책에서 언급되는 수학 이론들을 모두 자세히 이해하려면 필자보다 훨씬 더 높은 수준의 수학자여야 한다. 그러므로 필자의 능력을 벗어난 내용과 전문적인 수학자가 아닌 사람이 이해하기 힘든 수준의 이론에 대해서는 이를 명확히 밝혀두겠다. 하지만 이 책을 읽어 나가는 데 필요한 수학의 대부분은 고등학교 수준이면 충분하다고 생각한다.

제1장

마법의 콩을 찾아서

"재산을 자랑스러워하는 부자는
그 부를 사용할 때 칭찬해주면 된다."

소크라테스

50명에게 돈이란 무엇인지 물어본다면 아마도 50가지 다른 답을 듣게 될 것이다. 돈이란 정말 정의하기 어려운 대상이므로 차근차근 파고들어가보자. 돈을 정의하고 나면 돈을 불리는 가장 기본적인 방법의 토대가 만들어진 것이고, 재산을 효과적으로 불리는 데 왜 지수적指數的, exponential 증가가 중요한지도 이해하게 된다.

돈이란 무엇인가

근본적인 개념에서 바라보자면 돈은 가치를 측정하고 매기는 수학적 도구일 뿐이다. 화폐경제 이전의 사회에서 사람들은 물물교환을 통해 재화를 거래했다. 예를 들어 곡물 한 자루를 주는 대신, 냄비를 받거나, 콩 한 자루를 얻거나, 하루 일할 사람을 구하는 식으로.

이제 젖소 한 마리가 밀 세 묶음으로 바뀐 상황을 생각해보자. 젖소와 밀의 비교가치comparative value를 나타내는 등식을 그림으로 표시하면 더 쉽게 이해할 수 있다(그림1).

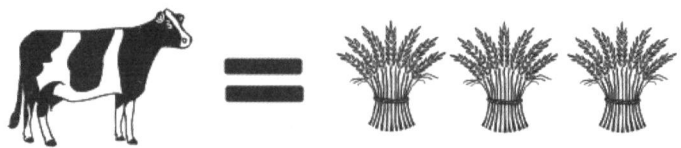

그림1 젖소와 밀의 가치를 수학적으로 표현하면 c=3b이다(c는 젖소 한 마리, b는 밀 한 묶음).

그런데 물물교환만으로 거래가 이루어지려면 서로 상대방이 정확하게 원하는 물품을 갖고 있어야만 한다. 그렇지 않으면 A는 B에게 젖소를, A와 B가 C에게 밀을, C는 D에게 벌집을, 그리고 C와 D가 A에게 냄비를 전달하는 식으로 여러 명이 얽힌 채 거래하는 수밖에 없다. 당연히 이런 거래를 성사시키기란 지극히 힘들다. 이런 이유로 화폐와 외상, 즉 신용credit이라는 개념이 곧바로 만들어졌다. 사람들은 동물의 뼈에 수량을 기록하는 막대와 같은 원시적인 기록 방법을 이용해서 물품과 서비스를 거래하고 향후 거래에 사용될 신용의 잔량을 기록했다. 화폐의 기본 단위를 x라고 한다면 젖소의 시장가격은 15x이고 밀 한 묶음은 5x가 된다(그림2, 그림3). 수식으로 나타내면 이렇게 된다.

$c = 15x$

$b = 5x$

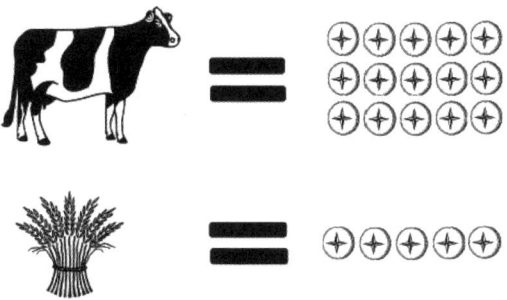

그림2 젖소 한 마리의 가격은 15x.
그림3 밀 한 묶음의 가격은 5x

이 식을 이용해서 젖소와 밀 한 묶음의 값을 기준으로 x의 값이 얼마가 되는지 계산할 수 있다.

$$x = \frac{c}{15}$$

$$x = \frac{b}{5}$$

여기서 눈여겨볼 점은 화폐도 시장에서 거래되는 재화의 하나로 볼 수 있으며, 화폐의 가치를 다른 재화의 가치를 기준으로 환산할 수 있다는 사실이다. 결국 화폐의 핵심 용도는 서로 다른 재화의 거래를 가능하게 만들어주는 중간 다리 역할에 있다.

그런데 화폐를 사용하려면 반드시 수를 세는 방법counting이 있어야 된다(사실 큰 수를 세는 방법은 거래에 필요해서 만들어졌다. 원시 부족들의 수 개념이

'하나, 둘, 셋, 많음…'에 불과했다는 증거도 있고, 많아봐야 손가락과 발가락의 수인 열에서 스물 정도에 그쳤다). 화폐는 처음부터 상대 가치의 측정 수단으로 사용된 것이다.

화폐경제가 시작되던 시기부터 빚이라는 개념도 함께 사용되었다. 많은 문화권에서는 빌린 돈에 이자를 붙인다는 개념에 대해 부정적이었지만, 어떤 형태로건 타인에게 신용을 제공한다는 개념을 받아들인 곳이라면 결국 빚이라는 개념을 인정한 것이었다. 사실 음수의 개념도 거래 상대의 외상과 입금액을 표현하기 위해 중국의 수학자들이 최초로 고안한 것이었다. 거래 내역을 기록하는 원장元帳에 붉은색으로 적힌 외상(출금)은 차감되고, 검은색으로 기록된 입금액은 더해지는 식이었다.

일부 사람들은 '실물 화폐real money'를 '대용 화폐token money'나 '명목 화폐fiat money'와 구분하기도 한다. 실물 화폐란 목제 코인이나 조개껍질(약 3,000년 전에 인도양 주변 해안에서 사용되었다)과 달리 금을 화폐로 사용하는 경우처럼 화폐 자체가 본질적이고 실질적 가치를 갖고 있는 것을 가리킨다. 필자는 화폐가 어떤 형태나 재질로 되어 있건 어느 정도는 교환가치를 나타낸다고 생각하지만, 금이 미국달러보다 더 실제 가치를 갖고 있는지 아닌지 같은 복잡한 논쟁에 끼어들기보다는, 금이건 지폐건, 보증의 주체가 정부이건 민간 기관이건, 디지털 화폐건 플라스틱으로 만든 칩이건 모든 형태의 화폐에는 상대적인 가치만 매겨질 수 있다는 사실을 강조하고 싶다.

즉 어떤 통화의 가치는 그 돈과 교환 가능한 다른 재화나 서비스로만(또는 다른 통화로만) 측정될 수 있다는 의미다.

중요한 사실은 근본적이거나 절대적 가치라는 건 애초에 존재하지 않는다는 점이다. 금의 시세는 밀의 시세와 비교해서, 혹은 달러를 금의 무게에 비교해서, 아니면 엔을 유로에 비교하는 식으로만 표시할 수 있을 뿐이다. 이런 재화들이 본질적으로 가치를 가지고 있는지 아닌지를 따져보는 건 누가 가치를 부여하는지, 교환하고자 하는 것이 무엇인지를 명확히 해놓지 않은 상태에선 아무런 의미가 없다. 모든 화폐의 가치라는 건 상대적이고 항상 변동한다. 미국달러로 매겨진 휘발유 가격이 상승했다는 이야기는 휘발유로 매긴 달러의 값이 떨어졌다는 이야기와 마찬가지다.

게다가 화폐의 가치는 항상 상대적일 뿐만 아니라 주관적이기도 하다. 맑은 물이 흐르는 강가에 사는 사람들에게 생수 한 병은 아무런 가치가 없지만 사막 한 가운데서 죽음의 문턱에 다다른 사람에겐 100만 달러라고 해도 이상하지 않다.

부를 관리하려면 기본적으로 각각의 재화가 갖고 있는 가치가 무엇인지와 그 가치의 변동을 파악해야 한다. 순자산이라는 개념을 생각해보면 쉽게 이해할 수 있다. 순자산이란 갖고 있는 모든 자산을 현재 시장에서 거래되는 시가current value로 모두 팔아서 빚을 모두 갚은 뒤에 남은 액수를 의미한다.

돈에 객관적인 가치가 있다는 생각을 버리기는 쉽지 않을 수 있다. 하지만 몇 년 전처럼 돈을 마구 찍어내는 양적 완화quantitative easing가 진행되던 시대에는 돈 자체의 가치가 상승하거나 하락할 수 있다는 개념이 그 어느 때보다도 훨씬 이해하기 쉬웠다. 덕분에 돈이란 단지 다른 재화나 서비스와 교환될 수 있는 존재일 뿐이라고 간주하기만 한다면, 돈에 대해 수학적으로 엄밀하게 생각해볼 토대가 생긴 셈이다.

> **퀘스트**
>
> 돈이란 교환가치, 돈과 교환될 재화와 서비스, 자산의 양을 나타내는 수단이라는 사실을 기억한다. 어떤 두 가지의 물품이나 서비스 a와 b가 있을 때 둘 사이의 상대적인 가치는 항상 $a = nb$라는 식으로 나타낼 수 있다. 이런 재화와 서비스나 마찬가지로 돈의 가치도 항상 변동한다는 사실을 명심하자. 결국 가치라는 것은 상대적이고, 주관적이고, 항상 변한다. 장기간에 걸쳐서 부를 증식하는 기본적인 방법은 가치의 변동을 잘 이용하거나(예를 들어 자신에게 의미 있는 가치보다 더 비싸게 팔 수 있는 것은 판다) 가치를 더하는 것이다(예를 들어 원자재를 가공해서 무엇인가를 만든다).

싸게 사서 비싸게 판다

두 번째로 기억해둘 것은 경제적 거래는 동일한 품목에 서로 다른 가치value를 부여하고 있는 개인 혹은 조직인 양쪽 당사자가 동시에 받아들인 가격price으로 이루어진다는 점이다(양쪽 모두 똑같은 가치를 부여하고 있다면 거래가 성사되기는 하겠지만 이런 경우엔 사실 어느 한쪽도 거래를 성사시키

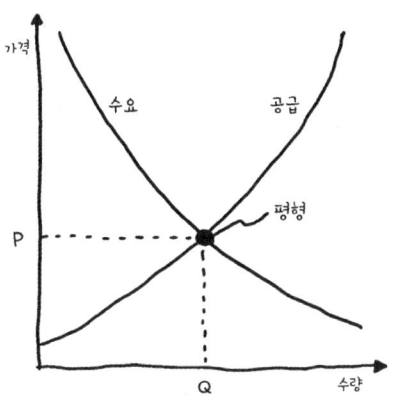

그림4 수요와 공급 그래프. 가격이 상승하면 공급이 늘어나는 경향을 보인다. 즉, 더 많은 사람들이 이 품목을 만들거나 팔고자 한다. 반면에 수요, 즉 이 품목을 사려는 사람은 줄어든다. 이론적으로는 수요와 공급 곡선이 만나는 곳의 위치에 따라 시장가격 혹은 평형가격이 정해진다.

고자 하는 동기가 특별히 강하지 않다). 당장 내일 중고차를 사러 나가야 한다고 생각해보자. 구매자는 3,000파운드까지는 쓸 의향이 있고 판매자는 최저 2,500파운드는 받으려 한다면 보통 이 중간에서 가격이 합의된다. 그리고 이 거래가 시장가격market price 형성에 영향을 미치고, 이렇게 형성된 시장가격은 수많은 유사 거래에 반영된다.

경제 이론에서는 수요와 공급 사이의 관계를 나타낸 그래프(그림4)를 이용해서 시장가격이 형성되는 원리를 간단하게 설명한다. 이상적인 시장은 수학적 방법을 이용해서 표현할 수 있는데, 이상적 시장이 실제 시장이 아니라는 점만 명심하면 수학적 방법은 상당히 유용한 분석 도구다.

주식 거래에도 이 원리가 적용된다. 주식을 사는 사람은 사려는 주식의 가격이 자신이 생각한 가치보다 낮거나 같다고 여기고, 주식을 파는 사람은 자신이 생각한 가치보다 가격이 높거나 같다고 생각하기 때문에 거래가 이루어지는 것이다.* 이런 판단을 하는 이성적 혹은 비이성적 이유가 있을 수 있지만, 매수자와 매도자가 동일한 주식의 가치를 서로 다르게 바라보는 동기와 이유가 각각 존재하고 그로 인해 양쪽이 합의에 이르렀다는 사실이 핵심이다. 그러므로 특정 재화의 '가치'보다는 확인이 가능한 시장가격을 이야기하는 편이 현실적으로는 대체로 더 쓸모가 있다.

돈을 벌고 싶다면 가격이 변동하는 보유 자산, 재화, 서비스를 어떤 방법으로 교환해야 돈을 더 축적하고 소유할 수 있는지 생각해봐야 한다. 이 목적을 달성하는 네 가지 근본적인 방법을 살펴보자.

첫째는 임금이나 급여를 받고 자신의 노동력을 제공하는 것이다. 다른 말로 하자면, 당장 밖에 나가서 직장을 알아보라는 뜻이다.

둘째는 크건 작건 사업을 시작해서 재화나 서비스를 판매하는 것이다. 이건 원재료(노동, 소재, 첨가물, 아이디어 어느 것이나 마찬가지다)를 바탕으로 더 비싼 값을 받을 수 있는 방법을 만들어내는 방식이다 예를 들면 금속을 사서 브로치를 만들어 더 비싼 값에 팔고, 소셜미디어를 이용하는 온라인 광고를 통해 광고비를 절감하는 식이다. 원재료에 가치를 더해 부를 창출하는 것이다.

세 번째는 친구의 사업에 투자하거나 주식을 구입하는 것처럼(직

---

* 파는 사람이 '어쩔 수 없이 팔아야 하는' 경우에는 적정 가격보다 낮다고 생각하면서도 달리 방법이 없기 때문에 거래에 응하게 된다.

접 살 수도 있고 증권 회사를 통해 구매할 수도 있다) 직접 혹은 간접적으로 다른 사람의 사업에 투자해서 부를 얻는 방법이다.

네 번째는 어떤 자산이 쌀 때 사두었다가 비싸지면 파는 방법, 즉 자산의 가치 변동을 활용하는 방법이다. 어떤 종류의 자산이건 거래를 통해 이익을 남기려는 경우에는 기본적으로 쓰이는 방법이지만, 투기와 도박도 완벽하게 동일한 원리로 움직인다(투자와 투기를 엄격하게 구분하기란 사실 어렵지만, 투입된 돈이 새로운 부를 창출하는 데 쓰이는지의 여부를 기준으로 삼는 것도 고려해볼 만하다. 그렇지 않은 경우에는 투자보다는 투기일 가능성이 높다).

어쨌거나 가치는 계속 변동한다는 사실에는 변함이 없으므로, 돈을 벌고자 할 때 '싸게 사서 비싸게 판다'라는 수학적 원칙은 항상 유효하다. 심지어 직장을 찾는 일도 자신이 갖고 있는 기술을 습득하는 데 들어간 시간과 비용을 앞으로 받을 수 있는 급여와 비교하는 것이므로 본질적으로는 마찬가지다. 하지만 사업이나 투자에서는 가치 변동을 잘 활용할수록 더 빠르게 부를 얻을 수 있다는 사실이 훨씬 명확하게 드러난다.

그렇다고 모든 것을 사고파는 관점에서만 보면 곤란하다. 전설적 투자가인 존 보글John C. Bogle의 이야기를 되새겨보자. "투자를 통해 실제로 실현될 이익은(투자는 이미 과거에 이루어진 것이므로) 사고파는 과정을 통해서가 아니라 소유하고 보유하는 과정을 통해 이루어지게 된다." 이 말은 현재 보유하고 있는 자산을 유지하는 데 드는 비용을 상쇄할 만큼의 이익이 나올지, 이 이익이 현재의 자산을 다른 자산으로 바꾸었을 때의 이익과 비교해서 어느 쪽이 더 나은지를 묻는 것과 마찬가지다. 기존의 자산을 팔아 이익이 덜 나는 다른 자산을 새로 구입한다면 아무런 이득이 없으므로, 결국엔 비교가치라는 개념이 아주 중요해진다. 결국 어떤 자산에 투입된 자본이란, 그것과 동일한 금액으로 살 수 있는 다른 자산을 살 수 있는 기회만큼의 '비용'을 써버렸다는 뜻이 된다(기회비용).

퀘스트

가치를 순수한 수학적 등식으로만 바라보는 이유 중 하나는 이렇게 하면 종종 범하기 쉬운 비이성적 실수를 피하는 데 도움이 되기 때문이다. 자산의 가치를 평가할 때 전혀 상관없는 요소를 고려하면 오류를 범하기 쉽다. 예를 들어 어떤 자산을 손에 넣기 위해 얼마를 지불했는지, 혹은 얼마나 열심히 노력했는지 등을 따지는 경우가 그렇다. 그러다 보면 이른바 매몰비용의 오류(sunk costs fallacy, 이미 투입된 자본에 발목이 잡혀 손실이 계속되는데도 자산을 계속 보유하는 실수)에 빠지게 된다.

자산의 가치는 항상 현재의 가치를 다른 선택지와 비교해서만 평가해야 한다. 과거에 일어난 일은 대부분 아무런 상관이 없다. 과거의 가치 변화 패턴이 미래의 가치 변화 형태를 예측하는 데 일부 정보를 줄 수도 있지만, '과거의 실적으로 보장되는 건 아무것도 없다'는 말을 새겨들어야 한다.

> 궁극적인 목표는 보유 자산에 투입된 비용보다 더 비싼 값에 자산을 파는 것이다. 그러므로 손실이 두려워 자산 매각을 거부하는 것은 손실을 받아들이고 새로운 투자를 시작하는 것보다 더 위험할 가능성이 높다.

72의 법칙

투자 기회가 생겼거나 사업 모델을 살펴볼 때는 투입한 금액이 두 배가 되는 데 시간이 얼마나 걸리는지를 살펴보면 유용하다(시간이 어지간히 흘러 일정 시점이 되어도 투자금이 두 배가 되지 않을 것 같다면 아마도 다른 투자처를 알아보는 편이 낫지 않을까?).

72의 법칙을 이용하면 손쉽게 이 기간을 계산할 수 있다. 이 방법의 기원은 15세기에 루카 파치올리Luca Pacioli가 쓴 《산술전서Summa de arithmetica》로 거슬러 올라간다.

이 법칙에 따르면 72를 증가율(투자나 저축의 경우에는 이자율)로 나누면 초기 투자금이 두 배가 되는 기간이 얻어진다. 예를 들어 연간 이자율이 9%라면, $\frac{72}{9}$ =8년이 된다. 이자율이 9%일 때 정확하게 계산해보면 8.043년이 걸리므로(그림5 참조) 간편하게 사용하기엔 충분한 정확도다.

이 법칙은 대략적인 값을 알려주는 방법일 뿐이고 그것도 이자율이 5%에서 10% 사이일 때만 잘 들어맞는다. 사실 72보다는 69나

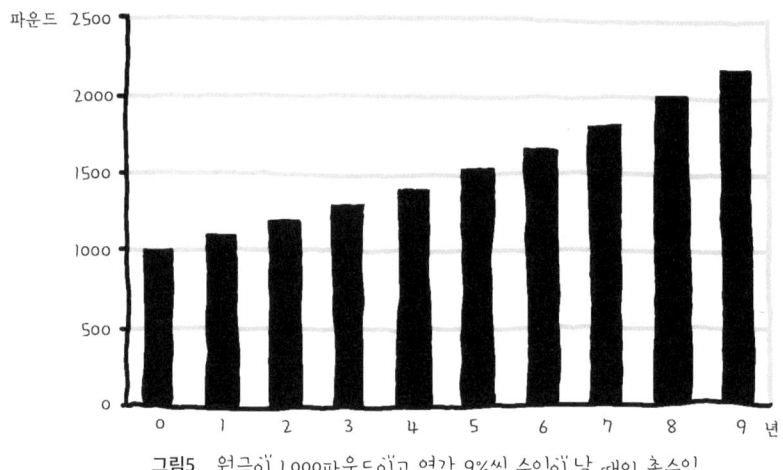

그림5 원금이 1,000파운드이고 연간 9%씩 수익이 날 때의 총수입.

70을 사용하면 더 정확하기도 하다(단지 72가 더 여러 수로 나누어지기 때문에 쓰인 것이다. 72는 1, 2, 3, 4, 6, 8, 9, 12, 18, 24, 36으로 나눌 수 있다).

정말로 유별나 보이고 싶다면 에카르트-맥헤일Eckart-McHale 이차방정식으로 알려진 방법이 있는데 여기서는 69.3을 쓴다. 수식은 이렇다.

$$t = \frac{69.3}{r} \times \frac{200}{(200-r)}$$

여기서 t는 투자금액이 두 배가 되는 기간이고 r은 증가율(이자율)이다. 식에서 곱하기 이후 부분에 의해, 증가율이 클 때도 계산의 정확도가 확보된다. 이 부분이 생략되면 증가율이 클수록 오차가 급격히 늘어난다.

하지만 대부분의 보편적 상황에서는 72의 법칙만으로도 충분히 쓸 만하다. 실제로 수백 년 동안 수많은 투자가와 금융업 종사자들이 그렇게 해왔다.

손쉽게 100만 파운드 만들기

이제 원금이 두 배로 늘어나는 데 걸리는 시간을 계산하는 방법을 알았으니, 초기 투자금 1,000파운드를 1년 만에 100만 파운드로 불리는 간단한 방법을 살펴보자.

어떤 계기로 매주 월요일마다 마법의 콩을 살 수 있게 된 사람이 있다. 이 콩은 매주 금요일에는 월요일에 산 가격의 두 배로 팔 수 있다. 그러면 콩을 판매한 돈으로 다음 주 월요일에 다시 마법의 콩을 사서 금요일에 다시 두 배의 값으로 파는 과정을 반복할 수 있게 된다. 매주 투자금을 두 배로 늘리는 것이니 1주 뒤에는 투자금이 2,000파운드가 되고, 2주 뒤에는 4,000파운드가 되므로 10주 뒤에는 102만 4,000파운드가 된다.

이 방법의 허점은 금방 눈에 들어온다. 이런 마법의 콩(콩이건 뭐건 끝없이 두 배로 돈을 불릴 방법) 같은 건 어디에도 없다. 물론 계산에는 전혀 틀린 곳이 없다. 두 배씩 늘어나는 과정을 n번 반복하면 초기 투자금이 2의 제곱에 따라 2, 4, 8, 16, 32, 64, 128, 356, 512, 1024(=2^{10})배로 늘어난다.

간단한 계산이지만 현실에서 그다지 쓸모 있는 경우는 없다. 하지만 좋은 사업 방법이 있을 때 투자 수익을 가늠해보는 방법이긴 하다. 어떤 사업이라도 투자금이 두 배가 되는 기간이 일주일보다야 길겠지만, 어쨌거나 저절로 돈이 늘어나지는 않을 테니 누구라도 수익을 낼 수 있는 방법을 궁리해서 자신만의 '마법의 콩'을 찾아야 하는 건 마찬가지다. 사업이건 투자건 본질은 투자금이 늘어나는 방법을 찾아낸 뒤 그 방법을 반복해서 적용하는 것이기 때문이다.

또 한 가지 명심해야 할 사실은, 설령 적은 액수의 자금을 두 배로 만드는 투자 방법이 있다 하더라도, 투자금의 액수가 커지면 이런 비율을 유지하기란 매우 힘들다는 점이다. 예를 들어 카지노에서 돈을 두 배로 따는 방법을 찾아낸다고 해도, 아마 고객이 그 방법을 몇 번만 사용해도 카지노로서는 그 방법의 사용을 금지시키거나 사업을 접는 수밖에 없다. 심지어 마법의 콩이 정말로 있다고 해도 몇 주 지나지 않아 월요일마다 콩을 실어 나를 방법조차 찾기 힘들어질 것이다. 모든 사업과 투자에는 수익을 낼 수 있는 규모의 한계가 있고 한계의 크기도 모두 다르다.

이 책에서는 1,000파운드를 2,000파운드로 늘리는 것 같은 현실적인 상황에 수학적 기법과 기본적인 법칙을 어떻게 적용해야 하는지와 같은 아주 실질적인 방법을 다룬다. 또한 각각의 투자 전략이 어느 수준에서 수익이 한계에 이르는지도 항상 염두에 두고 살펴볼 예정이다.

> **퀘스트**
>
> 자신만의 '마법의 콩'을 찾고자 할 때는, 투자금이 두 배가 되는 데 걸리는 시간을 항상 고려한다. 그리고 그 방법으로 얻을 수 있는 수익률이 저하되기 시작하는 투자금의 한계 금액을 알고 있어야 한다.

현실에서의 마법의 콩

앞에서 마법의 콩 같은 건 세상에 없다고 이야기했지만 아쉽게도 실제로 그렇다. 하지만 마법의 콩을 건물이나 토지, 주식시장과 비교해서 생각해보면 유익한 점이 있다. 부동산이나 주식시장은 단기적으로는 매우 요동칠 수도 있지만 수십 년 혹은 수백 년이라는 장기적 관점으로 보면 실제로 매우 꾸준하게 상승했다. 결국 부동산이나 주식을 저렴할 때 사서 비싸진 뒤에 팔아서 현금화한 사람들은 장기적 관점에서 보면 항상 높은 수익을 내게 된다(시장이 장기적으로 계속 성장하는 한).

그렇다면 대체 현실의 투자와 마법의 콩의 차이는 무엇일까? 첫째, 투자자 입장에서는 지속적으로 변화하는 시장이 현재 어떤 상태에 있는지 정확히 파악하기가 힘들다. 둘째, 시장의 변화 속도는 마법의 콩 가격이 두 배가 되는 속도보다 훨씬 느리다. 하지만 둘 사이에는 본질적으로 유사한 점이 있다. 대부분의 주요 국가에서 최근 수십 년간 토지 가격과 주식시장의 성장은 인플레이션보다 대체로 5~10% 정도 높은 경향을 보였다. 예를 들어 (주식시장 지수를 따라가는) 주가지수 펀드에 투자했다면 대체로 이와 비슷한 수익을 얻을 수 있고, 시장이 아주 안 좋을 때 투자했다면 좀 더 높은 수익도 가능하다. 마법의 콩에 비할 바는 아니지만 자금에 여유가 있는 투자가라면 꽤 괜찮은 방법이다. 연간 수익의 작은 차이가 장기적으로 얼마나 큰 수익 차이로 나타나는지는 1984년부터 2015년까지의 영국 시장을 살펴보면 알 수 있다. 이 기간 동안 10만 파운드를 부동산에 투자했다면 50만 2,500파운드(연간 상승률 5.7%에 해당하고 이 기간 동안 소비자물가지수는 연간 3.5%씩 상승)가 되었고, 주식에 투자했다면 53만 3,000파운드(상승률이 약간 더 높은 연간 5.9%였다)에 이르렀을 것이다. 만약 주식 배당 수익을 지속적으로 재투자했다면 무려 153만 3,500파운드(연간 상승률 9.9%에 상당)에 이르는 금액이 되어 있었을 것이다. 부동산 시장은 2000년부터는 주식시장보다 높은 성장률을 보였지만, 이는 상당 부분 부동산 시장이 낮은 수준에 머물러 있었기 때문이었다.

　이것이 부자가 계속 부자이기 쉬운 이유 중의 하나다(282쪽 파레토 법칙 참조). 왜냐하면 상당한 금액을 장기간 묶어놓을 여력이 있는 사람만 이런 투자 방식을 활용할 수 있기 때문이다.

　투자 가능한 자산이 적은 사람에게도 부동산이나 주가지수 펀드 같은 장기 투자가 부의 축적에 여전히 중요한 수단이겠지만, 이런 투자를 하려면 투자 수익을 수십 년이 아니라 수 년 내에 거둘 수 있는 보다 신속한 투자 방법을 고려할 필요가 있다.

지수적 증가의 힘

마법의 콩 이야기는 지속적으로 일정한 비율로 성장하는 지수적 성장의 위력을 잘 보여준다. 지수적 성장은 부의 축적에서 아주 강력한 개념이고, 부호들이 장기적으로 성장이 가능한 사업을 소유하거나 그런 사업에 투자하려고 하는 이유도 여기에 있다.

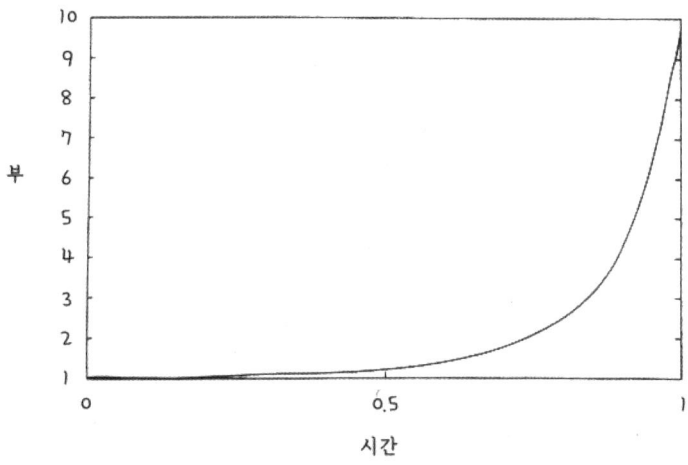

그림6 지수적 성장.

이와 대조적으로 장기적으로 계속 상승하는(하지만 지수적은 아닌) 높은 연봉을 받는 사람의 경우에 연 수입을 통해 축적할 수 있는 부의 규모는 그림7에 나타난 모양과 비슷해진다(수직 축이 연봉).

이런 식의 비교는 각각의 특징을 지나치게 단순화한 면이 있긴 하지만, 장기적인 관점에서 부를 축적하려면 부가 지수적으로 증가하는 것이 가장 중요한 요소라는 점은 분명히 보여준다. 성공적인

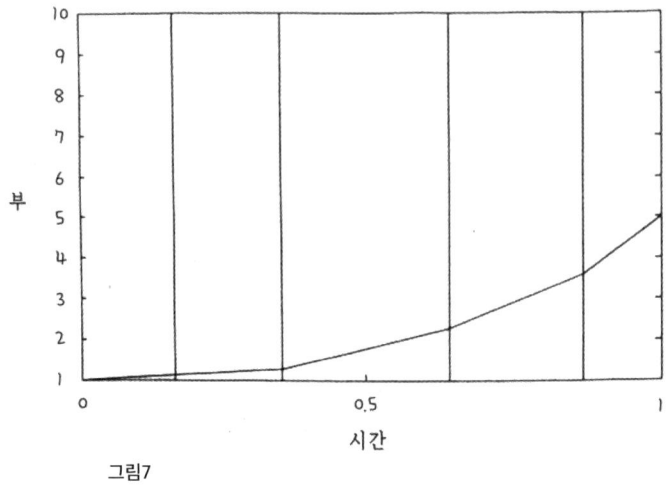

그림7

직장인으로 자리매김한다면 직장 생활을 하는 동안 연봉이 2배, 10배 심지어 20배도 오를 수 있겠지만, 수입이 100배 이상 오르길 바란다면 지수적 성장을 보이는 사업을 찾아보는 편이 더 낫다.

돈을 벌 수 있는 방법을 앞에 두고 고민하고 있다면 우선 생각해 볼 것들이 있다. 첫째, 투자금을 두 배로 늘리려면 얼마나 걸리는가? 둘째, 투자금이 늘어나도 계속 같은 비율로 수익이 나는 방법이어서 투입된 자금이 계속해서(적어도 중기적으로는) 지수적으로 늘어날 수 있는가?

1장 요약

1. 돈은 상대가치를 나타내는 등식에서 변수의 하나로 취급할 수 있다.

2. 72의 법칙을 이용해서 투자금이 늘어나는 속도를 대략적으로 계산한다.
3. 지수적 성장이 가능해야 이상적인 사업 모델이다.
4. 마법의 콩이 아닌 다음에야 사업과 투자를 할 때는 항상 위험과 불확실성에 대처하고 미래가치를 합리적으로 예측하는 방법을 터득해야 한다.

제2장

카지노와의 수 싸움

"도박이라는 이름의 사업은
도박이라고 불리는 사업을 매우 경멸한다."

앰브로즈 비어스 Ambrose Bierce

몇몇 종류의 사업, 특히 투자와 투기라고 불리는 것들과 도박은 구분하기가 매우 힘들다. 수학자 에드 소프Ed Thorp가 카드 카운팅card counting(블랙잭 게임에서 남아 있는 카드가 어떤 것인지를 파악해서 고객이 딜러보다 유리한 위치에 설 수 있도록 해주는 방법) 기법을 확립하자 금융업계의 많은 분석가들은 물론 도박사들도 그의 책에서 영감을 얻었고, 그 자신은 헤지펀드 매니저로 성공하기에 이르렀다(5장 참조). 이처럼 도박을 통해서 운과 확률을 분석하는 기본적인 방법을 살펴볼 수 있을 뿐더러 도박사들이 맞닥뜨리게 되는 이성적 오류가 어떤 것인지도 알 수 있다. 이런 내용은 도박보다 위험성이 낮은 여타 사업에 투자할 때도 충분히 참고할 수 있으므로, 도박에서 위험과 기회를 판단할 때 활용되는 기본적인 수학적 기법을 통해서 돈을 관리할 때 수학을 이용하면 더 효과적인 결정을 내리는 데 도움이 된다.

도박에 담긴 수학

16세기의 인물로 다방면으로 박식했던 지롤라모 카르다노Gerolamo Cardano는 확률의 기초를 세운 초기 수학자 중 한 명이었다. 그가 쓴 《도박에 관한 책Liber de ludo aleae》에는 게임에서 일어날 수 있는 모든 경우의 수를 고려하고 이 중 몇 가지가 도박사 자신에게 유리한지 분석되어 있다. 오늘날 사용되는 용어로 이야기하자면, 그는 주사위 게임을 표본공간sample space의 관점에서 바라보았다. 두 개의 주사위를 던져서 나오는 결과는 36가지(그림8)이고, 두 주사위 모두 같은 숫자가 나오는 경우는 6가지, 둘 다 6이 나오는 경우는 1가지뿐이다. 그러므로 두 주사위가 모두 6이 나오는 확률을 36가지 중에서 1가지라는 근거로 $\frac{1}{36}$ 이라고 계산했다(좀 더 엄밀히 이야기하면, 주사위 던지기를 많이 할수록 둘 다 6이 나오는 경우가 전체 던지기 횟수의 $\frac{1}{36}$ 에 가까워진다).

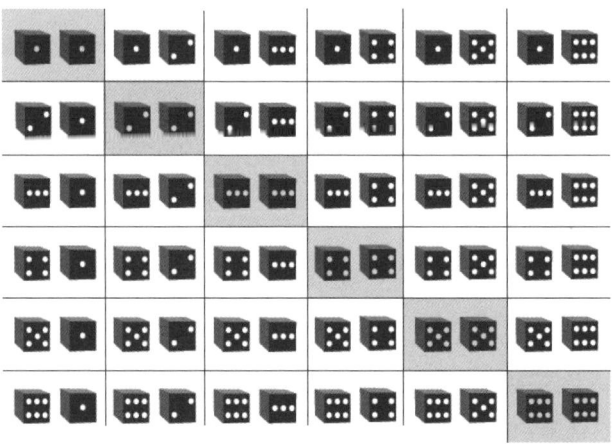

그림8 주사위 2개를 던졌을 때 나올 수 있는 모든 경우.

주사위나 카드, 도박에 쓰이는 칩 같은 물건들은 적어도 1,000년 전부터 있었고 어쩌면 훨씬 오래전부터 쓰이고 있었을 수도 있다. 이탈리아에서는 카르다노가 살던 시대에 처음으로 카지노가 문을 열었다. 카지노를 운영하려면 돈을 잃지 않는 방법을 어느 정도는 알고 있어야 한다. 그러므로 기본적으로 이 책의 내용은 도박을 좋아했던 카르다노가 독자들에게 도박을 수학적으로 접근하는 방법을 알려주려 했던 것이겠지만, 직업적인 카드 놀이꾼이나 사기꾼, 카지노 사업가들이라면 이미 알고 있던 내용이었을 가능성도 있다(《도박에 관한 책》에 실린 내용의 상당 부분은 도박에서 사용되는 속임수에 관한 것이다).

카르다노가 획을 긋긴 했지만 실질적으로 수학자들이 확률을 진지하게 다루기 시작한 것은 이로부터 100여 년이 지난 뒤 블레즈 파스칼Blaise Pascal과 피에르 드 페르마Pierre de Fermat가 의견을 주고받으면서였다고 할 수 있다. 이 둘은 모두 천재라고 불리기에 부족함이 없는 사람들이었다. 파스칼은 최초의 기계식 계산기 중의 하나인 파스칼린pascaline을 만들어냈고, 페르마가 남긴 '페르마의 마지막 정리'는 수 세기 동안 수학자들을 옭아매다가 그가 죽은 뒤 300여 년이 지나서야 풀렸다(8장 참조).

이들이 의견을 나눴던 문제 중 하나는 이전까지 여러 수학자들이 좌절했던 '점수 문제problem of points'였다. 이 문제는 게임을 중간에 중단해야 하는 상황에 관한 것이다. 예를 들어, 먼저 7점을 얻는 사람이 이기는 고리 던지기 게임을 하다가 점수가 6대 4인 상황에서 게임을 중단하는 것 같은 경우다.

이전까지 다른 수학자들은 남은 점수를 게임 중단 시점까지 확보한 점수에 비례해서 나누거나, 현재 점수에서 승리를 확정하는 데 필요한 추가 점수를 비교하는 방식으로 접근했었다. 반면에 파스칼과 페르마는 일어날 수 있는 모든 경우를 고려할 수 있는 '기대치expected value'라는 개념을 만들어냈다. 게임이 정상적으로 끝날 수 있는 모든 상황을 계산에 고려한다는 의미다. 4점을 확보한 상태인 사람이 이기려면 세 판을 연속으로 이겨야 한다. 게임에 참여한 사람의 실력이라는 요소는 고려하지 않고 각 경기자가 매 판에서 이길 확률은 $\frac{1}{2}$이라고 가정한다.

세 판을 더 한다고 보면, 우선 6점을 확보한 경기자1이 첫 번째 판에서 이길 확률이 $\frac{1}{2}$이고, 역전당할 확률은 세 번 연속 질 때의 $\frac{1}{8}$이다. 두 판을 하고 났을 때의 결과는 경기자1이 승-승, 승-패, 패-승, 패-패하는 조합이 가능하다. 세 판을 하면 승-승-승부터 패-패-패까지 8가지 조합이 만들어진다. 경기자1이 전체 경기를 패배하는 경우는 세 판을 해서 나올 수 있는 8가지 중 하나인 패-패-패일 때뿐이므로 경기자1과 경기자2에게 7 대 1의 비율로 상금을 나누어주면 된다.

이 문제를 경기자1이 특정 상황에서 승리할 확률을 계산해서 풀어낼 수도 있다. 첫 판에 이겨서 경기를 끝낼 확률이 $\frac{1}{2}$이고, 여기에 두 판에 승리를 확정할 확률 $\frac{1}{4}$, 세 판을 더 해서 경기를 끝낼 확률 $\frac{1}{8}$을 모두 더하면 $\frac{7}{8}$이 된다.

일어날 수 있는 모든 경우를 고려하는 접근 방법은 현대적 확률 이론의 핵심이다. 그런 점에서 삼각형 모양을 이루며 가지를 뻗어나가는 그림을 이용하는 파스칼의 삼각형 기법은 주어진 조건에서 가

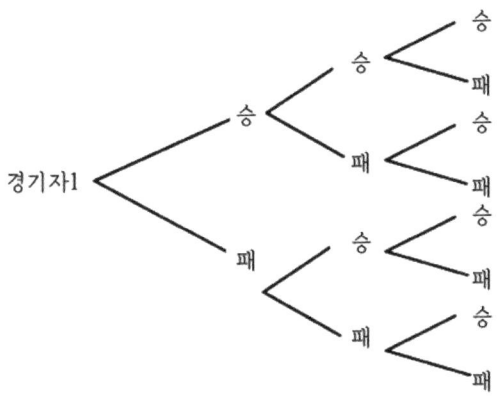

그림9 세 판을 더 치를 때 나올 수 있는 경우의 수를 모두 나타낸 표본공간. 그림에서는 세 판을 모두 마치는 경우를 나타내고 있지만 실제로는 경기자1이 첫 판이나 두 번째 판을 이기면 경기가 끝난다.

능한 모든 경우를 파악하는 좋은 방법이다(사실 이 방법은 중국, 인도, 페르시아의 수학자들이 파스칼보다 이미 수 세기 전부터 쓰던 방법이므로 서구에서 이 방법에 파스칼의 이름을 붙인 건 좀 낯간지럽긴 하다). 파스칼은 심지어 이 기법을 이용해서 합리적인 사람이라면 신의 존재와 믿음을 가져야 한다고 주장하는 '파스칼의 내기'라는 논리를 만들어내, 도박에서 시작된 관점을 기독교적 신앙에 적용하기까지 했다. 이 논리에 따르면 신을 믿지 않음으로써 얻는 (쾌락과 사치라는) 이득은 유한한 반면 (지옥에 가는) 손해는 무한하고, 신을 믿어서 (천국에 가는) 이득도 무한하다.

오늘날 도박에 적용되는 이론은 일어날 수 있는 경우를 모두 따지는 데서부터 시작한다. 게임의 어떤 상황에서도 일어날 수 있는 모든 경우를 생각한 뒤 그중 몇 가지가 자신에게 유리한지 판단해 볼 수 있다. 운보다는 실력이 더 크게 작용하게 마련인 스포츠 경기 결과에 돈을 거는 도박에서도 승패 확률을 역대 전적과 같은 기록과 최근의 경향 등을 고려해서 구하기도 한다. 그런데 주사위 던지기 게임에서라면 승패 확률 구하기가 그리 복잡할 것도 없지만, 포커 같은 경우라면 비교하기 힘들 정도로 어려워진다. 게다가 뒤에서도 살펴보겠지만, 도박은 그저 확률만으로 이루어지는 게임이 아니다. 상대방의 베팅에 따라 내게 적용될 확률이 달라지고, 마찬가지로 나도 베팅을 통해 상대방이 마주치게 될 확률에 영향을 줄 수 있기 때문이다.

베팅이란 무엇인가?

한마디로 얘기하자면 베팅이란 미래에 특정한 조건이 충족되었을 때 정해진 액수의 돈을 받을 권리를 사는 것이다. 그러므로 베팅의 적절한 가격을 계산하려면 미래에 벌어질 수 있는 모든 사례인 표본공간을 분석해야 한다. 카드 한 묶음 52매에서 에이스를 뽑는 간단한 경우를 예로 들어보자. 52매 중 에이스 카드는 4매가 있으므로 카드 한 장를 뽑을 때 에이스가 나올 확률은 $\frac{4}{52}$, 즉 $\frac{1}{13}$이다. 그렇다면 이처럼 단순한 경우가 아니라 여러 카드를 조합해서 뽑으려 할 때나, 뽑으려는 카드가 나올 수 있는 경우가 앞에서 어떤 카드가 나왔는가에 따라 영향을 받을 때(사건이 독립적이지 않을 때)의 확률은 어떻게 계산해야 할지 궁금해진다.

카드 한 묶음에서 카드 한 장을 뽑은 뒤에 그 카드를 도로 묶음 속에 넣고 다시 카드를 한 장 뽑는다면 첫 번째와 두 번째의 카드를 뽑는 사건은 독립적이다(첫 번째에 뽑은 카드가 어떤 것이었건 두 번째 카드를 뽑을 때 결과에 영향을 주지 않는다). 이런 식으로 카드 두 장을 뽑을 때 연속해서 에이스가 나올 확률은 $\frac{1}{13}$에 $\frac{1}{13}$을 곱하면 되므로 $\frac{1}{169}$이다. 만약 에이스 두 장이 연속으로 나오면 169파운드를 받는 내기가 있다면 1파운드를 거는 것이 합리적이란 뜻이다. 하지만 한 묶음에서 한 번에 두 장의 카드를 뽑는 방식이라면 두 장 모두 에이스일 확률은 달라진다. 첫 번째 카드가 에이스일 확률은 여전히 $\frac{4}{52}$이지만, 첫 번째 카드가 에이스인데 두 번째 카드가 에이스일 확률은 $\frac{3}{51}$이 되므로 전체 확률은 $\frac{4}{52} \times \frac{3}{51} = \frac{1}{221}$이 된다.

한 묶음의 카드에서 두 장을 뽑을 때(먼저 뽑은 카드를 다시 묶음에 넣는다고 하자) 적어도 한 장이 에이스일 확률은 또 다르다. 뽑은 카드가 에이스가 아닐 확률은 매번 $\frac{48}{52}$이므로, 두 장 모두 에이스가 아닐 확률은 $\frac{48}{52} \times \frac{48}{52} = \frac{144}{169}$가 얻어진다. 그러므로 1에서 두 번 모두 에이스가 안 나올 확률을 빼면 둘 중 적어도 한 장이 에이스일 확률이 구해진다. 계산해보면 $1 - \frac{144}{169} = \frac{25}{169}$이다($\frac{1}{7}$을 살짝 넘는 값이다). 확률을 구할 때 곱하기만 하는 것은 아니고 때론 더하기도 해야 한다. 예를 들어 카드 한 장을 뽑을 때 이 카드가 에이스 혹은 킹일 확률을 구하는 경우가 그렇다. 각각의 카드가 나올 확률은 $\frac{1}{13}$이고, 이 값을 더하면 $\frac{2}{13}$이 된다.

베팅의 순간에 적절한 값을 매겼는지 알고 싶다면 기본적인 확률을 반드시 계산해야만 한다.

행운의 여신

/

도박판에 앉아 있을 때 확률과 기대치보다 더 신경 써야 하는 가장 중요한 개념이 변동성volatility이다. 몇 가지 간단한 예를 통해 이를 확인해보자.

첫 번째 사례는 앞으로 일어날 사건을 서술하는 두 가지 질문 중 하나에 베팅을 하는 상황이다. 첫 질문은 "내일 정오에 시계탑의 종이 열두 번 울릴까?"이고 두 번째 질문은 "이 동전을 던지면 앞이 나올까?"이다.

두 질문 중 어느 쪽에든 돈을 걸 수 있는데, 시계탑 질문에 1달러를 걸어서 이기면 건 돈을 돌려받는다. 시계탑의 시계가 고장 나지 않았고 누군가 조작을 하지 않는다면, 매일 정오에 열두 번 종소리가 난다고 가정하는 것이 당연하다. 그러므로 돈을 걸어도 아무런 부담이 없지만 이겨도 돌려받는 돈은 어차피 내가 냈던 금액뿐이다.

반면에 동전을 던지면 앞이 나올 수도 있고 뒤가 나올 수도 있으므로 결과에 따라 내기에 이겨서 2달러를 손에 쥐게 될 수도 있고 져서 빈손이 될 수도 있다.

각각의 경우에서 내기의 기대치를 계산하는 방법은 똑같다. 같은 내용의 내기를 아주 여러 번 반복해서 이겼을 때 얻는 돈과 졌을 때 잃는 돈의 평균을 구하는 것이다. 사실 두 내기 모두 기대치는 0이다. 시계탑 내기는 아무리 반복해도 돈을 잃지도 따지도 않으며, 동전 던지기는 여러 번 반복하면 할수록 평균값은 0원으로 수렴한다. 이는 두 내기 모두 어느 한 쪽에게 특별히 유리하지도 불리하지도 않은 공정 게임 fair game 이라는 의미다.

하지만 시계탑 내기에는 당사자를 흥분시키거나 기대감을 부추기는 요소가 전혀 없는 반면, 동전 던지기에서는 운에 따라 돈을 벌 수도 잃을 수도 있다. 내기 결과에 변동성이 있기 때문이다.

변동성은 도박에서 아주 중요한 요소다. 변동성이 없다면 도박 자체가 성립하지 않는다. 그렇다면 변동성을 어떻게 계산하고 평가할지가 중요한 문제가 된다.

  그러려면 표준편차standard deviation라는 통계학적 개념을 이해할 필요가 있다. 표준편차는 주어진 값들이 얼마나 넓게 분포하고 있는지를 평균적인 관점에서 수치화한 것이다. 아래의 설명을 통해서 표준편차를 어떻게 계산하는지 알아보자.

표준편차 계산법

키가 다른 기린 인형 열 개가 있다고 해보자. cm 단위로 표시한 각각의 키는 다음과 같다.

160, 153, 172, 159, 157, 172, 181, 177, 158, 171

먼저 키의 평균(mean)을 계산한다. 열 개의 키를 모두 더한 다음 인형의 수로 나눈다.

160 + 153 + 172 + 159 + 157 + 172 + 181 + 177 + 158 + 171 = 1660

$$\frac{1660}{10} = 166$$

평균 키는 166cm이다. 이제 각 인형의 키가 평균과 얼마나 차이가 나는지를 계산한다.

-6, -13, 6, -7, -9, 6, 15, 11, -8, 5

이제 이 값들을 모두 제곱한다(그래야 평균을 구했을 때 양수가 된다. 제곱하지 않고 그냥 이 값들의 평균을 구하면 상쇄되어 0이 되므로).

36, 169, 36, 49, 81, 36, 225, 121, 64, 25

이제 이 값들의 모두 더한 뒤 10으로 나누어 평균을 구하면 84.2가 얻어진다. 이 값을 분산(variance)이라고 부른다. 분산의 제곱근이 표준편차이고 이 문제에서는 9.2cm이다. 표준편차는 각각의 인형의 키와 평균과의 차이를 보여주는 지표다(표본의 수가 커지면 계산 방법이 조금 복잡해지긴 하지만 기본적인 방법은 동일하다).

표본의 수가 아주 많으면서 정규분포(normal distribution)*를 이루고 있을 때는 68/95/99.7%법칙을 활용하면 된다. 이 규칙에 의하면 대체로 표본 중 68%는 그 값과 평균의 차이가 표준편차 이내이고, 95%는 표준편차의 두 배 이내, 99.7%는 표준편차의 세 배 이내에 속한다.**

---

* 정규분포는 자연계에서 가장 흔한 분포 패턴이다. 비대칭 분포와 푸아송 분포에 대해서는 55쪽 이하 참조.
** 경영과 과학의 많은 분야에서 정규분포를 이루는 집단의 '거의 모든' 개체가 표준편차의 3배 이내에 속한다는 3-시그마 법칙을 활용한다(정규분포가 아닌 집단에서조차도 88.8%가 이 안에 포함된다).

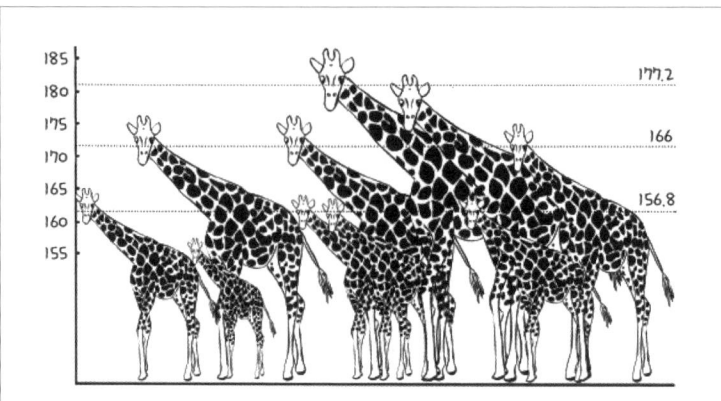

그림10 기린 인형의 평균 키는 166cm이다. 177.2cm와 156.8cm의 선은 평균 위아래로 표준편차만큼의 범위를 나타낸다. 10개 중 7개가 표준편차 이내에 속하고, 하나는 그보다 아래, 둘은 그보다 위에 있다.

　도박에서 표준편차는 운이 작용하는 정도를 알려주는 효과적인 지표이기도 하다. 표준편차가 크다면 이성적으로 베팅했을 때 돈을 따거나 잃을 기회가 더 많아진다.

　카지노에 있는 대부분 게임과 스포츠 베팅에서의 표준편차는 이미 정교하게 계산되어 잘 알려져 있다. 그러므로 68/95/99.7%법칙이 주어진 상황에서 어떤 영향을 미칠지를 잘 이해하는 것이 중요해진다. 다음의 사례에서 이를 확인해본다.

동전 던지기 게임

두 사람이 동전 던지기 게임을 하기로 했다. 번갈아가며 동전을 던져서 진 사람이 이긴 사람에게 매번 1파운드를 주는 게임이다. 공정 게임이므로 게임을 여러 번 반복하면 두 사람의 기대치는 모두 0이다. 단 한 가지 조건은 부자는 30파운드를 갖고 시작하고, 가난한 사람은 10파운드를 갖고 시작하는 것이다. 가진 돈이 모두 떨어져도 일정 횟수만큼은 게임을 더 할 수 있지만, 100번을 던진 후 잃은 돈이 본전보다 커지면 게임을 그만둬야 한다.

이 게임에서는 결과가 두 가지밖에 없으므로 표준편차는 간단히 계산할 수 있다.

$$2 \times \sqrt{\text{동전을 던진 횟수} \times \text{앞면이 나올 확률} \times \text{뒷면이 나올 확률}}$$

이처럼 결과가 두 가지인 분포(이항분포 binomial distribution)의 표준편차를 계산하는 공식에 의하면 이 경우에는 (동전을 던진 횟수)×(앞면이 나올 확률)×(뒷면이 나올 확률)의 제곱근을 구하면 된다. 이 예에서 2를 곱한 이유는 일반적인 이항분포처럼 결과가 0 또는 1이 아니라 1 또는 -1이기 때문이다.

그러므로 동전을 100번 던졌을 때의 표준편차는 10이다.

$$2 \times \sqrt{100 \times 0.5 \times 0.5} = 10$$

동전을 100번 던지면 68/95/99.7%법칙에 의해 두 사람 각자의 손익이 -10파운드에서 +10파운드 사이일 확률이 대략 68%라는 계산이 나온다.

이 말은 32%의 확률로 각자 손실이나 이익이 이보다 클 수 있다는 뜻이기도 하다. 그리고 그중 절반(16%)이 손실에 해당하므로, 가난한 사람은 동전 던지기를 100번 하고 나면 $\frac{1}{6}$(약 16%)의 확률로 게임을 그만두게 된다.

반면에 부자는 처음부터 표준편차의 세 배에 달하는 돈을 갖고 시작한다. 손익은 99.7%의 확률로 표준편차의 세 배인 30파운드 이내에 들 것이라는 건 이미 알고 있는 사실이다. 나머지 0.3%의 확률에 대해서 생각해보면, 30파운드 이상의 손실이나 이익이 부자에게 해당될 것이므로, 결국 부자가 동전을 100번 던진 후 게임에서 퇴출될 확률은 0.3%의 절반, 즉 $\frac{1}{650}$(약 0.15%)이 된다.

정리하자면 이 게임 자체는 아주 공정함에도 불구하고 부자가 살아남을 확률은 가난한 사람보다 아주, 아주 높다. 냉철한 사람들이 보기에야 지극히 당연한 이야기겠지만 왜 이런 결과가 나오는지를 이해할 필요가 있다(만약 가난한 사람이 게임 도중에라도 10파운드를 잃는 즉시 게임을 그만두어야 하는 것으로 규칙을 바꾸면 가난한 사람은 훨씬 더 불리해진다. 100번을 모두 던지고 나서 10파운드의 손실이 있는지를 보는 것에 비해 게임 중간에라도 손실이 10파운드를 넘어서면 곧바로 퇴출되는 것이므로 퇴출당할 확률이 더 높아지기 때문이다).

> **퀘스트**
>
> 표준편차가 내가 갖고 있는 본전에 미치는 영향을 이해하지 못한 상태에서는 절대로 도박을 시작하면 안 된다. 이 영향을 체계적으로 파악하려면 "전액 손실 위험(risk of ruin)"이라는 개념을 적용해보면 된다. 이 방법은 특정 도박을 할 때 정해진 시간 내에 가진 돈을 모두 잃을 확률을 계산해주는데, 계산은 복잡하지만 인터넷에서 찾아볼 수 있다. 앞의 예에서는 부자라고 불렀지만 현실적으로 도박에서 부자의 입장에 있는 쪽은 부유한 고객이 아니라 카지노 업주, 마권 업자, 스포츠 베팅 업체 등이다. 이들은 통계에 능한 수학 전문가들을 고용해서 표준편차와 변동성이 해당 게임에 미치는 영향을 분석해서 자신들이 큰 손실을 입을 확률을 미리 계산하고 이에 미리 대비하고 있다.

카지노에 간 부자와 빈자

앞의 게임을 약간 바꿔서, 매번 동전을 던질 때마다 카지노 측이 게임 수수료로 승패에 관계없이 각자로부터 승리 상금액의 10%(0.1파운드)씩 가져가는 경우를 생각해보자. 동전을 100번 던지고 났을 때 두 사람 모두 기대치는 10파운드의 손실로 동일하므로 앞서의 경우보다 둘 다 돈을 따기 더 어렵다.

동전 100번을 던지고 난 뒤 가난한 사람이 처음 갖고 시작한 본전 10파운드를 다 잃을 확률이 50% 이상인 건 분명하다. 게임 100번 중에서 56번 이상 이기지 못하는 경우에는 무조건 본전 10파운드를 다 잃을 것이기 때문이다.

부자도 영향을 받긴 마찬가지다. 통계적으로 게임 결과의 95%는 평균을 중심으로 표준편차의 두 배 이내에 있어야 하므로, 95%의 확률로 손익이 −30파운드에서 10파운드 사이가 된다. 결국 나머지 5%의 확률로 이익이 나거나 손실이 30파운드보다 클 것이고, 손실이 나는 2.5%확률로 부자도 돈을 모두 잃고 퇴출될 수 있다.

만약 동전을 400번 던지는 게임이라면 두 사람의 기대치의 합은 둘이 처음에 갖고 시작했던 본전의 총액인 40파운드의 손실과 같아진다. 동전 던지기처럼 간단한 게임을 하건 카지노에 가서 본격적인 도박을 하건 이 계산을 해봐야 돈을 딸 확률을 미리 알 수 있다.

핵심은, 카지노가 아주 수익성이 높은 사업이고, 돈을 따보겠다고 카지노에 가는 건 굉장히 어리석은 짓이라는 이야기다.

룰렛 게임의 변동성과 게임 전략

대부분의 도박 게임에서는 베팅에 의한 결과의 폭을 늘리거나 줄이는 전략을 선택할 수 있다. 룰렛 게임의 경우를 보면 붉은색이나 검정색에 거는 쪽(0이 하나인 룰렛의 경우 $\frac{18}{37}$이다)이 특정한 수 하나에 거는 경우($\frac{1}{37}$)보다 더 승리 확률이 높다. 하지만 전략을 적절히 섞어서 쓰면 변동성을 더 줄일 수 있다.

예를 들어 매 판마다 1파운드를 붉은색에 거는 것보다 0.5 파운드는 붉은색에 걸고 0.5파운드는 홀수에 걸면, 10개의 수에 걸릴 때 1파운드를 따고, 11개의 수는 1파운드를 잃으며, 16개의 수는 본전이 된다. 만약 붉은색과 짝수에 걸면, 8개의 수에서는 1파운드를 따고, 9개의 수는 1파운드를 잃고, 20개가 본전이다. 그런데 이런 식으로 변동성을 줄이는 전략을 쓰면 당연히 카지노에 타격을 줄 확률도 낮아진다. 가진 돈을 잃어도 상관없고 그저 카지노에서 시간을 즐기는 게 목적인 경우라면 이런 식의 접근을 해야 더 오랜 시간을 보낼 수 있다. 반면에 돈을 따는 것이 목적이라면 확률이 낮은 쪽에 베팅을 해서 돈을 잃을 위험에 더 노출되어야 한다.

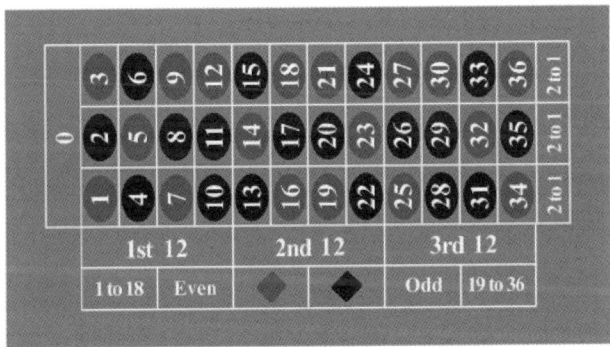

그림11 표준적인 룰렛 테이블의 배치. 0~36 각각의 칸에 베팅을 하면 2 대 1의 배당률이다. 짝수(Even) 혹은 홀수(Odd)에 베팅을 하는 칸도 있으며, 12개의 수 단위로 베팅을 하는 칸도 총 세 개 있다. 이때 배당률은 1 대 18 또는 19 대 36으로, 칸에 따라 차이가 있다.

정규분포 이외의 분포 패턴

어떤 데이터(카지노에서의 게임 결과나 스포츠 통계 등)를 분석하려면 데이터가 어떤 형태로 분포되어 있는지를 먼저 살펴봐야 한다. 가장 흔하게 보이는 패턴은 '정규분포'(천재 수학자 카를 프리드리히 가우스Carl Friedrich Gauss의 이름을 따서 '가우스 분포'라고도 한다)이다. 정규분포를 이루는 데이터는 중앙의 값을 중심으로 데이터가 모여 있으며 좌우로 치우침도 없다. 또한 평균, 중간값median*, 최빈값mode**이 사실상 같다(그림12 참조). 그림으로 나타내면 종 모양의 곡선이 되며 대부분의 데이터가 가운데에 몰려 있고, 여기서 멀어질수록 데이터 개수가 적어진다. 68/95/99.7%법칙(47쪽 참조)은 정규분포를 이루는 데이터에 가장 잘 들어맞는다.

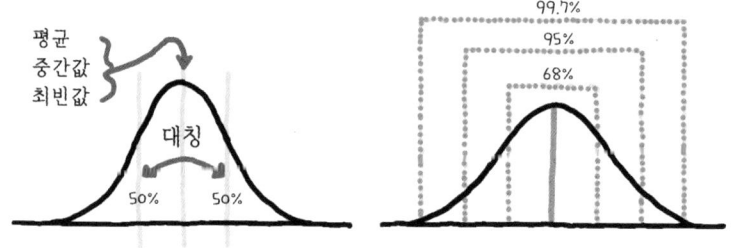

그림12 정규분포 그래프는 종의 모습과 비슷하다. 정규분포에서 68%의 데이터는 표준편차 이내에 속하고 95%는 표준편차의 2배, 99.7%는 표준편차의 3배(수직으로 그려진 선을 참조) 이내에 포함된다.

* 데이터를 가장 작은 값부터 큰 값까지 늘어놓았을 때 중간에 있는 값. (옮긴이)
** 가장 빈번하게 나오는 값. (옮긴이)

하지만 데이터 분포가 항상 이렇게 단순하게 분석할 수 있는 정규분포는 아니라는 것도 알아둬야 한다. 정규분포가 아닌 경우에는 평균을 이용해서 기대치를 구하면 정확도가 훨씬 떨어진다. 현실에서 접하는 많은 경우의 데이터는 그림13에 나타낸 것과 같이 데이터의 분포 그래프가 왼쪽이나 오른쪽으로 치우친(비대칭 분포skewed distribution) 모습을 보인다. 그리고 이런 비대칭 분포의 경우에는 데이터의 평균과 중간값이 일치하지 않는다.

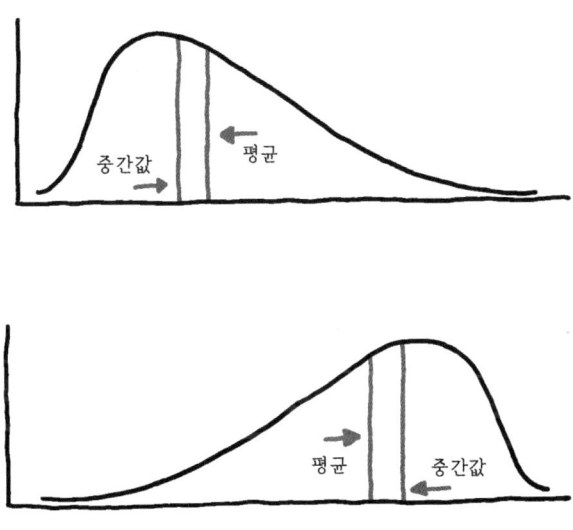

그림13 분포가 오른쪽으로 치우친(right skewed) 경우에는 평균이 중간값의 오른쪽에 온다. 왼쪽으로 치우친(left skewed) 경우에는 평균이 중간값의 왼쪽에 위치한다.

분포가 아주 많이 치우친 경우의 대표적인 예로 복권이 있다. 1등 1명의 당첨금은 10만 파운드이고, 2등 50명은 2,000파운드인 복권을 1파운드에 25만 매 판매했다고 가정해보자. 1파운드짜리 복권의 평균 기대치는 0.8파운드이지만, 중간값과 최빈값은 모두 0이다. 25만 명 중 당첨자가 단지 11명이라는 걸 고려하면 구입자 대부분은 사실상 한 푼도 돌려받지 못한다고 볼 수 있다. 물론 1등 당첨의 꿈을 안고 확률 따위는 아랑곳하지 않으면서 여전히 복권을 사는 사람들은 있게 마련이다. 사실 복권의 이런 변동성이 사람들을 끌어들이는 요소이기도 하다. 이성적으로야 당첨되지 않을 가능성이 훨씬 높다는 걸 알면서도 혹시라도 모를 당첨될 때의 흥분과 환희를 상상하는 것만으로도 복권 값을 날릴 가능성 정도는 너끈히 극복할 수 있기 때문이다. 슬롯머신을 즐기는 사람들도 마찬가지 이유로 변동성이 더 높은(당첨 확률은 낮지만 당첨되면 돈을 더 벌 수 있는) 기계를 선호한다. 자신이 이런 기계에서 이길지도 모른다고 생각하는 건 전혀 어려운 일이 아니니까.

비대칭 분포 중에서 기억할 만한 또 한 가지 종류는 푸아송Poisson 분포*다. 이 분포는 어떤 시간에 걸쳐서 일어나는 사건의 분포를 표현하는 데 아주 알맞다. 예를 들어 어느 병원의 응급실에 하루에 평균 6명의 환자가 온다고 할 때, 푸아송 분포를 이용하면 0명이 올 확률, 1명이 올 확률, 2명이 올 확률, 3명이 올 확률 등을 계산할 수 있다. 이런 결과는 보통 막대그래프나 표를 이용해서 나타낸다.

필자가 응원하는 프로축구팀 아스널의 2016~2017년 성적을 이용해서도 정규분포와 푸아송 분포의 차이를 알 수 있다. 우선 골득

---

* 프랑스의 수학자 푸아송의 이름을 딴 것.(옮긴이)

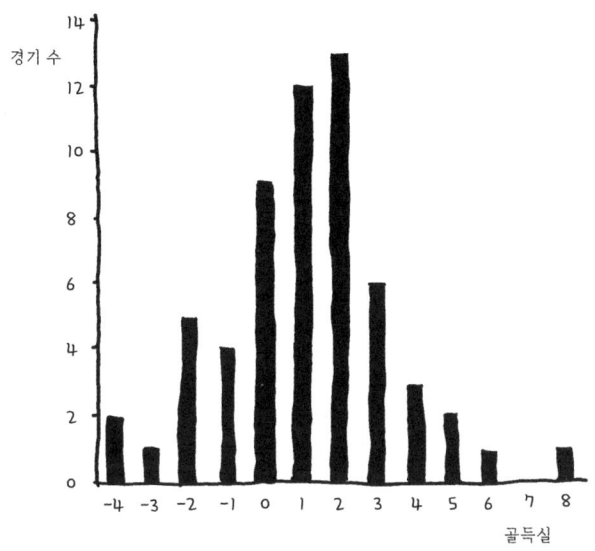

그림14   2016~2017 시즌 아스널의 골득실 분포.

실을 살펴보자. 그림14는 특정한 경기에서의 골득실을 보여준다. 막대의 높이는 해당 득실차로 끝난 경기의 수로, 두 번의 −4(챔피언스리그에서 바이에른 뮌헨에게 5 대 1로 참패를 당한 두 경기)부터 +8(바이킹 FK와의 별 의미 없는 친선경기 8 대 0 승리)까지 분포한다.

골득실의 평균은 1.13이고 평균값은 가장 높이가 높은 막대인 득실차 1과 2의 막대 사이에 위치하며, 그래프의 모습이 얼추 종 모양에 가깝다는 것을 알 수 있다. 골득실은 어느 값이라도 나올 수 있으므로 특별히 한 쪽으로 치우치리라고 기대할 이유도 없고, 0에 가까워야 하는 것도 아니다. 그러므로 한 시즌을 모두 치르고 난 뒤 모든 팀의 골득실은 대체로 종 모양에 가까울 것이라고 예상하는 것이 합

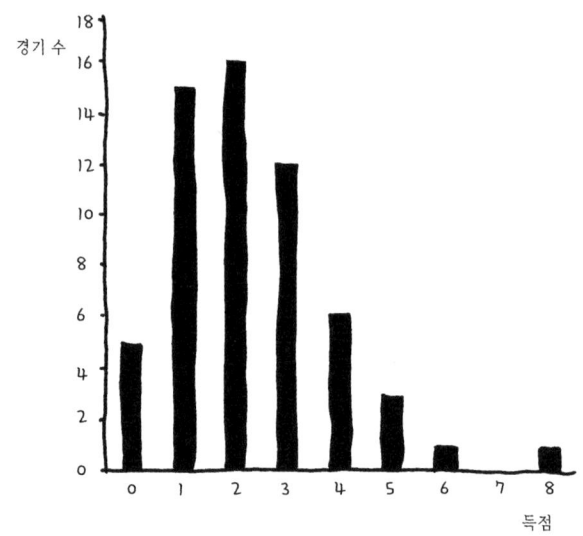

그림15 2016~2017 시즌 아스널의 득점과 경기 수.

리적이다.

아스널의 득점만 따로 떼어 살펴보면 그래프의 한쪽 끝이 0이 되어야 하므로 (득점이 0보다 작을 수는 없다) 전체적인 모양이 조금 달라진다(그림15). 몇몇 경기에서 득점을 유난히 많이 올리는 경우가 있으면 평균값을 높이는 효과가 일어나므로 득점의 중간값은 보통 평균보다 작게 마련이다. 그림15에서도 몇몇 다득점 경기 때문에 그래프가 오른쪽으로 더 치우친 모습을 보인다.

경기당 평균 득점이 2.3골이어서 1보다는 3에 가까우므로, 만약 정규분포였다면 한 경기에 3득점을 한 경기가 1득점인 경우보다 많다고 예상할 수 있다. 이런 상황이 푸아송 분포가 유용하게 사용되는 경우다. 인터넷에서 푸아송 분포용 계산기를 찾아 평균 2.3, 상한은 8골을 입력하면 표1과 같은 확률을 계산해준다. 이를 전체 59경기에 적용하면 세 번째 열에 적힌 추정치(아주 정확하진 않지만 아스널이 한 골을 얻은 경기가 세 골을 얻은 경기보다 많다는 예측을 할 수 있을 정도의 쓸 만한 정확성은 가진)를 얻을 수 있다. 이런 사례에서는 평균 득점이 보여주는 값에 너무 얽매이면 실제와는 동떨어진 관점에서 결과를 분석하게 되기 쉽다.

득점	확률	반올림한 경기 수
0	0.10	6
1	0.23	14
2	0.27	16
3	0.20	12
4	0.12	7
5	0.05	3
6	0.02	1
7	0.01	0
8	0.001	0

표1 2016~2017 시즌 아스널의 경기당 득점은 푸아송 분포에 가깝다.

이런 종류의 데이터를 적절히 사용하는 방법 중 하나는 특정 두 팀의 최근 일정 기간 동안의 득점 평균을 구해서 각 팀의 득점을 푸아송 분포로 얻는 것이다. 그러면 앞으로 두 팀의 득점 가능성을 예측해서 두 팀이 맞붙었을 때의 스코어를 예측할 수 있으므로 스포츠 베팅에 돈을 걸 때 활용할 수 있다.

예를 들어 표1에서처럼 아스널은 2골을 득점한 경우가 제일 많고 이런 경기일 확률은 0.27이고, 다음 경기 상대인 토트넘 홋스퍼는 2골 득점 경기가 제일 많고 이런 경기일 확률이 0.25라고 한다면 2 대 2로 비길 확률이 0.27×0.25=6.75%라고 계산할 수 있다. 만약 스포츠 베팅 회사에서 이 결과에 20 대 1의 배당률(소수점식 배당률 표기로는 21.00)을 내건다면, 돈을 걸어볼 만하다는 결론에 도달한다(다음에 나오는 '배당률이란 무엇일까?' 항목 참조).

좀 더 파고 들어가서 홈경기와 어웨이 경기를 구분하거나, 특정 상대에 대한 결과만 따로 보거나, 상위 팀과의 경기와 하위 팀과의 경기 결과를 각각 분석해볼 수도 있다. 결과의 정확성은 당연히 어떤 데이터를 사용하느냐에 따라 달라지고, 이 방법만이 유일한 분석 방법인 것도 아니다. 어쨌거나 이 방법이 통계적인 데이터를 활용해서 실제의 모습에 좀 더 다가가는 데 유용한 도구 중 하나임은 분명하다.

푸아송 분포를 보이는 데이터 중에서 평균값이 크게 나타나는 데이터는 정규분포와 비슷한 모습을 보인다. 평균이 0에 가까울수록 그래프는 오른쪽으로 치우친 모습을 보인다. 그림16은 평균값이 서로 다른 푸아송 분포의 그래프를 보여주며 이런 특성을 잘 설명해준다. 분명한 것은 최솟값이 0이고 시간에 따라 일어나는 사건의 분포는 어느 경우에건 정규분포보다는 푸아송 분포에 더 가깝다는 사실이다.

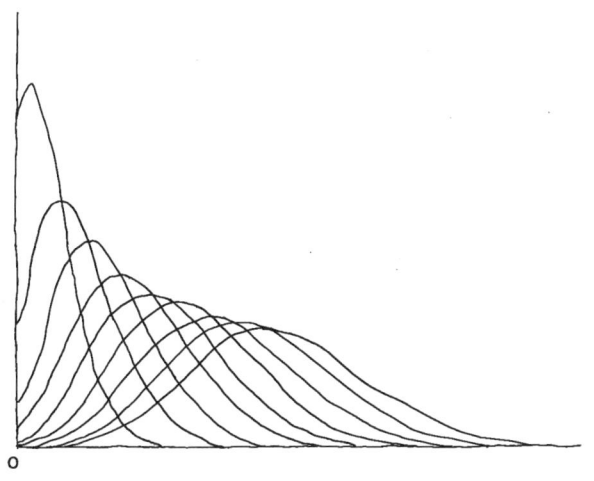

그림16 평균값의 변화에 따른 푸아송 분포 그래프의 모습.

배당률을 확률로 변환하는 법

스포츠 베팅 회사나 카지노에서 제시하는 배당률을 이해하려면 배당률이 의미하는 확률을 계산할 수 있어야 한다. 또한 배당률을 표시하는 다양한 표시 방법을 확률로 바꾸어봐야 한다. 영국에서 배당률 표시에 가장 보편적으로 쓰이는 분수식 표기 방식과 달리 유럽, 호주, 캐나다, 뉴질랜드, 기타 다른 나라들에서는 베팅 금액 1에 대한 상금의 비율로 배당률을 나타내는 방식이 훨씬 흔하다. 미국에서는 머니라인Moneyline 배당률(미국식 배당률이라고도 함) 표기 방식을 많이 쓴다. 이 책에서는 기본적으로 영국식 배당률 표기를 사용하고 필요한 경우에는 유럽식 방법을 병기하도록 한다.

아래에서 이 세 가지 배당률 표기 방법을 설명하고 각각이 의미하는 내용을 확률로 변환하는 방법을 설명한다. 배당률을 확률로 변환하는 기본적인 원리는, 건 돈을 승리 시 받는 돈으로 나누어 확률로 나타내는 것이지만 정확한 계산 방법은 세 방법 모두 다르다.

분수식 배당률

이 방식에서는 배당률을 보통 분수 x/y의 형태로 표기하고 'x 대 y'라고 읽는다. 예를 들어 7/1이라고 쓰고 7 대 1이라고 읽는다. 건 돈은 y이고 x는 내기에 승리했을 때 받는 돈이다. 배당률이 7 대 1인 경기에 1파운드를 걸어서 결과를 맞췄다면, 건 돈 1파운드와 상금 7파운드를 합해서 8파운드를 돌려받는다. 배당률이 4/6('4 대 6' 또는 '6 대 4 on'이라고 읽음)인 경기라면 6파운드를 걸어서 이겼을 때 4파운드를 따서 총 10파운드를 돌려받게 된다.

분수식으로 표기한 배당률 fractional odds을 일반적인 확률로 변환하려면, 공정 게임이라는 전제하에서 우선 100%를 (x+y)로 나눈 뒤 여기에 y를 곱하면 된다. 예를 들어 7/1의 배당률은 이론적으로 카지노나 스포츠 복권 업체가 이 내기에 $\frac{100}{8} \times 1 = 12.5\%$의 승률이 있다고 보고 있다는 이야기이고, 4/6이라면 $\frac{100}{10} \times 6 = 60\%$의 승률을 예상하고 있다는 의미다.

소수점식 배당률

이 방식에서는 1을 베팅해서 승리했을 때 받는 총액을 비율을 표기한다. 소수점식 배당률 decimal odds 8.00은 분수식 표기의 7/1과 같고,

1.66은 대략 4/6과 비슷하다.

소수점식 배당률 표기를 확률로 변환하려면 100%를 배당률로 나누기만 하면 된다. 예컨대 공정 게임일 때 4.00은 $\frac{100\%}{4.00}$=25%이다.

미국식 배당률

미국의 스포츠 베팅 머니라인에서 쓰이는 미국식 배당률American odds 표기법은 숫자 앞에 +나 -부호가 붙는다. -가 붙은 값은 가장 나올 가능성이 높은 결과를 얻었을 때 받는 상금이 건 돈보다 적다는 의미다. 분수식으로 표기하면 1보다 작고, 소수점식으로 표기하면 2.00보다 작은 경우다. 반면 배당률에 +부호가 붙어 있다면 이 결과가 나올 가능성이 50%가 되지 못한다는 뜻이다. -부호가 붙은 배당률에서 숫자의 의미는 100을 돌려받으려면 내야 하는 금액을, +부호가 붙은 경우에는 100을 걸었을 때 받는 금액을 가리킨다. 예를 들어 배당률이 -350이라면 35달러를 걸고 이기면 10달러를 받는다는(총 45달러) 뜻이고, +225는 1달러를 걸어서 승리하면 2.25달러를 받는다(총 3.25달러)는 의미다.

미국식 배당률을 확률로 변환하려면 100%를 회수금 총액으로 나눈 뒤 건 돈(부호는 무시한다)을 곱하면 된다. -350이라면 $\frac{100\%}{450}$× 350=약 77.7%이고 +225는 $\frac{100\%}{325}$×100=약 30.77%가 된다.

이런 베팅에서 돈을 따려면 제시된 배당률이 의미하는 암묵적 확률보다 실제 확률이 더 높은 경우를 찾아내야 한다. 하지만 이런 접근이 비현실적인 이유는 카지노나 스포츠 베팅 업체는 고객과 공정 게임을 하는 것이 아니라 제시된 배당률에 충분한 여유를 두어 이미 확률적으로 이익을 확보하고 있기 때문이다. 결국 제시된 배당률은 이미 실제 확률보다 더 고객에게 불리한 수준이게 마련이다. 다음에서 이들이 어느 정도 확률적으로 유리한 상태인지와 그 영향을 계산하는 방법을 살펴본다.

하우스 에지

카지노나 도박 업체를 운영하는 쪽에서 보면 배당 조건이 조금이라도 자신들에게 유리하지 않다면 사업을 영위하는 의미가 없다. 앞서 살펴본 동전 던지기의 경우는 이겼을 때의 배당이 본전(소수점식 배당률 표기로 2.0)이므로 매번 돈을 걸 때의 기대치가 0이다. 현실에서는 친구들끼리 하는 내기가 아닌 다음에야 고객은 항상 기대치가 0보다 작은 조건에서 게임에 참여하게 되므로 확률적으로 돈을 잃는 것이 정해진 상태에서 돈을 걸게 된다.

도박 운영자가 갖는 유리함의 정도인 하우스 에지house edge는 카지노(도박 운영자) 측이 갖는 확률적 우위에 의한 몫을 의미하며(컷cut, 테이크take, 주스juice, 언더주스underjuice 등 도박장 몫, 단물 따위를 의미하는 다양한 속어로도 불린다), 고객이 건 돈에 대한 도박 운영자의 몫이 비율로 표시된다. 대부분의 경우 이 값을 계산하는 방법은 해당 게임의 표본공간에서의 확률분포를 살펴보는 것이다. 예를 들어 0이 하나인 룰렛 게임을 할 때 나올 수 있는 결과는 37가지다. 만약 붉은색에 1파운드를 걸었다면 이기는 경우가 18가지, 지는 경우는 19가지이고 각각의 결과가 일어날 확률은 동일하다. 그러므로 기대치는 다음과 같다.

$$\frac{18}{37} - \frac{19}{37} = -\frac{1}{37}$$

이 값을 백분율로 표현하면 기대치가 대략 −2.7%가 되므로 카지노 측의 기대치는 2.7%라는 뜻이다.* 룰렛 게임에서 다른 베팅 방법을 택하더라도 수학적으로는 유사한 결과가 얻어지도록 되어 있으므로 카지노는 룰렛에서 확률적으로 이 정도의 유리함을 갖고 있다.

0이 2개인 룰렛 게임에서도 이길 때와 질 때의 배당을 살펴볼 수 있다.

$$\frac{18}{38} - \frac{20}{38} = -\frac{1}{19}$$

이 경우엔 하우스 에지, 즉 확률적으로 카지노의 몫이 5.26%다.

52매의 카드 한 묶음에서 한 장의 카드를 뽑을 때 배당이 분수식으로 10/1(소수점식 11.00)이라면 뽑는 카드의 숫자를 정확히 맞출 확률은 $\frac{4}{52}$이고 평균적으로 52파운드를 걸었을 때 44파운드를 돌려받게 된다. 기대치를 계산해보면 $-\frac{8}{52}$이므로 카지노의 몫은 15.4%다.

일반적으로 카지노의 몫을 계산하는 방법은 다음의 식을 이용하면 된다.

---

* 소수점 첫째 자리로 반올림된 값임. 이 책에서는 대체로 소수점 이하 한 자리나 두 자리로 반올림한 값을 사용함.

Σ [(사건 i가 일어날 확률)×(사건 i가 일어났을 때 받는 금액)], 모든 사건 i에 대해]

카지노의 몫은 기대치에 -1을 곱한 값이고, 건 돈에서 카지노가 평균적으로 가져가는 돈의 비율이다(비기는 경우가 가능한 게임의 경우에는 조금 복잡해진다. 이런 경우에는 보통 비긴 게임을 제외하고 이기거나 진 게임에 대해서만 기대치를 계산한다).

이것을 암묵적 확률implied probablity*의 관점에서 살펴볼 수도 있다. 카지노나 스포츠 베팅 업체는 각각의 결과에 담긴 암묵적 확률을 계산한 뒤, 고객이 보기에는 그보다는 좀 더 배당이 높아 보이도록 배당률을 설정하고 자신들의 몫을 챙긴다(실제 확률보다 낮은 배당률을 제시한다). 결국 카지노의 몫이란 이들이 제시한 암묵적 확률을 모두 더하면 100%가 넘게 만들어 놓음으로써 만들어지는 것이라고 생각할 수도 있다.

이제 스포츠 경기에 베팅할 때 카지노의 몫을 계산하는 방법을 살펴보자. 우선 일어날 수 있는 모든 결과와 배당률을 적는다. 예를 들어 다음의 배당률을 갖는 다섯 마리의 경주마가 있다고 해보자.

- 님로즈 선   4/5   (1.80)
- 로드런너   4/1   (5.00)
- 페이디드 글래머   6/1   (7.00)

* 분수식 배당률을 퍼센트로 환산한 것. (옮긴이)

- 릴킨 하트   10/1   (11.00)
- 일렉트릭 드림즈   10/1   (11.00)

이제 각각의 경주마에 대해 얼마를 걸어야 100파운드를 돌려받을 수 있는지 정리해본다. 100파운드를 각각의 소수점식 배당률 표기로(혹은 분수식 표기에 1을 더한 값으로) 나눠주면 된다.

- 님로즈 선 $\frac{£100}{1.8}$ = £55.56
- 로드러너 $\frac{£100}{5}$ = £20.00
- 페이디드 글래머 $\frac{£100}{7}$ = £14.28
- 릴킨 하트 $\frac{£100}{11}$ = £9.09
- 일렉트릭 드림즈 $\frac{£100}{11}$ = £9.09

다섯 마리의 경주마에 위의 금액을 걸면 100파운드를 돌려받을 수 있다. 그런데 걸어야 할 돈의 합계는 108.02파운드다(암묵적 확률을 계산해도 같은 결과를 얻는다. 여기의 다섯 마리 경주마가 승리할 암묵적 확률을 모두 더하면 108.02%가 된다). 결국 백분율로 나타낸 회수금의 기댓치는 $\frac{100}{108.02}$ =92.6%다. 도박 운영 업체는 고객이 건 돈의 7.4%를 몫으로 챙기고 고객은 1파운드를 걸면 평균적으로 0.93파운드가 못 되는 금액을 돌려받는 구조다.

하우스 에지 알아내기

원리를 이해하면 물론 도움이 되긴 하지만 그렇다고 고객이 매번 하우스 에지를 계산할 필요는 없다. 카지노나 스포츠 베팅 업체는 시장, 경기, 기계 등에 대한 하우스 에지를 공개하도록 법으로 정해져 있으며 이런 정보는 책이나 인터넷에서 어렵지 않게 찾을 수 있다. 하우스 에지가 5~10%인 경우는 아주 흔하지만, 슬롯머신이나 복권, 카지노에서 하는 로또 같은 방식의 도박인 키노Keno 등에서는 이 값이 15%, 심하면 25%에 이르기도 한다. 게임 방법을 숙지하고 있다면 하우스 에지가 가장 적은 게임은 블랙잭이다. 블랙잭에서 카지노의 몫은 0.5%에서 시작하는데 이는 딜러와 고객 모두 버스트bust*가 되었을 때 딜러가 이기기 때문이다. 카지노에 설치된 일부 비디오 포커 기계도 카지노의 몫이 0.5%이지만 실제 포커 게임에서는 대부분 이보다 훨씬 높다. 카지노에서 행해지는 포커에서 하우스 에지는 매 게임마다 정할 수 있는 값이 아니지만, 카지노 측에서는 다양한 방법으로 자신의 몫을 챙기는 규칙을 만들어놓고 있다.

그렇다면 모든 합법적 도박이 이렇게 고객들에게 불리하도록 되어 있는데도 대체 왜 사람들은 그 낮은 가능성에 돈을 걸고 있는 것일까?

---

* 카드의 합이 21을 넘는 것. (옮긴이)

도박의 양면성을 이해하자

우선 도박을 대하는 태도는 대부분 비이성적이라는 사실을 받아들이자. 사람은 위험을 이해하고 위험의 정도를 파악하는 능력이 뛰어난 존재가 아니다. 도박에 뛰어드는 사람들 중 일부는 확률적으로 돈을 딸 수 없다는 걸 알면서도 단지 자신의 운이 그런 확률을 뛰어넘을 수 있다고 믿거나 수학에는 아주 무지한 경우가 많다. 도박을 즐기는 사람들 중 많은 사람들은 돈을 잃었을 때의 기억보다 땄을 때를 훨씬 선명하게 기억하기도 하고, 계속 돈을 잃다가 극적으로 돈을 딴 기억 등으로 인해서 자신의 성과에 대해 왜곡된 기억을 갖고 있다. 어떤 사람들은 도박을 계속하면 돈을 따고 잃는 흐름이 보인다고 믿으며 자신은 돈을 딴 상태에서 게임을 멈출 수 있다고 생각하기도 한다(도박꾼의 자만심gambler's conceit이라고 불리며, 딴 돈을 '거저 생긴 돈'으로 바라보고 이를 바탕으로 더 큰 돈을 벌 수 있다고 생각하는 오류다).

이런 관점은 어느 것이나 전혀 도박을 바라보는 합리적 시각이 아니며, 대상을 차분히 분석하지 못했을 때의 위험을 인지할 필요가 있다(도박에 대한 사고의 오류에 대해서는 114쪽을 참조). 전 세계적으로 도박 중독은 삶을 파괴하는 매우 심각한 문제다.

하지만 다른 한편에는 돈을 잃는다는 것을 알고 있으면서 시간을 즐겁게 보내는 목적으로 감당할 만한 액수의 돈을 갖고 도박을 즐기는 사람들도 있다.

그런데 도박을 수학적으로도 이해하고 있고, 특정 게임에서는 하우스 에지나 표준편차를 계산할 능력이 있으면서도 이런 논리적 불리함을 무시하고 결국엔 자신이 돈을 딸 수 있을 것이라고 생각하는 사람들이 존재한다. 이런 사람들은 도박에서 표준편차가 자기에게 유리하게 작용한다고 이야기하면서 자신이 얼마나 운이 좋은지를 자랑스럽게 이야기한다. 이건 도박꾼들 사이에서 흔하고 더 분명한 오해만큼이나 명백한 오해에 불과하다. 표준편차의 의미는 도박 게임에서 어느 정도의 손익을 내고 게임을 끝낼 수 있을지를 알려주는 지표가 아니다. 물론 변동성이 0인 게임에서는 한 푼도 딸 가능성이 없긴 하다. 그러나 표준편차의 의미는 기대치보다 얼마나 더 딸 수 있을지, 혹은 얼마나 더 잃을 수 있을지를 알려주고, 잃거나 딸 가능성이 모두 존재한다는 사실을 보여주는 데 있다.

한 가지 더 기억해야 할 사실은 표준편차는 건 돈의 액수의 제곱에 비례하고 기대치는 건 돈에 비례한다는 점이다. 이 말은 게임을 오래 할수록 잃을 돈이 딸 돈보다 많아지므로 점점 더 카지노를 이기기 어려워진다는 뜻이다. 그래서 게임에 임할 때 사람들이 너무 소심해지지 않으려는 이유이기도 하다. 같은 게임을 1,000번 할 때에 비해 1판만 할 때는 변동성이 훨씬 높다. 다시 말해, 게임을 반복할수록 하우스 에지에 가까운 비율만큼 돈을 잃게 된다(큰 수의 법칙에 대해서는 105쪽 참조).

논리적으로 보자면 도박으로 돈을 벌겠다는 생각이 터무니없는 이유는 아주 많다. 도박에 참가하는 것이 합리적 선택이려면 하우스 에지를 극복하거나 제거할 수 있다고 믿을 만한 근거가 있어야 한다. 그런데 남은 카드를 섞으므로 카지노의 몫이 조금씩 변하는 블랙잭이라면 한 판 내에서는 일시적으로 아주 능숙한 고객에게는 유리해지는 상황이 만들어질 수도 있다.

역72의 법칙 (그리고 판돈 관리하기)

우선 도박을 하면 왜 돈을 잃게 되는지부터 생각해보자. 도박꾼의 파산gambler's ruin이라는 개념은 도박을 장기적으로 계속하면 결국엔 한 푼도 남지 않는다는 사실을 잘 설명한다. 파스칼과 페르마가 17세기에 이 문제를 토의했고 수학자 크리스티안 하위헌스는 두 사람이 도박을 할 때 한쪽이 가진 돈을 다 잃는 확률을 계산하는 방법을 찾아냈다(도박꾼의 파산 개념은 승패 확률이 서로 같은 두 사람이 게임을 하는 경우에 한쪽은 유한한 자산을 갖고 있고 다른 한쪽이 무한한 자산을 갖고 있다면 결국엔 자산이 유한한 쪽이 돈을 모두 잃게 됨을 가리키는 의미로도 사용된다. 따고 잃는 것이 무작위적으로 반복되는 것을 랜덤 워크random walk 개념을 이용해 표현하면 이를 수학적으로 증명할 수 있다).

일단 여기서는 아주 기본적인 내용을 살펴보는 데 집중하자. 이전 판에 이겼을 때는 가진 돈에 비례해서 다음 판에 더 큰 돈을 걸지만, 졌을 때는 거는 돈을 줄이지 않는 도박꾼이 있다고 해보자. 처음 시작할 때는 매 판에 n의 돈을 걸고, 가진 돈이 시작할 때보다 두 배가 되면 이제 매 판마다 2n의 돈을 건다.

이 게임이 이기거나 질 확률이 똑같은 공정 게임이라면 돈을 다 잃거나 두 배가 될 확률은 모두 $\frac{1}{2}$로 같다. 만약 돈이 두 배가 되었다면 같은 방식으로 게임을 계속한다. 여전히 돈을 다 잃거나 두 배가 될 확률은 $\frac{1}{2}$이다. 그러므로 게임을 계속해서 파산할 확률은 $\frac{1}{2}+\frac{1}{4}$이 된다. 매번 돈이 두 배로 늘어났을 때마다 이런 식으로 계속되면 이 게임을 m번 계속한 뒤에 파산할 확률은 다음과 같다.

$$\frac{1}{2} + \frac{1}{4} + \frac{1}{8} + \frac{1}{16} + \cdots (\frac{1}{2})^m$$

이 값은 m이 커질수록 1에 가까워지므로, 게임 자체는 공정할지라도 궁극적으로는 파산할 확률이 100%에 다가간다.

너무 수학적으로 보일 수 있겠지만, 돈을 크게 따려면 이길 때마다 거는 돈을 지수적으로 늘려야 한다고 생각하는 도박꾼이라면 현실에서 피할 수 없는 문제다. 그런데 똑같은 원리를 역으로 적용하는 건 어렵다. 그래서 많은 카지노에서는 고객이 돈을 따면 더 비싼 칩으로 바꾸어 게임을 계속하라고 은근히 권장한다. 그래야 고객이 더 큰 돈을 걸기 쉽고 결과적으로는 카지노가 돈을 딸 확률이 높아지기 때문이다.

이번에는 돈을 잃으면 거는 액수도 줄이는 좀 더 이성적인 고객이 하우스 에지가 6%인, 공정 게임이 아닌 도박을 하는 경우를 생각해보자. 완벽한 법칙은 아니지만 1장에서 살펴본 72의 법칙을 역으로 적용해서 이 고객이 처음 갖고 시작한 돈의 반을 잃는 데 얼마나 걸릴지를 가늠해보자. 72를 6으로 나누면 12이므로, 건 돈의 총액이 처음 가진 돈의 12배 정도 되고 나면 대개 절반을 잃게 된다. 이 과정이 반복되면 가진 돈은 점점 줄어들고, 돈은 무한히 나눌 수 있지 않으므로 남은 돈이 최소 베팅 금액에 부족한 수준으로 줄어든다.

하지만 가진 돈에 비해 거는 돈의 비율을 점점 줄여간다면 돈을 잃는 속도를 늦출 수 있다. 이 원리는 거는 돈의 액수를 조절하는 것이 효과적인 베팅에 중요한 요소라는 사실을 잘 보여준다.

2장 요약

1. 도박을 즐긴다면 자신이 도박을 왜 하는지와, 도박의 오류와 함정을 정확히 인식하고 임한다.
2. 카지노나 스포츠 베팅에 참여하는 것 자체만으로 이미 돈을 잃은 것이나 다름없으므로 최선의 도박은 도박을 하지 않는 것이고, 그럴 수 없다면 여가를 즐기는 수준의 금액만을 사용한다.
3. 어떤 경우에도 돈을 걸 때는 기대치를 계산할 수 있다. 공정 게임이라면 기대치가 0이 되어야 한다.
4. 표준편차는 변동성을 보여주는 지표다. 변동성이 클수록 잃거나 딸 가능성이 높다.
5. 카지노나 스포츠 베팅처럼 운영자 측이 확률적으로 우위에 있는 경우에는 고객의 수익 기대치가 항상 0보다 작으므로 돈을 다 잃을 가능성이 높다는 점을 반드시 인식해야 한다.

제3장

세상 모든 베팅의 원리

"도박꾼은 절대로 같은 실수를 두 번 하지 않는다.
세 번이나 네 번 하지."

V. P. 패피 V. P. Pappy

도박꾼이라면 으레 자신만의 전략과 체계를 갖고 돈을 딸 확률을 높이려 하게 마련이다. 최적 베팅, 켈리 베팅, 헤징, 가치 베팅, 정형화된 몇몇 베팅 방식 등이 이런 기술들이다. 그것들이 얼마나 효과적인지, 아니면 효과가 없는지 살펴보도록 하자.

확실하게 돈을 따는 베팅 방법?

오랫동안 도박꾼들 사이에서는 위험 요소를 배제할 수 있고 돈을 확실히 따게 만들어주는 방법을 만들어냈다는 믿음이 존재했었다. 그리고 가짜 약장수나 강매로 돈을 버는 장사꾼들도 어수룩한 고객에게 아주 효과적으로 바가지를 씌우는 수법을 알고 있었다. 이들 입장에서는 고객을 끌어 오려면 손님에게 제시할 베팅 방법이 아주 단순해야 한다. 일단 손님이 호객꾼에게 끌려 도박장으로 들어가는 순간, 도박장은 단기적·중기적·장기적 모든 관점에서 돈을 버는 것이 보장되는 것과 다름없다.

일반적으로 볼 때 정형화된 베팅 방식들이 왜 엉성한지 알아보기 위해 우선 가장 역사적으로 잘 알려진 예부터 살펴보자.

마르탱갈 방식 베팅

마르탱갈Martingale 방식은 룰렛에서 검정이나 빨간색에 돈을 걸 때처럼 이기거나 지는 확률이 같고 단판에 결과가 나오는 종류의 게임에 쓸 수 있는 방법이다. 한 판을 해서 이기면 다음 판엔 이전에 걸었던 만큼 또 건다. 만약 졌다면 다음 판에 돈을 두 배로 건다. 1을 걸어서 첫 판에 지고 2를 걸어서 두 번째 판에 이기면, 갖고 있는 돈은 4가 된다. 두 판을 하는 동안 걸었던 돈은 3이므로 결과적으로 1을 딴 셈이다. 이 상태에서 다시 처음으로 돌아가서 1을 거는 것이 이 방식이다.

이렇게 하면 몇 판을 지더라도 이기는 순간 1을 따는 셈이 된다. 두 판을 지고 세 번째 판을 이겼다면 1+2+4=7을 걸어서 8을 받고, 네 번째 판에 이긴다면 1+2+4+8=15를 걸어서 16을 받는 식이다. 계속 지다가 n번째 판 만에 이겼다면 그때까지 건 돈은 2^n-1이고 2^n을 받는다.

문제는 이런 식으로 베팅을 하려면 거는 돈이 지수적으로 증가한다는 점이다. 만약 연속해서 진다면 $2^{n+1}-1$이 내가 가진 돈보다 커지는 순간 손을 털고 나와야 된다. 만약 열 번 계속 지면 1+2+4+8+16+32+64+128+256+512=1,023 만큼의 액수를 걸어야 한다. 여기서

한 판을 더 하려면 총 2,047의 돈을 갖고 시작했어야 한다. 1,024만 갖고 시작했다면 1이 남아 있으므로 음료수 한 잔을 사서 마음을 다스리면 된다.

이 방식은 그간의 모든 손실을 상대적으로 쉽지 않은 한 번의 승리에 모두 집중해서 보상받으려는 것이다(만약 실패한다면 손실이 엄청나게 증가한다). 이런 식으로 베팅했을 때의 기대치는 매번 1씩 베팅할 때와 동일하다.

정말 그런지 확인하기 위해 공정 게임인 룰렛(0에 걸리는 일은 없다고 가정해서 카지노가 유리한 경우는 없다고 본다는 뜻이다)의 붉은색에 걸었을 때 일어날 수 있는 모든 경우의 수를 살펴보자.

- 붉은색-붉은색-붉은색이 나오면 3을 딴다.
- 붉은색-붉은색-검은색이 나오면 1을 딴다.
- 붉은색-검은색-붉은색이 나오면 2를 딴다.
- 붉은색-검은색-검은색이 나오면 2를 잃는다.
- 검은색-검은색-검은색이 나오면 7을 잃는다.
- 검은색-검은색-붉은색이 나오면 1을 딴다.
- 검은색-붉은색-검은색이 나오면 본전.
- 검은색-붉은색-붉은색이 나오면 2를 딴다.

딸 가능성과 잃을 가능성은 같지만, 손실은 검은색-검은색-검은색이 나오는 경우에 집중되어 있다. 이런 결과가 나와서 7을 잃을 확률은 $\frac{1}{8}$이고, 나머지 일곱 가지의 경우를 모두 합쳐서 생각하면 $\frac{7}{8}$의 확률로 1을 딸 수 있다. 판을 거듭하면서 잃는 돈이 가진 돈보다 많아지는 순간에 가까워지면 이 방식을 고집해서 얻는 장점은 사라진다. 그리고 카지노에서는 승리 확률이 카지노 측에 이미 유리하게 설정되어 있다는 것도 고려해야 한다. 사람들이 이 방식에 매달리는 이유는 결과가 무작위로 나오는 게임에서조차 같은 결과가 연달아 나오는 경우가 얼마나 흔한지를 잘 모르기 때문이다.

규칙에 기반한 베팅 방식이라면 어느 것이나 기본적으로 이와 다르지 않다. 돈을 딸 확률에 영향을 주기는 하지만, 그 대신 진 판에서의 손실이 커지는 것을 감수하는 것이다. 결국 표본공간의 좁은 곳에 모든 위험을 집중시키거나, 큰돈을 따는 경우를 많이 만드는 대신 진 경우의 손실을 전체적으로 조금씩 증가시킨다. 그러나 절대로 지는 판 자체를 없앨 수는 없을뿐더러 기본적인 기대치와 하우스 에지를 변화시키는 것도 당연히 불가능하다.

1-3-2-6 방식 베팅

다른 방식의 전략도 있다. 1-3-2-6 방식이라고 불리는데, 룰렛 게임에서 적당히 돈을 걸 때 써볼 만하다. 이 방식은 매우 단순할뿐더러 마르탱갈 방식처럼 거는 돈을 지수적으로 늘일 필요도 없다는 장점이 있다. 단지 베팅할 기준 금액을 정하기만 하고(보통 가진 돈의 $\frac{1}{50}$ 정도로 정한다) 게임을 시작하면 그만이다. 만약 한 판을 이기면 다음 판엔 기준 금액의 3배를 건다. 또 이기면 2배를 걸고, 만약 세 판을 연속해서 이겼다면 6배를 건다. 그리고선 다시 처음으로 돌아가면 된다. 언제라도 게임에 지면 바로 처음으로 되돌아간다. 마르탱갈 방식과 마찬가지로 사람들이 이 방식이 효과적이라고 생각하는 이유는 확률을 오해하기 때문이다. 간략하게 예를 들어 왜 그런지를 살펴보자. 이 방식을 쓸 때 일어날 수 있는 경우는 다섯 가지다.

- 첫 판에 진다. (1만큼 잃는다)
- 첫 판을 이기고 두 번째 판에 진다. (2만큼 잃는다)
- 두 판을 이기고 세 번째 판에 진다. (2만큼 딴다)
- 세 판을 계속 이기고 네 번째 판에 진다. (본전)
- 네 판을 계속 이긴다. (12만큼 딴다)

이것만 보면 마치 $\frac{1}{5}$의 확률로 12만큼 딸 수 있고, 약간 따거나 잃을 확률이 $\frac{4}{5}$인 것처럼 보일 수도 있다. 하지만 실제 확률은 이렇지 않다. 진실의 확률을 계산해보자(공정 게임이라고 가정하고).

- 첫 판에 진다. (1만큼 잃는다. 확률 $\frac{1}{2}$)
- 첫 판을 이기고 두 번째 판에 진다. (2만큼 잃는다. 확률 $\frac{1}{4}$)
- 두 판을 이기고 세 번째 판에 진다. (2만큼 딴다. 확률 $\frac{1}{8}$)
- 세 판을 이기고 네 번째 판에 진다. (본전. 확률 $\frac{1}{16}$)
- 네 판 연속 이긴다. (12만큼 딴다. 확률 $\frac{1}{16}$)

그러므로 공정 게임일 때 기대치는 $(-0.5-0.5+0.25+0+0.75)=0$이 된다.

결국 이 방식은 네 번 연속으로 이길 때 따는 돈을 극대화한 것일 뿐이고 전체적으로 돈을 따게 해주지는 못한다. 물론 이 방식을 사용해서 게임에 참여하면 꽤 자주 12만큼의 큰돈을 따는 즐거움을 누릴 수 있고 마르탱갈 방식처럼 결국엔 돈을 잃지도 않겠지만 전체적으로 볼 때 합리적인 방법이라고 볼 수는 없다.

라브셰르 방식 베팅

이제 분명히 드러난 사실을 짚고 넘어가자. 아무리 그럴듯해 보이는 베팅 방식이라도 돈을 따는 걸 보장해주진 못한다. 그렇지만 달랑베르D'Alembert와 파롤리Paroli가 만들어낸 피보나치 방식(거는 돈을 무작정 늘이는 것이 아니라 피보나치 수열을 따라 늘린다)을 포함해서, 그간 다양한 사람들이 고안해낸 이런저런 베팅 방식을 분석하고 평가해볼 수는 있다. 어느 방식이건 마르탱갈 방식과 마찬가지로 근본적으로 잘못된 논리를 기초로 만들어져 있고 단지 베팅을 높이는 정도의 차이만 있을 뿐이어서 결과적으로 수많은 도박꾼들을 파산으로 몰아넣었다. 각각의 방식을 하나씩 살펴보려면 책 한 권 분량은 되겠지만 그럴 가치는 없으므로 대표로 한 가지 방식을 살펴보도록 하자. 라브셰르Labouchere 방식(취소 방식이라고도 함)은 인터넷상에서 돈을 따게 해주는 확실한 방식이라고 꽤 많은, 실은 지식이 부족한 사람들이 주장하는 방식이지만 수학적인 면에서 흥미로운 구석이 있기도 하다. 우선 종이에 다음과 같이 점점 증가하는 수열을 적는 것부터 시작한다.

0, 0, 1, 1, 1, 1, 2, 2

여기서 이 수들의 합인 8은 이 방식을 한 번 이용해서 벌고자 하는 액수다(계속 증가하는 수열이기만 하면 어떤 수를 써도 된다. 많이 따고 싶거나 베팅 금액을 빨리 늘리고 싶으면 위험을 감수하고 더 큰 수를 쓰면 된다). 앞서 설명한 방식들과 마찬가지로 이 방식도 주 목적은 기본적으로 룰렛처럼 승패 확률이 같을 때 적용하려는 것이다. 물론 이것을 살짝 변형해서 다른 게임이나 스포츠 베팅에 적용하는 경우도 많다.

우선 걸 돈의 단위를 정하고 첫 번째 베팅에는 첫 값과 마지막 값을 더한 단위의 금액을 건다. 이 예에서는 0+2=2 단위를 건다. 만약 첫 판을 이겼다면 다음처럼 이 두 숫자를 위의 수열에서 지운다.

0, 1, 1, 1, 1, 2

만약 첫 판에 졌다면 잃은 금액 단위만큼을 수열의 맨 뒤에 추가한다.

0, 0, 1, 1, 1, 1, 2, 2, 2

이런 식으로 계속해서 모든 숫자가 지워지거나(첫 수열에 있던 8 단위만큼 딴 경우), 한 숫자만 남을 때까지 계속한다. 한 숫자만 남았을 때는 남은 돈을 다음 판에 다시 사용하면 된다. 이때 이긴다면 이 방식으로 한 회를 마무리한 것이고, 진다면 계속 같은 방식으로 돈을 건다.

아래에 이 방식을 사용해서 15 단위만큼 따는 경우를 설명한다. 매번 건 돈과 결과에 따라 변경된 수열, 잔액이 표시되어 있다. 매 판마다 수열과 잔액의 합이 항상 15라는 점을 눈여겨보도록 하자.

- 최초의 수열 1, 2, 3, 4, 5   (목표 획득액 = 15)

  베팅 6, 패

- 1, 2, 3, 4, 5, 6   (-6)

  베팅 7, 패

- 1, 2, 3, 4, 5, 6, 7   (-13)

  베팅 8, 승

- 2, 3, 4, 5, 6   (-5)

  베팅 8, 패

- 2, 3, 4, 5, 6, 8   (-13)

  베팅 10, 승

- 3, 4, 5, 6   (-3)

  베팅 9, 패

- 3, 4, 5, 6, 9   (-12)

  베팅 12, 패

- 3, 4, 5, 6, 9, 12   (-24)

  베팅 15, 승

- 4, 5, 6, 9   (-9)

  베팅 13, 승

- 5, 6   (+4)

  베팅 11, 승

- 종료   (+15)

여기서 우선 눈여겨볼 점은 5번 이기고 5번 졌는데도 결과적으로 돈을 땄다는 사실이다. 만약 여기서 새로 게임을 시작해서 6을 걸었는데 진다면 5번 이기고 6번 졌는데도 여전히 딴 금액이 9가 된다(이겼을 때 평균적으로 딴 돈이 졌을 때 평균적으로 잃은 돈보다 많아서 그렇다). 이런 결과 때문에 이 방식은 하우스 에지를 극복하고 어쨌건 돈을 딸 수 있게 해주는 방식이라는 인상을 줄 수 있다.

이제 위의 1, 2, 3, 4, 5 수열을 사용한 경우 첫 세 판에서 나올 수 있는 경우의 수를 분석해보자. 간략한 표기를 위해 W6 (+12)와 같은 식으로 결과를 표현한다. W6 (+12)는 '6을 걸어서 승리했고(진 경우는 L), 잔액은 본전을 기준으로 +12'라는 의미다.

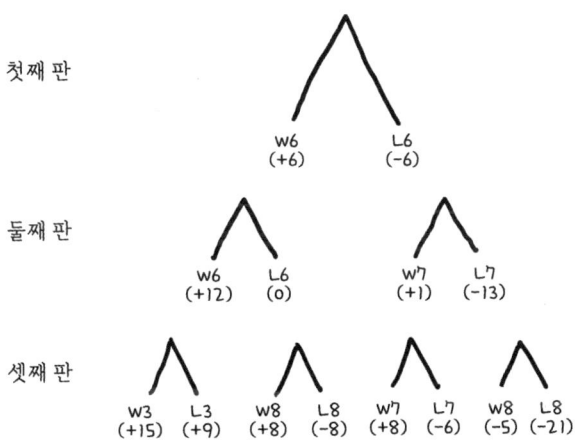

그림17 첫 세 판에서 가능한 결과.

우선 매 판이 끝났을 때 나올 수 있는 결과의 합은 항상 0이라는 것을 알 수 있다. 공정 게임에서는 어느 결과이건 나올 확률은 같으므로 기대치는 0이다. 게임을 몇 번을 계속하더라도 이 점은 변함이 없다.

그렇다면 왜 이 방식을 이용하면 유리하다는 오해가 만들어졌을까? 아마도 이겼을 때의 결과는 대체로 비슷하게 만들어져 있는 반면에(+15, +9, +8, +8), 졌을 때의 결과는 더 폭넓게 분포할 뿐 아니라(-5, -6, -8, -21), 손실의 대부분이 특정한 한 경우에 집중되어 있기 때문일 것이다(-21). 이런 방식으로 게임을 열 판 반복해서 만약 열 판을 모두 이기면 51 단위를 딸 수 있지만 열 판을 내리 졌을 때의 손실은 105 단위에 이른다. 마르탱갈 방식만큼 극단적이지는 않지만 근본적으로는 비슷한 접근인 셈이다. 그리고 시작할 때 수열을 어떤 식으로 만들어놓건 기본적인 수학적 원리가 변할 리도 없다.

이 방식을 선호하는 일부 사람들은 졌을 때는 수열에서 숫자 하나를 추가하고 이겼을 때는 두 개를 삭제하기 때문에 두 판을 져도 한 판만 이기면 된다는 점을 강조한다. 하지만 이런 관점은 큰 수의 법칙(105쪽 참조)을 무시해서 생긴 것이다. 이 법칙에 따르면 드물게 일어나는 사건이라고 해서 안 일어난다고 단정하면 안 되며, 연속해서 지고 있는 상황에서 판돈을 지속적으로 늘려가는 방식을 사용할 때는 순식간에 돈이 바닥날 수 있다는 점도 무시하지 말아야 한다.

한편에선 역逆라브셰르 방식을 선호하는 사람들도 있다. 이 방식은 대체로 '정상적인 게임'이 진행될 것이라는 가정하에 손실을 줄이고 대신 연승이 이어질 때의 이익을 극대화하려는 것이다. 하지만 이 방식 또한 근본적으로 비논리적이긴 마찬가지다.

요약하자면, 라브셰르 방식은 재미 삼아 시도해볼 만은 하지만 손실의 위험성을 제거한 것이 아니라 다르게 분포시킨 것에 불과하다는 점에서 여느 베팅 방식과 다를 바 없다.

적정한 베팅 금액 산정하기

많은 베팅 방식에서는 어떤 식으로 돈을 걸어야 하는지를 중요하게 여긴다. 하지만 매번 돈을 거는 순간에 얼마를 걸어야 하는지도 마찬가지로 중요하다. 이런 관점에서 마르탱갈 방식을 무작정 따라할 때의 위험성을 이미 살펴본 바 있다. 계속 잃고 있을 때 거는 돈을 적절히 줄이지 못해서 맞이하게 되는 흔한 현상을 가리켜 도박꾼의 파산gambler's ruin이라고 한다. 중요한 것은 각각의 상황이 어느 정도의 베팅을 할 가치가 있는지에 맞춰 탄력적으로 베팅하는 것이다.

거는 돈을 적절하게 조절하게 도와주는 몇 가지 방법들이 있기는 하다. 하나는 매번 같은 액수의 돈을 거는 것fixed stake이다. 이렇게 하면 막연한 기분이나 충동으로 인해 거는 돈의 액수가 들쑥날쑥해지는 것을 막아주고 베팅의 일관성을 유지한다는 장점이 있다.

그렇다고 해도 도박꾼의 파산을 피할 수 없다는 단점은 여전하므로, 결국 남은 돈의 일정 비율만 거는 방식fixed percentage을 쓰는 편이 낫다는 사실은 자명하다. 이것도 약간 개선된 접근 방법이긴 하지만 룰렛처럼 단순한 게임이 아니라 스포츠 베팅이나 여타 복잡한 게임에서는 적용하기가 곤란하다.

이런 단점을 무마할 수 있는 방법 중의 하나는 매 판마다 이겼을 때 따는 돈의 액수가 일정하도록 돈을 거는 것fixed return이다. 각각의 베팅에서 따고자 하는 액수(예를 들어 현재 가진 돈의 1%)를 정한 뒤, 이에 맞춰 돈을 건다. 경마를 예로 들면 배당률이 1/1(소수점식 배당률 2.00)일 때는 가진 돈의 1%를 걸고 5/1(6.00)일 때는 0.2%를 거는 식이다. 이 방식을 쓰면 승산이 낮을 때의 위험도를 낮춰주는 장점이 있다.

하지만 기본적으로 베팅이란 나올 것이라고 믿는 결과에 돈을 거는 것이어야 하므로 이런 식으로 베팅을 하면 배당이 높을 때 큰돈을 딸 기회를 스스로 날려버리는 것이라는 생각에서 이 방식을 회의적인 시각으로 바라보는 사람들을 본 적이 있다. 그러나 베팅을 실질적 확률과 암묵적 확률의 대결이라는 관점에서 생각하는 쪽이 더 낫다고 할 수 있다. 만약 배당률 5/1인 경주마가 있는데 마권 판매자가 이 말을 너무 저평가했다고 생각한다고 해도, 배당률 1/1로 저평가한 경주마에 비하면 현실적으로 이 말이 이기기는 여전히 더 어렵다.

따는 돈의 액수가 일정하도록 돈을 거는 방식이 가장 비효율적인 방법은 아니지만, 거는 돈의 액수를 보다 정교하게 조절하는 켈리 조건Kelly criterion을 활용하면 약간은 개선이 가능하다. 다만 최적의 베팅 방식을 추구하는 몇 가지 다른 방식을 더 살펴볼 필요가 있다.

기대 상금Due-column 방식 베팅은 따는 돈의 액수가 일정하도록 돈을 거는 방식과 비슷하긴 하지만 훨씬 더 위험한 방법이다. 여기선 가진 돈의 몇 %를 따고 싶은지를 결정한 뒤 매 베팅마다 이에 맞춰서 넉넉하게 돈을 건다.

예를 들어 500달러를 갖고 있는데 20달러를 따고 싶다고 해보자.

그러면 표2와 같이 표를 만들어서 그만큼 따려면 걸어야 하는 액수를 적는다. '기대 상금due'란은 20달러에서 시작해서 이길 때까지 계속 증가시켜 목표 금액을 따면 끝내도록 한다.

베팅 순서	기대 상금	배당률	건 돈	결과
1	$20	5/1 (6.00)	$4	패
2	$24	3/1 (4.00)	$8	패
3	$32	8/5 (2.60)	$20	패
4	$52	2/1 (3.00)	$26	승

표2 기대 상금 방식 베팅.

거는 돈의 액수가 빠르게 증가하고 언젠가는 이겨서 목표로 한 금액을 획득할 수 있으며, 연속으로 지다 보면 금방 가진 돈을 모두 잃게 된다는 면에서 마르탱갈 방식과의 유사점이 확연하게 드러난다. 몇 판 지더라도 언젠가는 이기게 되어 있다는 생각은 잘못된 생각 중에서도 첫 손에 꼽히는 것으로서 도박꾼의 오류gambler's fallacy라고 불리며, 이에 대해서는 뒤에서 다시 살펴보기로 한다.

마지막으로, 몇몇 게임에서는 상황에 따라 베팅 방식을 바꾸는 것도 고려해볼 만하다. 블랙잭에서는 받을 카드 중에서 10급 카드(10, J, Q, K, A)의 비율이 상대적으로 높을 때는 베팅 금액을 탄력적으로 높이는 것도 괜찮다. 카드 카운팅(5장 참조)도 기본적으로 여기서 출발한다. 포커에서는 보통 팟 비율(pot odds, 이겨서 딸 돈과 상대가 베팅에 따라오게 할 수 있는 금액 사이의 비율)과 실제 확률(true odds, 이길 수 있는 카드를 받을 확률)을 따져서 베팅을 계속할지 말지를 결정한다. 둘 다 괜찮은 전략이지만 엄밀히 말하자면 어느 것도 최적의 베팅 전략은 아니다. 그보다는 주어진 기회의 가치에 기반한 베팅이라고 보는 편이 더 적절하다. 왜냐하면 이런 전략은 주어진 상황에서의 암묵적 확률이 아니라, 그 상황에서 자신이 확보한 이점을 바탕으로 평가하는 방식이기 때문이다.

지금까지 살펴본 베팅 방식들은 어느 것도 흡족하다고는 할 수 없다. 그러나 얼마를 베팅해야 할지를 판단하는 데 매우 유용해서 다른 방식과 확연하게 대비되는 방법이 한 가지 있다. 바로 켈리 조건 방식 베팅이다.

워런 버핏도 즐겨 쓰는 켈리 베팅

켈리 조건 방식 베팅은 가진 돈에서 얼마를 베팅해야 하는지를 결정하는 데 쓰이는 수학 공식으로 1956년에 J. L. 켈리(J. L. Kelly)가 만들어냈다. 다양한 형태의 도박이나 투자에서 하우스 에지를 고려하지 않아도 되는 상황이라면 이익을 극대화하는 데 유용하게 사용된다.

이 방법은 특히 돈을 거는 쪽이 확률적으로 유리하고 배당률이 일정한 베팅을 연속으로 할 때 사용할 목적으로 개발되었다. 대부분의 베팅 전략은 이처럼 특별한 조건을 가정하고 있지 않으므로, 이 방법을 적절히 변형해서 다른 경우에도 적용할 수 있다. 더 중요한 점은 이 방법을 좀 더 깊숙이 들여다볼 여유가 있다면 위험을 감당할 만한 합리적인 수준의 베팅에 대한 상식이 확실히 자리 잡도록 하는 데 도움이 된다는 사실이다.

켈리 조건을 이용하려면 우선 확률적으로 유리한 상황에 있어야 하고, 그 값이 현실적으로 어느 정도인지를 가늠하고 있어야 한다. 가진 돈에서 어느 정도를 걸어야 하는지를 계산하는 공식은 다음과 같다.

$$\frac{bp-q}{b}$$

b: 소수점식 배당률 - 1
p: 성공 확률
q: 실패 확률 (= 1 - p)

검은 공과 붉은 공이 든 가방에서 공을 꺼내는 게임을 한다고 해보자. 그런데 배당률은 1/1이지만(소수점식 표기로는 2.00), 친구가 심판이어서 검은 공일 때는 슬쩍 공을 놓쳐줄 때가 있어서 실제로는 붉은 공 53, 검은 공 47의 확률로 공이 나오므로 붉은 공에 걸면 $\frac{53}{47}$만큼의 우위를 가진 상황을 가정한다.

이 경우 위 식에서 b = 1이므로 켈리 조건에 의하면 다음 값만큼을 베팅하면 된다.

$$\frac{(0.53-0.47)}{1} = 0.06$$

즉 매번 가진 돈의 6%를 걸면 따는 돈을 최적화할 수 있다는 의미다. 물론 이 방법을 쓴다고 해서 돈을 반드시 딸 수 있는 것은 아니고, 결과가 좋으려면 베팅 기회의 가치를 직접 알아내야만 한다. 이 방법은 단지 위험을 최소화하면서 수익을 극대화하려면 매번 가진 돈에서 어느 정도를 걸어야 하는지를 가늠하는 최선의 방법일 뿐이다.

그리고 남은 돈에 따라 매 판마다 걸어야 하는 액수를 높이거나 낮춰야 한다는 점도 기억해둬야 한다. 상황이 빠르게 바뀌는 경우에 이 공식을 신속하게 사용할 수 있도록 미리 프로그램을 만들어두는 등의 방법을 마련하는 것이 좋다. 인터넷을 찾아보면 다양한 종류의 켈리 조건 계산기가 있으니 그쪽을 활용하는 것도 괜찮다.

켈리 조건을 사용할 때의 문제는 이 조건에 맞춰 베팅을 할 기회가 드물다는 점이다. 그리고 주어진 상황에서 자신이 얼마나 유리한지를 정확하게 계산하기가 힘들다는 것도 곤란한 문제다. 그래서 이 조건을 활용하려는 대부분의 경우 근사치를 사용하게 된다. 대부분의 도박꾼들은 일단 표준적인 값을 구해놓고서 이 값의 $\frac{1}{2}$이나 $\frac{1}{3}$ 정도를 베팅하는 방식으로 켈리 조건을 활용한다. 이렇게 하면 기대수익이 줄어들지만 위험도 함께 줄어들므로, 자신이 유리한 정도를 확신할 수 없는 상황에서 이 조건을 활용하고 싶다면 나름 합리적인 전략이라고 할 수 있다.

어찌되었건 이 공식은 잘 익혀둘 만하다. 켈리 조건 베팅은 파산에 이르지 않으면서(피보나치 방식과 같은 베팅 방식들을 쓰면 파산하기 아주 쉽다) 돈을 딸 수 있도록 해준다는 사실이 오랜 기간에 걸쳐 입증된, 사실상 거의 유일한 베팅 방식이다. 그리고 이 방식을 사용하면서 경험을 쌓다보면 왜 베팅할 때마다 적절하게 베팅을 조절해야 하는지를 터득하게 될 것이다.

나중에 다시 살펴보겠지만, 워런 버핏Warren Buffett과 빌 그로스Bill Gross 같은 세계적인 투자가들도 이 조건을 즐겨 사용했다. 이들은 이 공식을 순수하게 수학적 규칙으로 바라보며 접근했고, 투자자산을 가장 효과적으로 나누어 투자할 비율을 찾는 데 활용했다.

> **퀘스트**
>
> 우선 켈리 조건을 이용해서 베팅을 연속적으로 하는 연습을 해봐야 한다. 그러면 마주친 상황과 남은 돈에 따라 베팅 금액을 어떻게 조절하느냐에 따라 돈을 따는 기회가 달라지는 원리에 대해 좀 더 깊숙이 이해할 수 있을 것이다.

헤징: 실패에 대비하다

도박의 세계에서 차익거래arbitrage와 헤징hedging은 이겼을 때의 이익을 확보하고 졌을 때의 손실을 최소화하려는 행위다. 많은 투자에서와 마찬가지로 도박에서도 이익과 손실은 가치의 변화에 의해서 일어난다.

차익거래는 보통 서로 다른 배당률을 제시하는 여러 곳의 베팅 회사*에 돈을 걸어서 이익을 더 내려는 것을 가리키고, 도박꾼들은 보통 배당률이 시간에 따라 변하는 상황을 활용하는 것을 헤징이라고 부른다(하나의 주식 종목에 대해 롱 포지션[주가가 오를 것으로 예상하고 대응하는 것]과 숏 포지션[내릴 것을 예상하고 대응하는 것]을 동시에 추구한다는 데서 '헤지펀드'라는 이름이 만들어졌다). 아래의 헤징에 대한 설명에 사용된 수학은 차익거래에 대해서도 마찬가지로 적용할 수 있다는 점을 기억하기 바란다.

예를 들어 베팅 회사가 미식축구 슈퍼볼 경기에서 뉴욕 자이언츠가 덴버 브롱코스를 이기는 결과에 100달러를 걸면 4/5(소수점식 배당률 1.80)의 배당률을 제시하면서 브롱코스가 이기는 결과에 대해서도 같은 배당률을 내건다고 하면, 베팅 회사가 전체적으로는 이미 20%의 하우스 에지를 확보한 것이나 마찬가지다.** 한마디로 이야기해서 베팅 회사는 자이언츠가 이기면 180달러를 주겠다는 약속을 100달러에 팔고 있는 셈이다.

하지만 약속의 가격은 상황의 변화에 따라 얼마든지 변할 수 있다(또는 다른 베팅 회사가 이와 다른 배당률을 이미 제시했을 수도 있다). 브롱코스의 주전 선수가 연습 도중에 부상을 당할 수도 있고, 자이언츠가 경기 초반부터 득점에 성공할 수도 있다. 이제 브롱코스의 배당률이 3/2(소수점식으로는 2.50)로 바뀌었다고 하자. 이런 상황에서는 계산만 잘하면 어느 팀이 이기더라도 돈을 딸 수 있도록 만들 수 있다.

가장 간단한 방법은 자이언츠가 이겼을 때 받을 금액을 브롱코스

---

* 주로 스포츠 베팅.(옮긴이)
** 무승부는 없다고 가정한다.

의 소수점식 배당률 값으로 나누는 것이다.

$$\frac{\$180}{2.5} = \$72$$

브롱코스에게 72달러를 베팅하면 누가 이겨도 180달러를 받는다. 투입한 총 비용은 172달러이므로 8달러의 이익이 무조건 확보되는 것이다.

8달러가 큰 금액은 아니겠지만, 어쨌거나 보장된 금액이라는 점이 중요하다.

자이언츠에게 유리한 배당률을 수익으로 바꾸고 싶을 때 쓸 수 있는 또 한 가지 간단한 방법은 자신의 판단이 잘못되었을 경우에 발생할 예상 손실을 메꿀 수 있도록 해두는 것이다. 그러려면 브롱코스에 얼마를 베팅해야 전체적으로 본전이 보장되는지를 알아야 하므로 약간의 계산이 필요하다.

$2.5x = \$100 + x$

양변에서 x를 뺀다.

$1.5x = \$100$

$x = \$66.66$

더 간단한 방법을 원한다면 소수점식 배당률 2.50에서 1을 뺀 뒤,

이것으로 처음 건 금액(100달러)을 나누어도 같은 결과가 얻어진다.

이 방법을 쓰면 자이언츠가 이겼을 때는 더 큰 금액인 13.34달러의 이익이 보장되고, 최초의 판단이 잘못되어 브롱코스가 이겨도 한 푼도 잃지 않는다.

결과가 두 가지 이상인 경우에 위험 분산과 차익거래를 적용하고 싶을 때는 기본적으로 따고 싶은 금액에서 시작해서, 각각의 결과를 소수점식 배당률로 나누어 얻어진 값을 모두 더하면 얼마를 걸어야 하는지 알 수 있다.

아래와 같이 최초 배당률이 제시된 축구 경기의 예를 들어 살펴보자.

- 레드 유나이티드 승리   1/5 (1.2)
- 무승부   5/1 (6.00)
- 블루 시티 승리   17/2 (9.5)

세 건 모두에 돈을 걸어 10달러를 손에 쥐는 것이 목표라면

$$\frac{10}{1.2} + \frac{10}{6} + \frac{10}{9.5}$$

반올림을 해서 계산하면 다음처럼 11.04달러를 걸어야 한다는 결과를 얻는다.

8.33 + 1.66 + 1.05 = 11.04

이 값은 베팅 회사의 하우스 에지가 약 9%라는 사실을 보여주는데, 이 정도는 업계에서 표준적인 수준이다. 만약 세 가지 모두에 돈을 걸면 1.04달러를 무조건 잃게 되어 있다. 그런데 경기가 시작되고 15분이 지났는데 아직 득점이 없고 블루 시티가 예상보다 선전하고 있어서 배당률이 바뀌었다고 해보자.

- 레드 유나이티드 승리   4/6 (1.66)
- 무승부   11/4 (3.75)
- 블루 시티 승리   10/3 (4.33)

세 경우의 배당률을 살펴보면 베팅 회사 측이 여전히 약간 유리하다는 걸 알 수 있다. 그런데 경기 시작 전에 이미 블루 시티에 1.05달러를 걸어서 이기면 10달러를 받는 베팅을 한 상태라고 가정해보자. 그러면 레드 유나이티드의 승리와 무승부의 경우에 대한 배당이 달라져 있으므로 다음 값이 얻어진다.

$$\frac{10}{1.66} + \frac{10}{3.75} = 6 + 2.66 = 8.66$$

그러면 이미 블루 시티에 베팅한 액수에 이 액수를 더해서 총 8.66+1.05=9.71달러를 베팅하면 10달러가 확보되므로 경기 결과에 관계없이 0.29달러의 이익을 낼 수 있다(헤징을 약간 완화해서 하는 것을 더칭dutching이라고 한다. 모든 경우에 대해 베팅하지는 않지만 여러 경우 동시에 베팅해서 정해진 액수를 받으려는 것을 가리킨다. 경마에서 가장 약한 말 몇 마리처럼 승리할 확률이 아주 낮은 경우는 아예 배제하고, 선택한 말 중에서 승자가 나왔을 때 수익을 보장하는 방법으로 베팅하는 식이다. 당연히 제외할 경우를 잘못 골랐을 때는 커다란 실패를 하게 된다).

 헤징에는 두 가지 커다란 단점이 있다. 첫째, 베팅 회사가 하우스 에지를 확보하고 있는 상황에서는 헤징을 사용해서 자신에게 배당률을 유리하게 만들 수 없다. 앞의 첫 번째 예의 경우를 보면 브롱코스가 승리할 가능성이 높아졌었다고 해도 헤징을 적용할 기회는 없었다. 마찬가지로 최초의 베팅을 하자마자 레드 유나이티드가 득점을 했다고 해도 효과적으로 헤징을 할 수는 없었을 것이다.

 이런 이유 때문에 헤징은 상황이 자주 변하는 경우에 적용하기 좋다. 테니스처럼 점수가 많이 나서 경기의 주도권이 경기 중에 자주 바뀌는 종목이 축구처럼 단 1득점만으로도 승패가 결정될 수 있어서 순식간에 전체 경기의 흐름이 결정될 수 있는 종목보다 경기 중에 헤징을 활용하기에 용이하다. 한편 차익거래의 기회를 엿보는 도박꾼들(속칭 '아버arber'라고 불림)은 잘 알려져 있지 않은 비인기 종목, 혹은 베팅 회사에 따라 배당률 편차가 큰 경기에 관심을 보이는 경우가 많다(주의: 베팅 회사들은 이 부류의 사람들을 꺼리므로 알바니아의 핸드볼 경기 같은 곳에 아주 정교하게 계산된 금액이 베팅된 것 같은 단서를 찾으려고 눈에 불을 켜고 있다. 그러니 자신의 베팅 계정이 거래 정지되는 걸 원치 않는다면 어느 정도 상식선에서 베팅을 해야 한다. 도박꾼들이 모인 사이트에서 검색하면 베팅 회사에게 걸리지 않으면서 '차익거래'를 하는 데 필요한 정보를 얻을 수 있지만, 그 내용 대부분은 합법적이지 않으므로 추천하기가 곤란하다).

 도박에서 헤징의 단점 또 하나는 상대적으로 작은 금액의 이익을 확보하기 위해 꽤 많은 돈을 걸어야 한다는 점이다. 그러므로 헤징의 기회를 제공하지 않는 베팅에서 손실이 나면 성공한 다른 베팅의 이익이 순식간에 사라져버릴 가능성이 있다. 단지 헤징을 장려한다는 이유만으로 점점 더 많은 베팅 회사들이 경기 중에도 베팅을 할 수 있도록 한다는 사실에 주목할 필요가 있다(또는 이겼을 때 돈을 곧바로 내주는 것도 수학적으로는 동일한 전략이다). 이들의 논리는 일부 고객은 헤징을 이용해서 돈을 따겠지만, 나머지 고객은 헤징이 보장하는 작은 이익에 매달려 더 큰 돈을 잃게 된다는 것이다. 결과적으로 도박꾼들은 '베팅 회사는 하우스 에지 덕분에 계속 돈을 벌고 자신들은 계속 잃는다'는 잘못된 확신을 갖게 된다.

하지만 헤징을 수학적으로 이해하면 도박을 할 때 유용한 경우가 있으므로(투자에서도 마찬가지다. 151쪽 참조) 이를 알아두면 도움이 된다. 베팅 회사들끼리는 서로 돈을 거는 방법으로 항상 헤징을 통해서 자신의 사업을 보호하는 방법을 마련해둔다. 이 방법이 가능한 이유는 이들이 하우스 에지라는 확률적 우위를 갖고 있기 때문이지만, 이조차도 정말 특별한 경우에 일어났을 땐 큰 손실로 연결될 수 있다. 베팅 회사들은 이런 특정한 결과가 나왔을 때를 대비해 다른 회사에 돈을 걸어 두는 방법으로 회사의 현금 흐름을 안정적으로 유지할 수 있다. 어쨌거나 만약 도박꾼이나 투자자에게 확률적으로 이미 유리한 상황이라면 헤징은 위험을 분산하는 아주 뛰어난 방법이라는 사실은 분명히 마음에 새겨두어야 한다.

사업에서 헤징하기

헤징을 수학적으로 잘 이해하면 사업을 할 때 큰 도움이 된다. 예를 들어, 미국의 수출업자가 독일에 수출할 플라스틱 바나나 주문을 대량으로 받았다고 해보자. 그런데 독일의 수입업자는 미국의 수출업자에게 유로로 대금을 지불한다. 수출업자의 영업 이익은 15%이지만 환율의 변동에 따라 줄어들기도 하고 심하면 0%가 될 수도 있다. 이런 상황에서 수출업자는 환율 변동에 돈을 걸면(환율에 따라 돈을 벌 수도 있다는 걸 기억하자) 위험을 줄일 수 있다. 수출업자가 유로화 계좌를 갖고 있다고 가정하면, 한 가지 방법은 유로를 현재의 환율로 주문액만큼 파는 것이다. 이렇게 하면 달러화로는 영업이익을 고정할 수 있다. 헤징을 이용한 베팅과 마찬가지로, 이것도 손실의 위험을 줄이기 위해 미리 이익을 확보하는 방법이다.

저평가된 가치를 찾을 것

가진 돈을 보존하고 파산을 막기 위해 켈리 조건이나 헤징 등 어떤 베팅 전략을 쓰건, 도박에서 중장기적으로 이익을 확보하는 방법은 눈앞에 제시된 암묵적 확률보다 진짜 확률이 더 높은, 근본적으로 가치가 높은 베팅 대상을 찾아내는 것이다.

5장에서는 카드 카운팅에서 내부자 거래에 이르기까지 약간은 덜 합법적인 방법들을 살펴볼 것이다. 다만 일단은 좀 더 효과적이면서 합법적인 베팅 방법들만 고려하자.

포커에서 팟 비율(판돈과 베팅 금액의 비율)보다 실제 배당률이 더 높을 수 있는 것처럼 몇몇 카지노 게임에서는 가치 베팅을 할 수 있는 경우가 있다는 것을 앞에서 살펴본 바 있다. 그러나 대체로 카지노에서 하는 게임은 카지노가 유리하도록 아주 정교하게 만들어져 있기 때문에 고객이 가치 베팅을 할 수 있는 경우는 포커처럼 고난도 기술이 요구되는 게임이거나(특히 카지노를 상대로 하는 게임이 아닐 때) 카드 카운팅처럼 의심의 여지가 있는 기술을 구사할 때나 찾아볼 수 있다.

하지만 스포츠 베팅에서는 통계 분석을 활용해서 베팅 업체를 능가하는 것도 이론적으로는 가능하다. 마이클 루이스Michael Lewis의 책 《머니볼Moneyball》은 스포츠 경기에 실제로 영향을 미치는 요소라고 경험적으로 이해하고 있던 내용들이 잘못된 것일 수 있다는 사실을 아주 극명하게 보여준다. 이 책은 재정난을 겪고 있는 메이저 리그 야구단 오클랜드 애슬레틱스Oakland Athletics의 단장 빌리 빈Billy Beane을 중심으로 이야기를 풀어간다. 구단의 자금이 부족했기 때문에 그는 통상적으로 야구판에서 좋은 성적을 내는 데 입증된 방법인 유명 선수를 데려올 수가 없었다. 대신 그는 직원들과 함께 엄청난 양의 통계를 분석해서 기존의 관점으로는 이해하기 힘든 선수들을 사 모았다. 예를 들면 출루율(안타, 사사구 등 방법에 관계없이 출루할 확률)이 높은 타자가 좋은 예다. 이 방법을 이용해서 그는 적은 비용으로 성공적으로 팀을 꾸릴 수 있었다.

도박을 좋아했던 영국의 사업가 매슈 배넘Matthew Benham은 도박에서 사용하던 통계적 분석을 자신의 사업에 활용해서 큰돈을 벌었다. 덴마크의 축구팀 미트윌란Midtjylland에도 투자해서 성공한 그는 자신이 대주주인 영국의 브렌트포드Brentford 축구팀에도 이 기법을 적용하고 있다(그는 '머니볼'이라는 용어가 스포츠 경영에서 통계를 과학적으로 분명한 용도로 사용하는 것을 의미한다고 여긴다. 하지만 이 용어가 일반적으로는 통계를 활용하는 모든 경우를 지칭하는 의미로 잘못 사용된다고 생각하여, 자신이 소유한 구단에서는 '머니볼'이라는 용어를 사용하지 못하게 하고 있다).

통계를 활용하는 대상이 스포츠이건 도박이건, 아직 많이 알려지지 않은 특별한 기법이나 시스템을 이용해서 적용 대상을 낱낱이 분석해야 한다는 면에선 마찬가지다. 《워싱턴 포스트》지에 경마 관련 칼럼을 쓰던 앤드루 바이어Andrew Beyer가 서러브레드종 경주마의 성적을 평가할 목적으로 1970년대에 개발한 기법인 바이어 속력 지표 Beyer Speed Figures가 좋은 예다(《우승마 선정법Picking Winners》이라는 제목으로 출간되었다). 어떤 경주마건 과거의 우승 횟수, 경주 기록, 해당 경주마가 달린 트랙의 '표준 속력'을 바탕으로 값을 찾아낸다. 이 기법을 도박에 적용한 최초의 도박사들은 결과를 통계적으로 분석하는 면에서 경쟁자들보다 한참 앞서 있었으므로 아주 유리한 상황을 만들 수 있었다. 그러나 점차 경주마의 핸디캡을 계산하는 사람들과 마권 업자들도 이 기법을 사용함에 따라 베팅을 거는 고객에게 유리한 상황은 사라져갔다.

이야기의 본질은 통계를 믿어야 한다는 것이지만, 게임을 이해함과 동시에 게임 도중에 일어나는 상황을 파악하려면 결과를 분석하는 새로운 방법을 갖고 있어야 가치에 근거한 결정을 내릴 수 있다. 예를 들어 크리스 앤더슨Chris Anderson과 데이비드 샐리David Sally가 쓴 《숫자 게임: 축구에 관한 잘못된 지식The Numbers Game: Why Everything You Know About Football is Wrong》에서, 저자는 축구 경기에서 전통적으로 나타난다고 여겨지는 패턴에 대한 가정들이 상당 부분 부정확하다는 사실을 면밀한 통계 분석을 통해 밝혀낸다. 대표적으로 제시한 예는 특정 경기에서 가장 나쁜 성과를 보여준 선수가 결과에 미치는 영향이 최고의 활약을 펼친 선수보다 더 크다는 사실이다. 또한 축구 경기에 베팅을 거는 사람들이 코너킥이 골로 연결될 가능성을 지나치게 높게 보고 있다는 점도 지적한다. 그 결과, 코너킥을 하게 되는 상황에서 경기 중에 배당률이 실제 확률보다 더 한쪽으로 치우치게 되므로 오히려 반대쪽에 걸 때 더 좋은 결과를 기대할 수 있게 된다(실제로 코너킥 45회에 한 번 꼴로 득점이 일어난다).

《축구의 수학Soccermatics》의 저자 데이비드 섬프터David Sumpter는 축구 경기에 베팅을 할 때 이길 수 있는 방법을 찾아내기 위해 해본 간단한 실험에 대해서 이야기한 적이 있다. 그는 페널티박스 안쪽과 바깥쪽에서의 평균 득점을 근거로 예상 득점을 계산하는 식으로 몇 가지 방법을 시도해보았다. 그나마 괜찮았던 방법은 두 가지였다. 첫째, 보통 스포츠 경기에서 우세하다고 여겨지는 팀에게는 배당률이 대체로 실제보다 낮게 책정되는 경향이 있는데, 이는 베팅을 하는 고객들이 대체로 강팀에 베팅하면서 더 높은 수익을 원하기 때문이다. 이 때문에 승리가 예상되는 팀의 확률이 암묵적 확률보다 높아지는 경우가 생긴다. 이런 가정을 바탕으로 잉글랜드 프로축구 프리미어리그 2014~2015시즌의 경우 한 시즌 내내 가장 강팀 세 곳에 지속적으로 베팅을 했다면 약간의 수익을 낼 수 있었을 것이다.

섬프터는 사람들이 무승부에 베팅을 거는 것을 선호하지 않으므로 오히려 무승부에 베팅을 하는 편이 가치 베팅이 된다는 전략을 만들어내기도 했다. 그는 자신이 분석한 시즌의 결과에 이 전략을 적용하면 상당한 수익이 나는 것을 확인할 수 있었다(하지만 그는 최근 경기 결과를 토대로 부인에게 스코어를 예상해보라고 한 것이 자신이 만든 어떤 전략보다도 결과가 더 좋았다고 적고 있다…).

통계와 베팅 패턴에 대한 이런 종류의 분석과 관찰은 물론 중요하지만, 언제라도 지나친 확신으로 이어질 가능성이 있다. 예를 들어 2014~2015시즌에는 최상위 세 팀에만 베팅을 하는 섬프터의 전략이 성공적이었지만, 약팀이 의외의 승리를 거두는 경우가 많이 일어난 그다음 시즌에선 전혀 그렇지 못했다(2015~2016시즌은 우승 배당률이 5,000이었던 레스터 시티가 우승한 시즌으로, 그야말로 시즌 초기부터 전혀 주목받지 못하던 팀이 챔피언이 되었다).

그러므로 도박이나 사업에 통계적 분석을 적용하려면 타당한 결론을 도출하기에 충분한 만큼의 데이터가 확보되어 있어야 할 뿐 아니라, 때론 가장 뛰어난 사람들조차도 빠질 수 있는 이성적 오류가 어떤 것들인지도 잘 이해하고 있어야만 한다.

작은 수와 큰 수의 법칙

스포츠와 도박을 비롯해 수학을 분석 도구로 사용하는 분야에서는 데이터가 충분치 않다면 직감을 확인하는 데 절대로 이를 활용하지 않아야 하지만, 사람들은 스스로 생각하는 것보다 훨씬 통계를 잘 이용하지 못한다.

통계와 확률을 대할 때는 여러 가지 법칙과 오류가 사람에 따라 결론에 영향을 미친다. 첫째는 큰 수의 법칙law of large numbers으로, 표본의 수가 아주 많으면 이때 얻어지는 값은 그 집단의 평균값이나 확률에 가까워진다는 것이다. 예를 들어 해피랜드라는 곳의 성인 평균 키가 약 170cm라면, 이곳 사람들 중에서 선택한 표본 집단의 수가 클수록 평균값이 이 값에 가까워진다. 표본이 적다면 키 큰 사람이 몇 명만 있어도 평균값이 약 182cm를 넘을 수 있다. 표본이 조금 커지면 이 집단의 평균이 전체 평균에 조금 더 가까워지고, 표본이 커질수록 표본의 평균은 전체 인구의 평균에 수렴한다.

그림18 큰 표본과 작은 표본.

카지노가 자신들의 사업 모델이 확실히 수익을 내리라고 확신하는 것도 큰 수의 법칙 덕분이다. 카지노가 룰렛을 고작 한 시간 동안 운용하는 동안에는 아무리 하우스 에지라는 게 있어도 얼마든지 큰 손실이 날 수 있다. 하지만 50개의 룰렛을 한 달 동안 운용하면 게임의 횟수가 엄청나게 많아지므로 실제 수익이 계산상의 하우스 에지에 가까워지게 마련이다.

이와 대조적으로, 작은 수의 법칙law of small numbers은 표본의 수가 적을 때 잘못된 결론에 이르게 만드는 범인이다. 입사 후 3개월 동안 계속 좋은 실적을 낸 신입 영업사원이 있다면, 능력 있는 사원이라고 판단하기 쉽다. 하지만 실은 이런 결론은 너무 짧은 시간 동안의 성과만으로 판단한 것이어서, 이후 9개월 동안은 실적이 아주 안 좋을 가능성도 살아 있다. 어쩌면 이 신입 사원이 첫 세 달 동안 신기하게 운이 좋았을 수도 있고, 이전 직장의 거래처와의 관계로 인해 혜택을 받은 것일 수도 있는 노릇이며, 이런 조건들은 회사가 직원을 평가할 때 배제하려고 하는 것들이다.

작은 수의 법칙은 심리학적인 측면에서의 의사 결정이라는 분야에 지대한 공헌을 한 대니얼 카너먼Daniel Kahneman과 아모스 트버스키Amos Tversky에 의해 확립되었다. 확률에 대한 직감이 때론 엄청나게 틀릴 수 있다는 것을 밝혀낸 것은 이들의 업적 중에서 가장 주목할 만한 것으로 꼽힌다. 이전까지는 특정한 상황에서 각자 독립적인 의사 결정을 하는 다수의 사람이 어떤 사건의 확률을 추정한다면 추정된 확률이 실제 확률을 중심으로 균일하게 분포할 것이라는, 즉 일부는 아주 확률을 높게 보고 또 누군가는 아주 낮게 볼 수 있지만 평균적으로는 실제 확률에 가까울 것이라는 잘못된 믿음이 광범위하게 퍼져 있었다.

심리학자인 카너먼과 트버스키는 여러 가지 실험을 통해서 이런 통념이 잘못된 가정이라는 것을 밝혀냈고, 이런 가정을 배제하면 사람들이 잘못된 확률을 추정하는 몇 가지 경우는 상당히 정확하게 식별 가능하다는 것도 알아냈다. 기본적으로 인간이란 확률에 대해 스스로 생각하는 것보다 훨씬 멍청한 존재다.

이들이 규정한 가용성 편향availability bias이라는 개념에 따르면 사람들은 가장 최근에 겪었던 비슷한 종류의 사례를 근거로 확률을 판단하는 경향이 있다. 사기꾼이나 영업 사원들은 이를 이용해서 잠재적 고객들이 비슷한 거래에서 이득을 봤던 사례를 떠올리도록 유도해서 거래에 응하게 만드는 방법을 구사한다.

이들은 사람들이 보여주는 몇 가지 이성적 편향을 체계적으로 바라보려는 목적으로 전망 이론prospect theory을 만들기도 했다. 연구에서 제시된 몇 가지 사례는 질문을 의도적으로 조작하면 의사 결정에 영향을 미친다는 것을 잘 보여준다. 우선 아래와 같은 두 가지 선택이 가능한 경우를 생각해보자.

시나리오1

1,000달러를 갖고 시작한다. 다음의 두 가지 중 하나를 선택할 수 있다.

  A. 각각 50%의 확률로 1,000달러를 받거나 0달러를 받는다.

  B. 무조건 500달러를 받는다.

시나리오2

2,000달러를 갖고 시작한다. 다음의 두 가지 중 하나를 선택할 수 있다.

    C. 각각 50%의 확률로 1,000달러를 잃거나 0달러를 받는다.

    D. 무조건 500달러를 잃는다.

두 가지 시나리오 모두 확실하게 1,500달러를 손에 넣거나 50%의 확률로 1,000달러 혹은 2,000달러를 갖게 된다. 사람들을 대상으로 실험을 한 결과, 시나리오1에서는 다수가 위험을 회피하는 것을 선호해서 더 큰 이익에 운을 맡기기 보다는 바로 500달러를 받는 B를 선택했다. 반면 시나리오2에서는 다수의 사람들이 1,000달러를 잃을 가능성이 있더라도 손실을 피할 가능성이 있는 C를 골랐다.

현실에서는 사람들이 50파운드짜리 장난감을 살 때 10파운드를 절약하기 위해 10분을 쓰는 일도 빈번하지만, 2만 파운드짜리 자동차를 살 때 20파운드를 아끼려고 10분을 소비하지는 않는 것도 비슷한 경우다. 이런 경우에는 절약되는 절대 금액보다 전체 소비 금액의 몇 퍼센트를 아낄 수 있는지가 결정에 더 영향을 미치므로, 사람들이 이성적인 결정을 할 때는 문제를 어떻게 규정하느냐가 중요하다는 사실을 잘 보여준다.

> **퀘스트**
>
> 시간이 자신에게 어느 정도의 가치가 있는지를 항상 파악하고 있어야 하며, 이것과 결정의 대상을 구분해서 바라보도록 해야 한다. 예를 들어 기대 이익이 별로 크지 않은 일(회의에 끝없이 참석하는 것 같은)에 시간을 너무 많이 쓰고, 기대수익이 아주 높은 일(잠재 고객 발굴 같은)에는 시간을 너무 적게 사용하기 쉽다. 그러므로 자신이 일할 때의 시간당 비용이 대략 어느 정도인지를 인식하고 있으면 이를 사업이나 투자에서 절감할 수 있는 잠재 비용과 합리적으로 비교할 수 있다. 또한 사업이나 도박에서 현실적으로 벌거나 잃을 수 있는 실질적 가능성을 이성적으로 평가하려면, 대상을 틀에 박히게 규정하거나 가용성 편향의 영향을 받는 것처럼 대상을 본능적으로 편향되게 바라보는 시선을 극복하려고 애써야 한다.

상트페테르부르크 복권

/

이 문제는 어떤 게임의 참가금을 결정하는 것이다. 이 게임은 동전을 여러 번 던져서 처음으로 앞면이 나올 때까지 뒷면이 몇 번 나오는가에 따라 상금이 결정된다. 첫 번째 던졌을 때 바로 앞면이 나오면 1파운드를 딴다. 두 번째 던졌을 때 처음으로 앞면이 나오면 2파운드를, 세 번째 던졌을 때 처음 앞면이 나오면 4파운드를, 네 번째 는 8파운드를 받는 식으로 계속 상금이 올라간다.

그렇다면 이 게임에 참여하고자 한다면 참가비로 얼마를 내면 적당한지가 문제가 된다. 지금까지 이 장에서 살펴본 방식에 따르면 우선 기대치를 계산해야 한다. 1파운드를 딸 확률이 $\frac{1}{2}$, 2파운드를 딸 확률이 $\frac{1}{4}$, 4파운드를 딸 확률이 $\frac{1}{8}$… 이런 식으로 계속된다. 이 값을 모두 더하면 기대치를 구할 수 있다.

$$(\frac{1}{2} \times 1) + (\frac{1}{4} \times 2) + (\frac{1}{8} \times 4) + \cdots = 0.5 + 0.5 + 0.5 + \cdots$$

이 식에서 보듯 기대치는 무한대이므로 이론적으로는 아무리 많은 금액을 내도 합리적인 가격이라는 결론에 도달한다. 하지만 어지간한 사람이라면 이 게임을 하려고 1주일치 급여 이상의 금액을 내려고 하지는 않을 것이다. 대체 기대치 계산에서 어디가 잘못된 것일까?

이 역설은 18세기의 수학자 니콜라우스 베르누이Nicolaus Bernoulli가 만들었고, 처음으로 해답을 제시한 사람은 형제인 다니엘Daniel이었다. 그는 "지불할 금액은 가격이 아니라 효용에 의해서 결정되어야 한다. … 같은 금액인 1,000두카도 부자보다 가난한 사람에게 훨씬 의미 있다는 건 자명한 사실이다"라고 이야기했다.

현대 경제학에서 효용은 아주 기본적인 개념이다. 이 개념은 같은 품목을 놓고 사람에 따라 왜 다른 가치를 매기는지를 잘 설명해준다. 왜냐하면 그 품목을 사용하면서 각자 다른 수준의 만족을 얻기 때문이다. 베르누이가 언급한 내용에는 돈의 한계효용 체감diminishing marginal utility이라는 개념도 묵시적으로 들어 있다. 한계효용이란 어떤 물품을 사용하면서 얻는 만족감을 가리킨다. 간단히 말해, 한계효용 체감이란 어떤 재화를 많이 갖고 있을수록 만족이 줄어든다는 것을 의미한다. 단순한 예로, 케이크 한 조각을 처음 먹으면 아주 맛있을 테고, 두 번째 조각도 먹을 만하겠지만, 세 조각이나 네 조각 먹는다면 처음 먹을 때의 기쁨 같은 건 기대하기 어려울 것이다.

대부분의 재화는 한계효용이 체감된다. 돈도 본질적으로 재화의 일종이므로 한계효용이 체감된다. 가난한 농부가 느끼는 5두카의 가치는 부유한 귀족이 느끼는 것과는 다를 수밖에 없다. 귀족은 그 정도의 돈으로 상트페테르부르크 게임 같은 걸 하며 즐길 수 있을지 몰라도, 가난한 사람이라면 먹을 것과 살 곳을 마련하는 데 쓰기도 버거울 것이다.

베르누이는 효용이 당사자의 재산에 비례하는 것이라고 정의하고, 이 복권 티켓의 가격을 계산하는 무시무시한 공식을 아래와 같이 만들어냈다(필자로서는 설명할 엄두조차 나지 않는 공식이다).

$$\triangle E(U) = \sum_{k=1}^{\infty} \frac{1}{2^k} [\ln(w+2^k-c) - \ln(w)] < \infty$$

c는 복권 티켓의 가격, w는 구입자의 재산.

효용이라는 개념을 수학적으로 표현하는 이상적인 방법을 찾으려는 시도는 이외에도 많았고, 일부는 아주 복잡하기도 했다. 하지만 이런 복잡한 수식에 의존할 필요는 없다는 점이 중요하다. 기본적으로 (1) 사람들은 같은 재화에 대해서도 각자가 자신만의 기준으로 가치를 부여하며, (2) 효용이란 소비자가 가진 부에 따라 주관적이고, (3) 돈 자체가 한계효용 체감의 성질을 갖고 있다는 점은 어느 경우나 마찬가지다.

카너먼과 트버스키가 던진 또 다른 질문이 있다. 왜 다수의 사람들은 50달러를 딸 확률이 60%인 도박에 50달러를 걸지 않는 쪽을 선택할까? 이 결과를 이해하려면 이 상황을 마주한 개개인의 재정적 상황을 모두 알고 있어야 한다. 만약 50달러를 잃는 것이 그다지 큰 손실이 아니라고 느끼는 사람이라면 이 도박에 돈을 거는 것이 합리적이라고 생각했을 것이다. 하지만 만약 50달러를 잃으면 다음 급여일까지 돈이 하나도 없는 상황을 맞이해야 하는 사람이라면 당연히 이런 도박에 참여하지 않는 쪽이 합리적이다. 이 두 상황에서 같은 금액의 돈은 전혀 다른 수준의 효용을 갖고 있는 것이다. 두 경우 모두 처음의 50달러(거는 돈)가 두 번째의 50달러(이겼을 때 받을 돈)보다 더 효용이 있다. 단지 가난한 사람에게는 절대로 잃으면 안 되는 돈과 어쩌면 딸 수 있을 수도 있는 돈 사이에 보다 명확한 구분이 있을 뿐이다.

사업에서의 효용 개념

일반적으로 사업에서는 새로운 사업 모델이나 신상품 구색을 구상할 때 한계효용 체감을 이해하는 것이 아주 중요하다. 어떤 사업에서건 한 상품을 지속적으로 판매할 수 있어야 사업을 유지할 수 있고, 이는 소비자가 반복적으로 같은 제품을 구입해줘야 한다는 의미다.

식료품 같은 일부 상품은 소비에 의해서 사라지므로 자연스럽게 추가 구매가 이루어진다(물론 특정 식음료 상품의 경우에는 규칙적인 소비가 이루어지도록 판매 활동을 해야만 한다). 많은 사업에서는 소비자가 기존 제품을 덜 매력적으로 느끼게 만들어 신제품이나 대체품을 규칙적으로 구입하도록 유도하는 계획적 진부화라는 개념이 의도적으로 적용된다. 환경보호주의자들은 당연히 이런 개념을 혐오하겠지만 오늘날의 경제 체제에서 이를 피하기란 힘들다.

1970년대까지는 면도날을 교체해서 쓰는 안전면도기가 많이 판매되고 있었다. 이런 면도기는 거의 평생 쓸 수 있었고, 심지어 면도날을 교체하지 않고 연마해서 쓸 수도 있었다. 하지만 기업 입장에선 이런 제품을 판매해서는 지속적으로 이익을 낼 수가 없었으므로 대부분의 회사들은 일회용 플라스틱 면도기 판매로 사업 방식을 바꾸게 된다. 특정 상품의 경우에는 금방 시장이 포화가 되기도 한다.

> 최근 출판계에서는 성인을 대상으로 하는 컬러링북이 크게 유행했다. 처음 몇 종의 책이 성공을 거두자 전 세계 곳곳의 출판사에서 상상력을 자극하는 멋진 유사 서적이 봇물처럼 쏟아져 나왔다. 문제는 얼마 지나지 않아 컬러링북을 소비할 성인 소비자 대부분이 평생 쓸 만큼의 책을 손에 넣게 되었고 더 이상 컬러링북을 구입하지 않게 되었다는 점이었다. 결국 이 시장은 금방 쪼그라들었고 많은 출판사들은 애써 만든 신간을 폐기해야 하는 처지가 되었다. 핵심은 판매하고자 하는 상품이 어떤 속도로 한계효용 체감에 이르게 될지를 파악해야 한다는 것이고, 그 상황이 왔을 때의 대응 방법을 미리 만들어놓아야 한다는 사실이다.

실질적 확률과 비이성적 함정

앞에서 도박꾼의 파산(가진 돈이 줄어듦에 따라 돈을 적게 거는 데에 실패하는 것) 개념을 통해 비이성적인 확신과 도박꾼이 실패하는 방식을 살펴보았다. 도박꾼이 직면하게 되는 또 다른 문제로 자신이 언제든 위험한 상황에 맞닥뜨리면 이성적으로 베팅을 멈출 수 있다고 생각하는 도박꾼의 자만gambler's conceit이 있다. 현실에서는 많은 도박꾼들이 돈을 따고 있는 상황에서 멈추지 못한다. 도박꾼의 자만은 인간이 가진 근본적인 인식의 편향인 낙관적 편향optimism bias에서 비롯된다.

이 인식은 자신이 남들보다 더 운이 좋은 인간이고, 위험한 행동을 해도 성공할 가능성이 더 높다고 믿는 경향을 가리킨다. 대체로 이런 생각에서 벗어나기란 상당히 어려우므로, 하우스 에지가 있는 상태에서는 장기적으로 큰 수의 법칙에 따라 모든 결과가 평균에 가까워지고 결국은 손실을 보게 되어 있다는 점을 이해하는 것이 왜 중요한지를 설명해준다.

도박꾼의 오류를 이해하는 것도 중요하다. 이것은 게임에서 한쪽으로 계속 치중된 결과가 나왔을 때 다음 번 결과는 반대쪽으로 치우칠 것이라고 생각하게 되는 것을 가리킨다. 동전을 다섯 번 던졌는데 다섯 번 모두 앞면이 나왔다면 여섯 번째는 뒷면이 나올 확률이 더 높다고 생각하는 경우가 좋은 예다.

이 오류는 1913년 8월 18일 몬테카를로 카지노에서 있었던 사건 때문에 몬테카를로 오류Monte Carlo fallacy라고 불리기도 한다. 이날 룰렛 테이블에서 스물여섯 번 연속으로(확률로는 0.0000023) 공이 검은 쪽에 떨어졌다. 일부 고객들은 이 룰렛에 문제가 있다고 생각했지만 당시 카지노에 있던 대부분의 도박꾼들은 이제 붉은색이 연속으로 나올 것이라고 믿어서 여기에 돈을 걸었고 결국 수백만 프랑을 잃었다. 비록 스물여섯 번 연속으로 검은색이 나왔다고 해도, 이 테이블이 정상적인 것이라면 그다음부터도 매번 붉은색과 검은색이 나올 확률은 사실 똑같다.

그리고 도박꾼의 오류와 평균으로의 수렴을 잘 구분해야 한다. 이 말은, 어떤 변수를 처음 관측했을 때 얻어진 값이 극단적이라면(평균보다 아주 높거나 낮다면) 다음 측정 때는 평균에 더 가까워질 가능성이 높다는 뜻이다. 이 개념을 처음 제시한 사람은 19세기의 유전학자 프랜시스 골턴Francis Galton인데, 그는 특이할 정도로 키가 큰 사람의 자녀는 부모보다 키가 작은 경향이 있다는 사실을 발견했다. 어떤 경우건 무작위성이 있다면 대체로 비슷한 패턴을 보인다. 예를 들어, 한 도시의 여러 장소에서 신호 위반 차량의 수를 측정한다고 해보자. 첫날 어떤 특정 장소에서 위반 차량이 제일 많았다면 그다음 날은 아마도 다른 장소에서 위반 차량이 더 많을 것이고, 첫날 가장 위반 차량이 적었던 곳은 그다음 날에는 위반 차량이 더 늘어나는 경향을 보일 가능성이 높다. 어떤 곳이건 일별 위반 차량 수의 분포는 넓게 퍼져 있게 마련이고 날마다 극단적인 값을 보이는 장소가 나타나게 되어 있다.

이런 결과가 나타나는 까닭은 오로지 무작위성 때문이다. 그림19에 있는 것 같은 기계에 공을 통과시키면 공이 핀에 부딪히면서 좌우로 튀며 아래로 떨어지는데, 여러 개의 공을 통과시켜보면 떨어진 위치가 정규분포를 이룬다(공이 떨어지면서 핀에 부딪히는 이런 기계를 빈 머신bean machine 혹은 퀸컹스quincunx라고 부른다). 만약 이 기계 아래쪽에 다시 같은 기계를 놓고 첫 번째 기계를 통과한 공을 그 자리에서 두 번째 기계에 통과시키면 공의 좌우 분포는 역시 정규분포를 이룰 것이다. 이때 좌우 양끝에 위치한 공이 1번 기계를 통과했을 때 어느 위치에 있었던 공인지를 살펴본다면 아마도 현재 위치의 바로 위쪽이 아니라 중간 쪽에 있던 공일 가능성이 더 높다. 이건 애초에 중간 쪽에서 출발한 공의 개수가 더 많기 때문에 당연한 일이므로 이 공들 중 일부가 좌우로 튕겨나간 것이다.

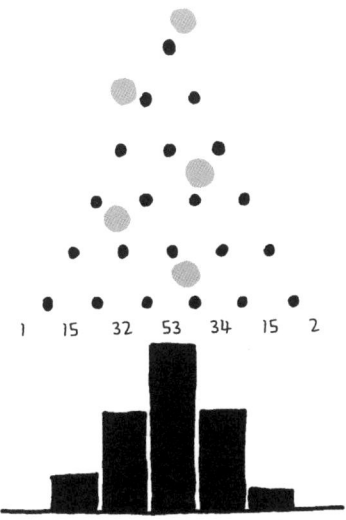

그림19 모든 공을 기계 위쪽의 가운데 위치에서 떨어뜨리면 튀어나온 핀에 부딪히며 아래로 떨어진다. 아래쪽에 모인 공의 분포는 대체로 정규분포에 가깝다.

다른 예로 축구 리그를 들 수 있다. 어떤 팀이 시즌 초에 유난히 성적이 좋아서 초반 6경기 중 5경기를 승리했다고 해서 리그를 마쳤을 때의 승률이 $\frac{5}{6}$라고 생각하면 곤란하다. 아마 이보다 높을 가능성보다는 낮을 가능성이 훨씬 높다고 봐야 한다. 물론 이 팀이 워낙 실력이 좋아서 시즌 내내 이런 성적을 유지할 수도 있겠지만, 이런 확률로 이 팀이 승리를 이어나가는 데 섣불리 돈을 걸기보다는 평균으로의 수렴이라는 개념을 먼저 생각해보는 편이 타당하다.

도박꾼의 오류와 평균으로의 수렴의 차이를 이해하는 한 가지 방법을 소개한다. 1,000명이 참가해서 동전 던지기를 하는 대회가 있다고 해보자. 한 번 던질 때마다 앞면이 나온 참가자는 살아남고, 뒷면이 나오면 탈락한다. 그러면 첫 번째 던지기에서 대략 500명이 살아남고, 두 번째에 250명, 세 번째에 125명, 네 번째에 62명(소수는 내림으로 계산), 다섯 번째는 31명이 남을 것이라고 예상할 수 있다.

이 단계에 남은 참가자는 5번 연속으로 앞면이 나온 사람들이다. 이 중 누구라도 다음 번 던지기에서 뒷면이 나올 확률이 50%가 넘어서 앞뒤가 나오는 확률의 차이가 줄어들 것이라고 생각한다면 도박사의 오류에 빠져 있는 것이다. 당연히 이들 모두 다음 번 동전을 던질 때 앞면이나 뒷면이 나올 확률은 모두 50%이고, 이 시점에서 볼 때 이들 중 절반은 다음 번 던지기에서 앞면이 나오고, 나머지 절반은 뒷면이 나온다고 예상할 수 있다(이 시점 이후로 이들이 던진 동전의 앞/뒤 비율은 대체로 앞면이 5번 정도 더 많이 나온 수준 근처의 값에 가까워질 것이라는 뜻).

한편 이들 중 한 명을 집중적으로 관찰하며 실험을 반복해보면, 5번 연속으로 앞면이 나온 사람이 또 5번 연속으로 앞면이 나오는 결과보다는 평균적인 값에 가까운 결과를 얻을 것이라고 예상하는 쪽이 훨씬 합리적이다. 평균으로의 수렴이라는 성질 때문이다.

무작위성 속에 숨겨진 패턴 찾기

/

인간은 무작위성을 파악하는 데 그다지 뛰어나지 못하다. 대상에서 패턴을 찾아내는 것은 인간이 삶을 이해하는 기본적인 방법 중의 하나이고, 이 때문에 실제로는 존재하지 않는 패턴을 보게 되기도 한다. 이는 결국 사실상 인간에게는 무작위성을 만들어내는 능력이 없다는 것을 의미한다.

이를 보여주는 몇 가지 예를 살펴보자. 1890년대에는 몬테카를로 카지노의 룰렛 게임의 결과가 《르 모나코》 신문에 매일 실렸다. 무작위 데이터에 자신의 방법 몇 가지를 적용해보고 싶었던 수학자 칼 피어슨Karl Pearson은 이 신문에 실린 룰렛 테이블의 결과를 모아서 사용했다. 그러고선 룰렛 테이블이 보여준 결과가 아주 이상하다는 결론에 도달했다. 룰렛의 결과는 전혀 무작위적이지 않았고 아주 심하게 조작되고 편향된 것처럼 보였다. 사실 매일의 룰렛 결과를 꼼꼼히 옮겨 적기 귀찮았던 신문 기자가 결과를 아무렇게나 써놓아도 아무도 눈치 채지 못할 것이라고 생각해 마음대로 결과를 조작해서 실은 것이었다. 결국 피어슨이 밝혀낸 것은 룰렛이 조작되거나 편향되었다는 사실이 아니라 이 기자가 임의로 무작위성을 흉내 내어 만든 데이터가 전혀 무작위성을 갖고 있지 않다는 사실이었다.

사람에게 무작위적인 결과를 만들어내는 룰렛을 상상해보라고 하면, 본능적으로 단순하게 인식한 무작위성을 바탕으로 숫자를 나열하게 될 텐데, 이렇게 인위적으로 떠올린 숫자들을 나열해놓으면 전혀 무작위적이지도 않고, '패턴 같아 보이는' 건 하나도 들어 있지 않으면서, 룰렛에 있는 숫자가 골고루 나오는 것이 되기 십상이다. 진짜 무작위적으로 나열된 수는 그렇지 않다. 룰렛을 수백 번 돌려도 7은 한 번도 안 나오고 6은 아주 자주 나오는 식으로, 때론 굉장히 '패턴이 있는 것 같아 보이는' 경우도 있다. 정말 무작위적인 사건들은 사람의 눈에는 전혀 무작위적으로 보이지 않는다.

애플은 아이팟을 출시했을 때 저장된 음악을 일정한 순서 없이 골라서 재생하는 기능에서 이와 관련된 문제로 골머리를 앓았다. 많은 사용자들은 같은 가수의 노래가 빈번하게 재생되거나 같은 곡이 자꾸 재생된다는 걸 알게 되었고, 이 기능이 수록곡을 무작위로 재생하는 것이 아니라 특정한 기준에 의해 조작된 것이라고 불만을 제기했다. 사람들은 수학적 용어를 사용해가며 스티브 잡스를 비난하기도 했지만 애플은 "더 무작위적으로 보이게 하려면 오히려 선곡 알고리즘이 덜 무작위적이 되도록 고쳐야 한다"며 딱히 이 기능을 손보지 않았다.

결국 인간이 인식하는 무작위성이라는 건 전혀 신뢰할 수가 없다는 이야기다. 연승이 계속되는 흐름을 탔다고 도박꾼이 느끼는 것이 좋은 예다. 온라인 도박 소프트웨어가 유난히 연승이나 연패를 많이 만들어내므로 무작위성이 없다는 생각도 아주 흔히 볼 수 있는 잘못된 믿음의 예다. 무작위적인 사건이 계속될 때는 같은 결과가 연속해서 나와도 전혀 이상한 것이 아니므로, 연승이나 연패가 나오는 것은 소프트웨어의 오류가 아니라 그저 무작위성에 대한 인간의 잘못된 인식으로 인한 판단일 뿐이다.

인간이 무작위성을 제대로 이해하지 못하기 때문에 겪게 되는 두 가지 이성적 함정이 있다. 첫째는, 아주 제한적인 정보만을 바탕으로 연승이나 연패에 대한 결론을 성급히 내리고 마는 일종의 도박꾼의 오류다. 어떤 축구팀이 세 경기 연속으로 비겼다면, 다음 경기도 비기지 않을까 생각하는 것 같은 경우다. 또는 어떤 회사의 주가가 10주 연속으로 상승한 경우, 주가가 계속 오를 것이라고 섣불리 결론을 내리는 것도 마찬가지다. 스포츠 베팅에서는 이를 1985년 토

머스 길로비치Thomas Gilovich, 로버트 발론Robert Vallone, 아모스 트버스키가 쓴 논문에 등장한 용어인 핫 핸드 오류hot-hand fallacy라고 부른다. 이 논문은 농구 선수가 이전 슛이 성공했을 때 다음 슛이 성공할 가능성이 더 높다는 명백하게 잘못된 인식에 관한 연구를 담고 있었다. 어떤 면에서 이 이야기는 통상적이지 않은 결과가 계속될 것이라는 생각을 표현한 것이므로, 계속된 행운이 결국은 불행과 더해져서 '균등해질 것'이라는 도박꾼의 오류와 반대되는 인식이라고 할 수 있다.

이런 오류들을 잘 이해하는 것도 물론 중요하지만, 어떻게 적용하느냐도 마찬가지로 중요하다. 운동선수들이 승리를 통해 자기 확신을 쌓아간다는 분명한 증거들이 있으므로, 최근 경기에서 좋은 성적을 냈다면 다음 경기에서 좋은 성적을 낼 가능성이 높은 것은 분명하다. 심지어 도박꾼들의 경우조차 이유가 조금 역설적이긴 하지만 운 좋게 돈을 따면 계속 따게 된다는 증거도 있다. 많은 도박꾼들은 연속해서 돈을 따면 머지않아 자신의 운이 다할 것이라고 믿는 경향이 있다. 그러므로 몇 번의 베팅에 계속 성공하면 다음 번 베팅에 대한 기대감이 낮아지게 되어 점점 안전한 쪽으로 베팅하게 되어 계속 돈을 따게 되는 것이다.

마지막으로, 정말 무작위적인 과정에는 언젠가는 반드시 편향된 부분이 나타난다는 점을 꼭 기억해야 한다. 몬테카를로의 카지노에서 룰렛으로 엄청난 액수의 돈을 땄던 요크셔 출신의 기계공 조지프 재거Joseph Jagger의 이야기는 진위 여부를 확인하긴 어렵지만, 사실 여부를 떠나서 새겨 들어볼 만하다. 아마도 재거는 사람들을 고용해

몇 주 동안 룰렛 테이블의 결과를 기록한 뒤 일부 테이블에서 기계적 결함이나 설치가 제대로 되지 않은 이유로 인해 특정 숫자가 자주 나온다는 결론을 얻었던 것 같다. 이 결과를 바탕으로 그는 하우스 에지를 극복하고 룰렛에서 엄청난 돈을 따서 나올 수 있었다.

이 이야기는 사실이 아닐 가능성이 높지만, 카지노 업자들은 충분히 이런 일이 있을 수 있다고 생각한다. 그래서 혹시라도 비슷한 일을 시도하려는 사람들을 우려해서 실제로 룰렛 기계를 주기적으로 교체한다. 어쨌건 여기서 중요한 사실을 발견할 수 있다. 편향이나 연승, 연패가 정말 존재하는지를 알아내려면 엄청난 양의 데이터가 필요하다는 점이다. 그런 정보를 확보할 수 있다면 스포츠 베팅이나 카지노에서 특정한 패턴을 찾아낼 수 있을 것이다. 하지만 충분하지 않은 양의 데이터로 패턴을 찾으려고 시도한다면 인간이 갖고 있는 무작위성에 대한 이해의 부족으로 인해 굉장히 잘못된 결론을 이끌어내게 될 가능성이 아주 높아지게 된다.

퀘스트

도박꾼의 오류, 핫 핸드 오류, 평균으로의 회귀의 영향은 매번 다르기 때문에 현실에서는 매우 혼란스러울 수 있다. 그러므로 본래 무작위적인 사건들을 대할 때는 패턴에 의존하지 않아야 하며, 과거의 사건은 이와는 독립된(무관한) 미래의 사건이 일어날 확률에 아무런 영향을 미치지 않는다는 것을 항상 기억하도록 한다.

룰렛과 수학

/

룰렛에서 확률을 파고든 덕분에 생각지 못하게 다른 분야에서도 유용한 결과가 얻어졌다. 수학자 앙리 푸앵카레Henri Poincaré는 초기 조건에 대한 민감도를 이용해서 이론적으로 최종 상태를 예측할 수 있음을 보여주기 위해 수정한 룰렛 테이블을 사용했다(309쪽 참조). 이 연구를 하면서 부가적으로 아주 작은 초기 조건 차이가 최종 결과에 매우 큰 차이를 만들어낼 수 있음을 보여주었는데, 이는 결정론적 물리 체계(같은 초기 조건에서는 항상 같은 결과를 만들어내는 체계)에서조차 그 결과를 예측하는 것이 사실상 불가능하다는 현대 혼돈 이론의 기초가 되었다(주사위를 던지거나 룰렛을 돌렸을 때의 결과가 '무작위적'이라고 표현하는 것은 초기 조건에 의해서만 결과가 결정되는 이런 경우조차도 그 결과를 주어진 시간 내에 분석하는 것이 너무나 어렵다는 사실을 의미함에 다름 아니다).

한편 칼 피어슨이 《르 모나코》지 기자의 거짓 기사를 밝혀낸 기법은 현대 과학의 토대가 되었다. 과학자들은 새로 개발한 약의 시험 데이터나 물리학이나 화학 실험 결과 등을 판단할 때 특정 결과가 온전히 운에 의해서만 얻어질 확률과 비교해서 결과를 분석한다(통계적 유의성 참조. 256쪽). 이 기법은 어떤 증거가 정말 주어진 이론을 설명하는 것인지, 아니면 단지 무작위성 때문에 그렇게 보이는 것인지를 구분하고, 사기 혹은 조작된 결과인지의 여부를 판단하는 기본적인 방법이다.

3장 요약

1. 도박을 할 때는 누구나 비이성적 실수를 할 수 있고, 아무리 그럴 듯한 계획도 한 순간에 잘못될 수 있다.
2. 헤징이나 켈리 조건 베팅 같은 전략을 이용하면 이익을 확보하거나 손실을 제한할 가능성을 높일 수 있다.
3. 베팅의 이유나 베팅 전략은 이성적인 것보다 비이성적인 것이 훨씬 많다. 유일하게 이성적인 베팅은 하우스 에지를 극복할 만한 지식과 분석 결과를 갖고 있을 때뿐이다.
4. 실패 없는 베팅 전략이나 기법은 죄다 헛소리다. 예외는 없다.

제4장

성공적인 투자자가 되려면

"수익성이 가장 높은 투자 대상은
지식이다."

벤저민 프랭클린

도박은 매우 비합리적인 투자 방법이므로, 실생활에서는 자신이 상대보다 더 유리한 상황을 확보할 수 있는 투자 대상을 찾아봐야 한다. 주식시장은 장기적으로는 대체로 성장하므로 이론적으로 그런 기회를 제공하기는 한다. 이 말은, 카지노와는 달리 주식시장에서는 투자자가 더 확률적으로 유리한 환경을 제공받는다는 뜻이다. 물론 아주 안 좋은 결과가 나오는 경우가 많긴 해도, 적어도 도박에 참여하는 것보다는 훨씬 더 공평한 상황이라는 건 분명하다(하지만 주식시장에서 수학적으로 상황을 분석하는 것은 도박의 경우보다 훨씬 더 어렵다). 먼저 주식시장에서 적용되는 기본적인 법칙부터 살펴보고 나서, 수학이 중요한 도구로 사용될 수 있는 방법들을 알아보기로 한다.

우선 알려둘 사항이 있다. 이 장에서 제시된 다양한 수식을 수학적으로 깊이 파고들어가기엔 한계가 있다. 이 장의 목적은 주식시장에서 사용되는 용어들의 의미를 파헤치고, 기본적인 내용을 설명해서 독자들이 흥미를 느끼는 분야에 계속 관심을 갖도록 하면서 투자

지침서나 교재에서 다뤄지는 기초 지식을 습득하도록 돕는 것이다.

주식시장의 기본

/

어떤 면에선 주식이나 채권을 사거나 기업의 지분을 확보하는 행위는 도박에 돈을 거는 것과 별반 다르지 않다. 결국 어떤 금융상품을 구입하고선 상품의 가격이 단기, 중기, 장기적으로 자신의 구입 가격보다 비싸지기를 바라는 것이다. 단기적으로 값이 오르길 바라고 있다면 투기 행위를 하고 있는 것이다. 만약 상대적으로 오랜 시간 동안 돈을 묻어두고 있다면, 개념적으로는 그 회사에 투자를 하고 있다고 이야기할 수 있을 것이다.

금융상품의 종류는 다양하고 각각에 따르는 위험도 다르다. 일례로, 채권 시장에서 거래되는 채권은 전통적으로 안전한 투자로 간주된다. 채권을 구입하는 것은 약속된 이자율로 채권 발행 회사에게 돈을 빌려주는 것에 다름 아니다(회사의 실적이나 배당이 높아진다고 해도 약속된 이자율이 변동하지도 않는다).

증권 시장에서 거래되는 주식을 보유하고 있으면, 가치가 오르거나 회사가 거둔 이익의 일부를 나눠 받는 배당금을 받을 가능성이 존재한다. 하지만 회사가 이익을 내더라도 이익금을 사내에 유보하거나 재투자하기로 결정한다면 배당금은 지급되지 않고 이 가치는 주식가격에 반영되게 된다.

회사의 주식이란 처음엔 회사를 창업한 사람들과 초기에 투자한 사람만이 소유하고 있는 것이다. 이후에 추가로 투자금을 투입하면 투자액에 따라 주식을 받는다. 그런데 이 기업이 자금이 더 필요한 상황이 되거나, 초기 투자가가 자신의 주식을 현금화하고자 한다면 주식을 불특정 외부인에게 매각하는 기업 공개IPO를 하게 된다. 이때는 원하는 사람이라면 누구나 이 회사의 주식을 살 수 있다. 주식을 보유하게 되면 주주총회에서의 의결권과, 주식을 다른 사람에게 양도할 수 있는 권리를 갖게 된다.

주식의 종류에 따라 행사할 수 있는 권리와 부담해야 하는 위험은 다양하다. 우선주는 일반주에 비해 의결권이 더 많고, 기업에 따라서는 다양한 권리를 가진 주식들을 발행하기도 한다. 일례로 버핏의 버크셔해서웨이는 주식을 A등급과 B등급으로 구분해 발행했다.

기업 내부에서 일어나는 일에 실질적으로 관여하고 싶거나 경영권을 확보하고 싶다면 의결권이 높은 주식을 확보해야 이사회 구성원을 선정할 때 영향력을 행사할 수 있는 식이다. 하지만 이 정도로 적극적이지 않고 수동적인 투자자에겐 주식의 종류에 따른 의결권의 차이보다는 감수해야 하는 위험도의 차이가 더 중요하다. 기업을 청산해야 하는 상황에서는 채권 소유자와 기타 채권자들이 우선권을 갖고, 그다음이 우선주 보유자, 마지막으로 일반주 보유자의 순서가 된다(여기서도 주식의 종류에 따라 순서가 정해진다).

위험도는 기대수익과 직결되어 있다. 채권의 이자율은 통상 연 5~7%(이율은 채권 발행시에 고정되어 있으므로 그사이의 회사 실적과 무관하게 정해진 금액을 지불한다.)이지만 주식의 수익률은 보통 연 8~9%(이론적으로는 무한히 높아질 수도 있다) 정도다. 그러므로 채권은 돈을 잃을 가능성이 아주 낮고 딸 돈은 많지 않은 반면, 주식은 돈을 잃을 가능성은 높지만 이긴다면 큰돈을 버는 베팅이라고 할 수 있다.

회사의 가치를 소유하다

어떤 회사의 주식을 보유하고 있다는 건 실제로 무엇을 갖고 있다는 의미일까? 그 회사 사무실에 있는 문구류 통에서 자신의 지분만큼의 클립 하나를 꺼내어 가져도 되는 것처럼 자신이 회사의 일부를 소유하고 있다고 보기는 힘들다. 물건의 일부를 소유한 것과 회사의 일부를 소유한 것은 법적으로 다른 개념이며, 주주의 법적 책임은 제한적이다(회사가 파산한다고 해도 법원이 주주의 재산을 압류할 수 없다는 의미다).

그러나 주식을 갖고 있다면 회사의 가치(시가총액)에서 자신의 지분만큼의 가치를 소유하고 있는 셈이다. 아주 간단한 예로, 어떤 회사가 5만 주의 주식을 발행했고 1주당 20달러의 가치가 있다면 이 회사의 시가총액은 100만 달러(=5만×20달러)가 된다. 이 말은, 서로 다른 두 회사의 주식가격을 단순히 비교하는 것은 아무 의미가 없다는 뜻이다. 발행된 주식의 수가 얼마만큼인지를 알아야만 주식가격을 비교하는 의미가 있다.

시가총액은 두 가지 요소에 의해서 결정된다. 기업의 순자산은 기업이 소유한 모든 것(재고, 부동산, 사무용 집기, 현금, 특허, 상표권 등)의 가치를 합한 것이다. 이를 계산하는 것은 개인의 순재산을 계산하는 것과 마찬가지로 상대적으로 단순한 편이다(분식 회계로 가치를 뻥튀기한 회사가 아니라 정상적인 회사라는 전제하에). 소유한 모든 자산을 현재의 시장가격으로 팔아서 현금으로 만들고 전체 빚을 갚았을 때 남는 금액을 계산하면 된다.

시장가격을 계산할 때 확실히 알기 어려운 부분은 미래의 현금 흐름과 관련된 것이다. 주식가격이 오르내리는 근본적인 이유는 투자자들이 기업의 미래 현금 흐름에 대해 다양한 견해를 갖고 있기 때문이고, 시장에서의 전체적인 분위기도 기업과 관련한 사건에 따라 바뀐다.

개인 투자자들이 증권 회사에게 매도 혹은 매수 주문을 내면, 전체적인 수요와 공급에 따라 거래 가격이 오르거나 내리게 된다. 기업의 가치를 계산하는 가장 합리적인 방법은 순자산과 미래의 수입을 계산하는 것이다. 그러나 투자자들은 합리적인 방법과 비합리적인 방법을 망라하는 다양한 방식을 사용해서 투자 여부를 결정하므로, 주식가격의 등락이 단지 미래의 현금 흐름을 반영하는 것이라고 말하는 것은 지나치게 단순한 접근이다. 일단 많은 사람들은 최근의 주가 등락에 영향을 받는다. 주가가 상승하고 있다면 기업이 잘 운영되고 있는 것이고 앞으로도 계속 잘할 것이라고 생각하는 것이 자연스럽지만, 기업의 성적이 이미 주가에 지나치게 반영되어 있고 그저 분위기에 휩쓸려 아직 주가가 떨어지지 않은 것일 뿐일 가능성은 항상 존재한다.

주관적, 객관적 측면 모두에서 고려해야 할 또 다른 요소로는 해당 기업이 가진 브랜드의 가치, 인적 자원(직원의 숙련도와 인적 구성의 충실도), 진입 장벽(새로 해당 분야에 진입한 기업이 어느 정도의 경쟁력을 가질 수 있는지)

을 들 수 있다. 인터넷에서 떠도는 허무맹랑한 소문, 국제적으로 이루어지는 가격 조작, 긍정적 혹은 부정적인 홍보 등에 의한 예측 불가능한 영향도 반드시 고려해야 한다.

투자자 입장에서 가장 좋은 전략은 당연히 해당 주식이 저평가됐을 때 사서 고평가됐다고 판단될 때, 혹은 현금화해서 다른 투자처에 투자하려 할 때 매각하는 것이다. 하지만 주식이 저평가됐는지, 고평가됐는지 판단하는 확실한 방법이란 애초에 존재하지 않는다. 여기서는 기업을 분석하는 몇 가지 방법을 살펴보기로 한다.

내 주식은 고평가됐을까, 저평가됐을까

/

주가수익비율Price-to-Earnings ratio, P/E은 100년 이상 사용된 전통적 방법이다. 이 방법으로 어떤 주식이 저평가되었는지 혹은 고평가되었는지, 동종 업계와 산업계 전반의 다른 기업 주식과의 비교가 가능하다. P/E비율은 기업의 시장가격을 연간 수익으로 나눈 값이다.

모형 자동차를 제조하는 회사인 모터마우스사가 연간 3만 달러의 이익(수익)을 내며 시가총액이 60만 달러라고 해보자. 이때 P/E비율은 $\frac{600,000}{30,000} = 20$이다. 이 말은 이 회사의 주식을 사서 수익이 구입한 주가만큼 되려면 20년이 걸린다는 뜻이다(수익이 이 수준으로 일정하다면). 이 값을 다른 모형 자동차 제조사나 장난감 업계의 다른 기업과 비교해서 이 회사의 주가가 어느 정도로 평가되고 있는지의 지표로 사용할 수 있다. 모형 자동차를 소재로 하는 신작 어드벤처 영화가 개

봉되거나, 어린이가 장난감 자동차를 삼키는 위험성에 대한 기사가 언론에 보도되어 입는 타격 같은 외적 요인은 다른 모형 자동차 제조사에게도 동일한 영향을 미치므로, P/E비율을 이용하면 특정 기업의 가치를 보다 정확하게 이해할 수 있다.

투자 대상 업종을 정해놓은 경우에는, 해당 업종의 기업 중에서 P/E비율이 가장 낮은 기업의 주식을 매입하는 방법을 쓸 수도 있다. 보통 P/E비율 20 정도가 평균적인 값이며 10 정도면 매입하기 적정한 수준이라고 받아들여진다. 일반적으로 신생 기업은 성장의 가능성이 기존 기업보다 더 높으므로(오래된 기업이 신新시장이나 사업 영역을 발굴하기가 상대적으로 더 어렵다는 의미이기도 하다) P/E비율이 높은 수준에서 거래되는 경향이 있다는 것도 기억해두어야 한다. 또한 P/E비율을 해석하려면 사업 모델을 이해하는 것도 중요하다. 예를 들어 기업 규모 확장을 위해 단기 수익을 포기하는 전략을 펼쳤던 아마존의 P/E비율은 500이 넘기도 했었다.

비슷하지만 좀 더 복잡한 개념으로 주가수익성장비율 Price-Earning-Growth ratio, PEG이 있다. 이 값은 P/E비율을 5년간의 수익 성장률로 나눈 것이다. 5년간의 성장률이 30%이고 P/E비율이 15인 기업의 주가수익성장비율은 0.5다. 이 값이 1 이하이면 통상 저평가된 기업으로 본다. 비슷한 지표로 PEGY비율 Price-to-Earnings to Growth and dividend Yield ratio이 있는데, 특히 배당이 실시되는 주식을 선호하는 투자자들이 사용한다. PEGY비율은 P/E비율을 (수익 성장률+배당 수익률)로 나누어 구하며, 역시 1보다 낮은 값이 선호되고 0.5보다 낮으면 매입하기에 아주 좋은 상태로 받아들여진다. 만약 예상 P/E비율(올 회계연도 예상 수익을 바탕으로 구한 값)이 현재의 P/E비율보다 높다면 시장에서는 이 기업의 수익이 증가할 것으로 예상한다는 의미다.

물론 현재나 과거의 실적을 바탕으로 미래의 실적을 예상하는 것은 정확하지 않을 가능성이 있고, 기업을 둘러싼 환경은 언제든 예측 불가능한 방식으로 변할 수 있다. 결국 투자에 활용되는 수학적 분석의 정확성은 사용하는 정보에 의해 결정된다. 과거 필자의 상사였던 분이 스프레드시트와 데이터베이스에 대해 항상 "쓰레기를 넣으면 쓰레기가 나오는 법"이라고 이야기했듯이.

퀘스트

투자와 관련된 지표는 배당을 이용해서 기대되는 수익을 계산하는 고든 방정식을 비롯해 기업의 지불 능력, 유동성, 효율, 이익률, 주가 비율에 이르기까지 종류가 아주 많다. 투자자 입장에선 그만큼 지표에 휘둘리기 쉬운 것이다. 하지만 지표에 너무 얽매이기 시작하면 숫자에 완전히 발목 잡히게 되고, 그런 값들이 단지 현실의 사건과 실제 사실들을 반영하는 기초 도구일 뿐이라는 점을 망각하게 된다. 수학적 도구가 투자자에게 유용한 것은 분명하지만 너무 여기에 매달리지는 말아야 한다. 존 보글이나 피터 린치처럼 노련한 투자가들은 잘못된 정보나 조작된 실적에 현혹되지 않으려면 아주 익숙한 지표 몇 가지만 사용하고 익숙한 기업에만 투자하라고 강력히 조언했다.

돈의 시간적 가치

P/E비율이 돈의 시간적 가치라는 이름으로 불리는 수학문제의 특수한 경우라는 것을 이해하고 나면 P/E비율의 수학적 의미가 직관적으로도 명확해진다. 이 문제는 스페인의 경제학자이자 신학자인 마르틴 데 에이지필쿼타Martín de Azpilcueta에 의해 15세기부터 다루어지기 시작했다. 이 개념은 일정한 금액의 돈은 이 돈으로 얻을 수 있는 이자를 고려하면 미래의 같은 금액의 돈보다 더 가치가 있다는 논리에서 출발한다. 예를 들어 1년 뒤에 1,000달러를 받을 수 있는 기회가 주어진다면 얼마를 지불하고 여기에 응하면 될까? 은행에 돈을 맡겨두었을 때 5%의 이자를 받을 수 있는 경우라면 1.05로 나누어보면 된다.

$$\frac{\$1{,}000}{1.05} = \$952.38$$

즉 이자율이 5%인 상황에서 미래에 1,000달러를 받으려면 현재 952.38달러를 투자해야 한다. 이 등식에서 5%라는 비율은 미래의 가치를 현재의 가치로 환산할 때 이만큼 깎아야 한다는 의미에서 할인율discount rate이라고 부른다. 여기서 핵심은 당연히 어떤 이자율을 적용하는가이다. 회계사들은 대체로 은행이나 국채 이자율처럼 위험 부담이 없는 이자율 중에서 가장 높은 이자율인 무위험 수익률risk-free interest rate을 선택한다. 이보다 더 정교하지만 위험이 수반되는 방법은 기준 무위험 수익률에서 물가 상승률을 뺀 값인 실질금리

real interest rate를 적용하는 것이다(예를 들어 어떤 기간 동안 무위험 수익률이 7%이고 물가 상승률이 4%였다면 실질금리는 3%가 된다).

그러므로 이자율을 어떻게 정하건, 이성적인 사람이라면 이자가 보장되는 은행 계좌를 개설할 수 있다고 해도(또는 수익률이 아무리 높다 해도), 특정한 미래의 어느 날에 주어지는 1,000달러보다는 동일한 금액이 당장 주어지는 쪽을 선택한다는 아주 기본적인 사실을 보여준다. 핵심 공식은 다음과 같다.

$$FV = PV \times (1 + \frac{i}{n})^{(n \times t)}$$

FV: 돈의 미래가치
PV: 돈의 현재가치
i: 이자율
n: 연간 복리 적용 횟수
t: 예치 기간(년)

예를 들어, 최초에 2만 파운드를 연간 이자율 6%로 예치하고, 이자액이 3개월 단위로 지급되는 경우라면 2년 뒤의 가치는 다음과 같이 계산된다.

$$20{,}000 \times (1 + \frac{0.06}{4})^{(4 \times 2)} = 20{,}000 \times (1.015)^8 = £22{,}529.85$$

미래에 받게 될 돈의 현재가치도 위의 공식을 이용해서 계산할 수 있다.

$$PV = \frac{FV}{(1+\frac{i}{n})^{(n \times t)}}$$

이 공식은 아주 기본적인 것이고 정기적인 이자 지급annuity, 평생 이자 지급perpetuity 같은 요소에 따라, 혹은 투자금에 대한 수익이 시간이 지남에 따라 지속적·지수적으로 증가하기를 기대하는지의 여부, 이자의 지급이 투자 시작 시점에 이루어지는지, 종료 시점에 이루어지는지와 같은 다양한 조건에 따라 여러 가지 형태가 있다. 이런 공식들은 임차권, 장기 주택 담보 대출, 연금 등의 가치를 판단할 때 유용하게 사용된다.

우선은 간단한 예를 통해 평생 이자 지급 상품의 가치를 알아보도록 하자. 여기서 계산하고자 하는 것은 미래에 지급될 모든 금액의 합을 현재가치로 환산한 값이다. 평생 이자 지급 상품의 가치를 나타내는 원래의 복잡한 공식을 평생 고정 금액을 지불하는 것으로 변환할 수 있다.

$$PV = \frac{C}{i}$$

i는 이자율, C는 연간 지급액.

이 식을 아래 식처럼 다시 정리한다.

$$\frac{PV}{C} = \frac{1}{i}$$

즉 현재가치를 연간 지급액으로 나누면 이자율의 역수가 된다. 이 공식은 현재의 가치를 현재의 수익으로 나눈 값인 P/E비율과 유사하다는 것을 어렵지 않게 알 수 있다.

그러므로 어떤 주식의 P/E비율은 그 주식에서 기대할 수 있는 이자율의 역수라고 보아도 무방하다. 어떤 기업의 주식을 현재가격으로 구입하면 그 기업의 수익에 따라 배당을 받게 되는데(더 많은 주식을 구입하면 이에 비례해서 배당도 늘어난다) 누구라도 배당액이 주식 구입 금액을 은행에 예치해두었을 때의 이자보다 높기를 바랄 것이다.

P/E비율이 20 정도(이자율 5%의 역수)인 주식은 그다지 투기적이지 않고 안정적인 투자 대상으로 받아들여지고 P/E비율이 10 정도(이자율 10%의 역수)이면 매수하기 적절한 수준으로 보는 이유가 여기에 있다. 하지만 P/E비율로 보았을 때 괜찮아 보이는 주식도 시간이라는 요소를 고려하면 그렇지 않은 경우도 있다. 다른 투자자들도 10% 이상의 수익을 낼 수 있는 기회라고 생각하기는 마찬가지일 것이므로 거래가 많아지면서 주가의 상승 요인으로 작용하게 되므로 늦게 주식을 매입한 투자자는 수익률이 떨어지게 된다. 하지만 대체로 현재의 시장가격으로 주식을 구입한다면 이 기업의 성장에 따른 주가의 상승과 배당금을 통해서 수익을 얻게 될 가능성이 높다.

마찬가지로 PEG비율도 투자 지표로 사용된다. P/E비율을 5년간의 성장률로 나누어보면 실제 시장에서 얻을 수 있는 이자율과 이 주식으로 얻은 실제 수익률을 비교할 수 있다. 만약 주식의 수익률이 더 높고 PEG비율이 1보다 작다면 그간 이 기업의 수익 창출력이 시장에서 저평가되었다는 의미다.

> **10번 중 6번 성공이면 잘한 것…**
>
> 전설적인 투자가이자 투자서의 저자로도 유명한 피터 린치는 주식을 선택하는 것에 대해 "좋은 주식이라면 10번에 6번 정도는 좋겠지만, 아무리 좋은 주식도 10번에 9번 좋을 수는 없다"고 말했다. 그가 말하고자 했던 핵심은, 투자로 이익을 내려면 포트폴리오를 구성할 때 성과가 좋은 주식이 그렇지 못한 주식보다 많도록 하는 것이 전부라는 것이다. 좋은 투자 대상을 고르는 과정이라는 것이 얼마나 힘든 일인지를 안다면 이 말은 깊이 새겨둘 만한 가치가 있다. 보편적으로 주가는 시간이 지남에 따라 상승하는 경향이 있으므로, 불과 몇 가지의 수학적 지표를 활용하고 이를 바탕으로 조금 더 깊게 연구한다면 충분히 수익을 얻을 가능성이 존재한다(이 법칙은 투자금액 이상으로는 손실이 발생하지 않는 보편적인 주식투자의 경우에 대한 것이다. 6장에서 살펴볼 파생상품의 경우에는 훨씬 이야기가 복잡해진다).

불확실성 관리하기

전 세계적인 금융위기는 한곳에 투자를 집중하는 것이 얼마나 위험한지를 비롯한 여러 가지 사실을 사람들에게 알려주었다. 투자에서 수학의 가장 큰 역할은 불확실한 세계에서 위험을 분산하도록 돕는 것이다. 위험을 완전히 회피할 수는 없지만, 불확실성에 대처하는 방법에는 여러 가지가 있다. 여기서는 개별 투자의 기대수익을 평가하는 포트폴리오 이론의 핵심과 투자자산 구성portfolio에 대해 아주 간단하게 살펴보기로 한다. 이런 접근 방식의 주 목적은 어떤 사건이 일어났을 때 각각의 투자가 모두 같은 방향으로 움직이게 만드는, 서로 연관된 위험을 회피하려는 것이다. 통상 이를 위해 포트폴리오의 각 항목이 연관성이 너무 높아지지 않도록 해서 위험을 감소시켜주는 분산투자를 추구한다.

포트폴리오 이론에서는 가능한 수익의 범위와 확률을 이용해서 개별 투자자산의 기대수익*을 계산한다(금융 투자 기법이란 결국 이런 추정값을 눈에 잘 띄게 제시하는 것이다). 각각의 투자 대상에서 발생 가능한 수익에 각각의 확률을 곱해서 얻어진 값을 모두 더하면 된다.** 예를 들어 장난감 공룡을 판매하는 라아라는 회사에 투자한다고 했을 때, 아래와 같은 확률표를 얻는 식이다.

시나리오	확률	기대수익
가장 좋은 경우	20%	16%
가장 나쁜 경우	20%	-4%
기본적인 경우	60%	6%

표3 라아에 대한 확률표.

* 투자 이론에서의 기대수익이란 도박에서 말하는 기대치와 같은 것이다.
** 수학적 표현을 선호한다면, 기대수익 E(R)을 구하는 식은 다음과 같다. $E(R) = p_1 R_1 + p_2 R_2 + \cdots + p_n R_n$. 여기서 p_n은 특정한 시나리오가 일어날 확률이고 R_n은 그 시나리오에서의 기대수익이다.

기대수익을 계산하면 다음과 같다.

$$(0.2 \times 16\%) + (0.6 \times 6\%) + (0.2 \times -4\%)$$
$$= 3.2\% + 3.6\% + (-0.8\%) = 6\%$$

그러므로 라아에 투자했을 때의 기대수익은 6%가 된다. 다음으로 계산할 것은 포트폴리오 전체의 기대수익이다. 개별 투자자산의 기대수익에 투자 비율을 적용해서 더하면 쉽게 얻어진다. 포트폴리오의 기대수익 R을 구하는 식은 아래와 같다.

$$R = w_1 R_1 + w_2 R_2 + \cdots + w_n R_n$$

여기서 w_n은 포트폴리오 내에서 각 투자자산의 비율이다. 전체 투자 금액의 40%를 해피팜스에 투자했고 이 주식의 기대수익이 12%, 25%를 투자한 라아의 기대수익이 6%, 35%를 투자한 모터마우스사의 기대수익이 8%라면 전체 포트폴리오의 기대수익은 다음과 같이 계산된다.

$$(0.4 \times 12\%) + (0.25 \times 6\%) + (0.35 \times 8\%)$$
$$= 4.8\% + 1.5\% + 2.8\% = 9.1\%$$

베팅과 관련된 내용에서 살펴보았던 것과 마찬가지로, 투자의 위험성을 파악하기 위해 표준편차와 분산을 계산한다. 개별 투자 항목의 분산(σ^2)을 계산하려면 발생 가능한 각각의 상황에서의 기대수익과 전체 기대수익의 차의 제곱에 각각의 상황이 일어날 확률을 곱한다. 수식으로 나타내면 아래와 같다.

$$\sigma^2 = P_1(R_1-E(R))^2 + P_2(R_2-E(R))^2 + \cdots + P_n(R_n-E(R))^2$$

여기서 P_n은 n번째 상황이 일어날 확률이고 R_n은 그 상황에서의 기대수익, $E(R)$은 전체적인 기대수익이다. 여기에 라아사의 값을 적용해보자.

$$[0.2 \times (16\% - 6\%)^2] + [0.6 \times (6\% - 6\%)^2] + [0.2 \times (-4\% - 6\%)^2]$$
$$= (0.2 \times 100) + (0.6 \times 0) + (0.2 \times 100) = 40$$

분산은 40이고 표준편차는 40의 제곱근인 약 6.32다. 68/95/99.7%법칙(47쪽 참조)을 이용해서 실제 수익이 특정한 범위 안에 들어올 가능성을 파악할 수 있다.

이 수준을 넘어서면 수식이 상당히 복잡해지기 시작하므로 여기서는 빠르게 훑어보기만 하겠다. 예를 들어, 특정 기간 동안의 두 자산 a와 b사이의 공분산covariance을 계산하려면 우선 매일(혹은 매주 등)의 실제 수익을 알아야 한다. 그러고는 이 기간 동안 각각의 수익을 자산a의 실제 평균 수익에서 빼고, 자산b에 대해서도 마찬가지 계산을 한 뒤 둘을 곱한다. 공분산은 이 값을 모두 더한 뒤 기간의 수 n으로 나눈 값이다.

$$\sum \frac{(R_a - AvgR_a)(R_b - AvgR_b)}{n}$$

이 식에서 전체 기간 x일 동안의 측정값은 (x-1)개라는 점에 주의해야 한다(기간이므로). 공분산은 두 자산의 움직임이 서로 얼마나 연관되어 있는지를 알아보는 지표다. 공분산이 0보다 크면 두 자산이 같은 방향으로 움직이는 경향이 있다는 의미이고, 0보다 작다면 반대 방향으로 움직인다는 뜻이다.

라아의 평균 연간 수익이 6%이고 모터마우스사는 8%라고 해보자. 그리고 실제 수익이 다음과 같은 경우를 생각해보자(여기서는 계산의 편의를 위해 아주 적은 수의 데이터만 사용한다).

기간	R_a	R_b	$R_a - AvgR_a$	$R_b - AvgR_b$	$(R_a - AvgR_a) \times (R_b - AvgR_b)$
1	5	7	-1	-1	1
2	12	1	6	-7	-42
3	8	16	2	8	16
4	3	9	-3	1	-3

표4 라아사와 모터마우스사에 대한 공분산 계산.

공분산을 구하려면 우선 마지막 열의 합을 구한다.

$(-1 \times -1) + (6 \times -7) + (2 \times 8) + (-3 \times 1)$

$= 1 - 42 + 16 - 3 = -28$

이 값을 기간의 수 4로 나누어 얻어진 값 -7이 공분산이다.

상관계수correlation coefficient를 이용해서도 두 자산의 관계를 알아볼 수 있다. 라아와 모터마우스의 상관계수를 구하려면 둘의 공분산 값을 각각의 표준편차 S_a, S_b를 곱한 값으로 나누면 된다.

$$\text{상관계수} = \frac{\text{공분산}_{a,b}}{S_a S_b}$$

상관계수의 값은 1에서 -1 사이다. 이 값이 1이면 두 자산이 똑같은 방식으로 움직이는 것이고, -1이면 같은 방식이지만 완전히 반대 방향으로 움직이는 것이다. 0이면 두 자산의 움직임이 서로 전혀 관계가 없는 것이다. 그러므로 두 기업 x, y의 일별 주가를 그래프의 x축과 y축에 나타내면 점들이 대체로 왼쪽에서 오른쪽으로 높아지거나(x와 y의 주가가 같은 방향으로 움직인다는 뜻) 낮아지는(x와 y의 주가가 서로 반대 방향으로 움직인다는 뜻) 모습이 나타난다.

상관계수는 전체 포트폴리오의 표준편차를 계산할 때도 유용하게 사용할 수 있다. 계산이 아주 간단하지는 않다. 각주*에 투자자산

---

* 두 개의 자산으로 구성된 포트폴리오의 표준편차는 다음의 공식으로 구할 수 있다. $\sigma_{\text{포트폴리오}} = \sqrt{w_a^2 \sigma_a^2 + w_b^2 \sigma_b^2 + 2 w_a w_b p_{a,b} \sigma_a \sigma_b}$ 여기서 w_a, w_b는 자산 a와 b의 구성 비율이고, σ_a, σ_b는 표준편차, $p_{a,b}$는 자산 a와 b의 수익 사이의 상관계수다.

이 두 가지인 경우의 공식을 적어두었으므로 필요한 독자는 이를 활용하면 되며, 길고 따분한 설명은 생략했다. 구성 자산들이 100% 서로 관련되어 있지 않고 포트폴리오의 표준편차가 각각의 자산의 표준편차의 가중 평균보다 작아야 좋은 포트폴리오라고 할 수 있다. 얼마나 낮아야 좋은 것인지는 구성 자산들이 어느 정도의 상관관계를 갖고 있느냐에 따라 결정된다.

수식이 조금 복잡하긴 하지만, 포트폴리오의 위험도를 평가할 때는 아주 유용하게 활용할 수 있다. 포트폴리오의 표준편차와 가중 평균의 차이가 클수록 분산투자가 잘 되어 있는 것이다.

> **퀘스트**
>
> 수식 때문에 골치 아프다고 너무 괴로워할 필요는 없다. 현실에서 이런 값을 계산해야만 하는 경우는 아주 드물다. 다만 이런 값들의 실질적 의미를 이해하는 것이 중요하고, 인터넷에는 이런 계산을 해주는 계산기나 소프트웨어가 널려 있다. 무엇보다 포트폴리오 이론에 익숙해지면 투자 위험을 감소시킬 수 있다는 사실을 이해하는 것이 중요하다.

변동성: 큰돈 혹은 파산

도박의 경우와 마찬가지로, 투자에서의 변동성volatility은 위험의 정도와 그 위험을 부담했을 때 가능한 수익과 직접적인 관계가 있다. 주식시장에서 변동성을 측정하는 데 쓰이는 가장 대표적인 지표는 베타β다. 베타의 정의는 다양하고 구하는 방법도 간단하지는 않다. 하지만 기본 아이디어는 단순하다. 특정 주식의 변동성을 시장 전체의 변동성과 비교하는 것이다. 그러면 시장의 일반적인 조건에 의해서 특정 주식의 가격이 어느 정도 범위로 움직일 수 있는지와 특정 주식의 가격에 미치는 영향이 어느 정도로 직접적인지를 대충 유추할 수 있다.

공분산

베타 계산에서 중요한 개념은 공분산이다. 공분산의 의미를 예를 통해서 쉽게 알아보도록 하자. 두 주식 x와 y의 며칠 동안의 가격 변동 내역을 갖고 있다면, 우선 각 날짜의 가격을 다음과 같이 점그래프로 그린다. x축은 주식 x의 가격, y축은 주식 y의 가격을 나타내는 그래프에 첫째 날, 둘째 날, 셋째 날…의 가격을 점으로 표시한다. 이 그래프를 지도라고 생각했을 때, 날짜에 따른 점의 이동 방향이 남서쪽이나 동북쪽을 향하면 이 두 데이터의 공분산은 0보다 크고, 같은 사건에 대해 동일한 방향으로 움직인다고 볼 수 있다. 움직임이 동남쪽이나 북서쪽을 향하면 이 두 데이터 사이의 공분산은 0보다 작다.

위험을 적절히 분산하도록 균형 잡힌 포트폴리오를 구성하려면 포트폴리오를 구성하는 투자자산들 사이의 공분산을 살펴볼 필요가 있다. 공분산이 대체로 0보다 크다면 어느 날의 하루 동안의 이들 주가의 움직임이 같은 방향일 가능성이 높다. 엑셀을 이용해 분산을 계산하려면 VAR.S 함수를 쓰면 된다. 공분산을 계산해주는 함수는 COVARIANCES.S 이다.

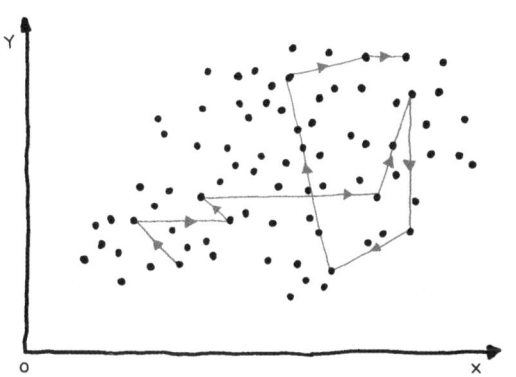

그림20 여러 날 동안의 두 주식 x와 y의 가격 변화를 점으로 표시한 그래프.

주식의 베타 값을 계산하는 식이나 계산기는 인터넷 등에서 어렵지 않게 구할 수 있지만, 계산 결과가 사용 도구와 입력하는 주기의 값에 따라 조금씩 달라지므로 결과보다 계산 과정을 이해하는 것이 아주 중요하다.

가장 간단하게 베타를 계산하는 방법은 살펴보고자 하는 기간 동안의 해당 주식과 기준으로 사용할 주식시장의 과거 주가를 스프레드시트에 입력하는 것이다. 해당 주식과 기준 시장의 일정 단위 기간 동안의 주가의 변동을 기간(일, 주, 월, 어떤 기간이건 원하는 대로)과 비교해서 백분율로 계산한다. 그리고 해당 주식과 시장가격 변동의 공분산 값을 기준 시장 주가 변화의 분산으로 나눈다.

계산식은 다음과 같다.

$$\beta = \frac{COV(r_a, r_b)}{Var(r_b)}$$

β는 베타, r_a는 해당 주식의 수익, r_b는 기준 시장의 수익.

베타가 1보다 크면 대체로 이 주식의 변동성이 기준 시장의 변동성보다 크다는 뜻이다. 1보다 작다면 반대로 변동성이 기준 시장보다 작은 것이고, 0보다 작으면 이 기간 동안 이 주식은 (성장하는 시장에서) 대체로 손실을 입었음을 의미한다

예를 통해 살펴보도록 하자. 표5에는 5일 동안의 모터마우스사 수익과 시장 수익이 (전날의 종가에 대한 변화율로) 나타나 있다.

우선 각각의 (산술) 평균 수익을 계산한다.

모터마우스사는 (1.3 + 1.7 + 2.5 + 1.35 + 0.6) / 5 = 1.49
시장은 (3.3 + 4.2 + 4.9 + 4.1 + 2.5) / 5 = 3.8

일	모터마우스사 수익(%)	시장 수익(%)
1	1.3	3.3
2	1.7	4.2
3	2.5	4.9
4	1.35	4.1
5	0.6	2.5

표5

기준 시장의 분산을 구하려면 매일의 수익과 평균의 차의 제곱을 먼저 더한다.

$$(-0.5)^2 + (0.4)^2 + (1.1)^2 + (0.3)^2 + (-1.3)^2 = 3.4$$

이제 공분산을 계산해보자. 모터마우스사의 일별 수익과 평균 수익의 차이를 구하고, 이 값을 시장의 수익과 일별 평균 수익의 차와 곱한다. 5일간의 이 값을 더한 뒤 표본의 개수에서 1을 뺀 값으로 나눈다. 공식은 다음과 같다.

$$\text{covariance} = \sum_{1}^{5} \frac{(RMo - ARMo) \times (RMa - ARMa)}{S-1}$$

Mo: 모터마우스사의 수익
AMo: 모터마우스사의 평균 수익
Ma: 시장의 수익
AMa: 시장의 평균 수익
S: 표본의 수

표에 나타난 값을 이용해서 계산하면 다음과 같다.

{[(1.3-1.49)×(3.3-3.8)]+[(1.7-1.49)×(4.2-3.8)]+
[(2.5-1.49)×(4.9-3.8)]+[(1.35-1.49)×(4.1-3.8)]+
[(0.6-1.49)×(2.5-3.8)]} / (5-1)
= 2.405 / (5-1)
= 0.60125

모터마우스사와 시장의 공분산이 상당히 작다는 것을 알 수 있다. 즉 이 회사의 주가가 이 기간 동안 시장의 움직임과 연결되어 있긴 했지만 아주 강한 연결은 아니었다는 뜻이다.

이보다 좀 더 신뢰도가 높은 방법은 장기 자산가격 결정 모델 capital asset pricing model을 쓰는 것이다. 이 방법은 주식과 기준 시장의 무위험 수익률(보통 국채 이자율을 사용한다)에 비해 어느 정도로 할인되는지를 알려준다.

베타와는 계산 방법이 조금 다르다.

$$\beta = \frac{r_a - r_f}{r_b - r_f}$$

r_f는 위험이 없는 시장 이자율

이 식을 베타와 시장 수익률을 알고 있는 상태에서 r_a에 대해 정리하면 특정 주식의 예상 수익률을 계산할 수 있다.

$$r_a = r_f + \beta(r_b - r_f)$$

이 식의 핵심적 의미는 어떤 주식이 의미 있는 투자가 되려면 베타가 1보다 크면서 이 주식의 수익률이 시장 수익률보다 높아야 된다는 것이다.

베타를 구하는 계산 방법이나 사용할 시간 간격, 기준 시장 등의 정보를 누군가가 이미 만들어놓은 것과 직접 계산하기 중 어느 쪽을 선호하는지와 관계없이, 주식에 투자할 때는 위험도와 더불어 돈의 시간가치를 고려하는 것이 중요하다. 도박을 다룬 장에서 살펴보았 듯, 변동성이 클수록 큰돈을 따거나 잃을 가능성(아주 어이없는 일이 일어나서 큰돈을 잃을 가능성도 포함된다)이 모두 높아지기 때문이다.

위험을 줄이는 방법

금융이나 투자와 관련된 용어 중에는 아주 단순한 개념인데도 불구하고 쓸데없이 복잡한 표현 방법이 쓰인 경우가 많다. 헤지 비율hedge ratio이라는 용어가 좋은 예다. 예를 들어 설명하겠지만, 헤지 비율은 어떤 포지션을 헤지하려고 사용하는 옵션의 델타δ를 의미한다. 화물 트럭을 이용하는 물류 회사를 운영하고 있는데 미래의 유류 가격 변동에 대비해서 헤지를 하려고 한다고 해보자. 휘발유 선물(先物, 미래의 특정한 시점에 미리 정해놓은 가격으로 재화를 사거나 팔기로 한 계약)을 살 수 있는 경우에는, 단지 이 선물을 사는 방법으로 원하는 만큼 헤지를 할 수 있다. 이 선물의 할인 가격에 따라서는, 거의 완벽한 헤지 포지션을 취할 수 있다. 하지만 원유 선물 같은 대체물이 필요할 수도 있다. 단순히 휘발유 가격 변화에 따라 원유 가격이 얼마나 변할지를 측정하는 것이 델타다. 예컨대 휘발유 가격에 100달러 변동이 있을 때 원유 가격이 50달러 변한다면 이때의 델타 값은 0.5다.

가격이 완벽하게 연동되지 않는 상품을 이용해서 헤지를 하는 경우에는 모든 포지션*을 헤지하지는 않는 것이 가장 좋은 선택이다. 이 경우에는 자신의 포지션에서 변동성을 최소화할 수 있는 최적의 헤지 비율을 활용하는 것이 좋다. 이 비율은 두 포지션의 상관계수를 스팟 가격(spot price, 상품을 즉시 구입할 수 있는 현재가격)의 표준편차와 미래가격의 표준편차의 비율과 곱해서 구한다. 공식은 다음과 같다.

$$h = p \times \frac{\sigma_s}{\sigma_f}$$

h: 최적 헤지 비율
p: 상관계수
σ_s: 현재가격의 표준편차
σ_f: 미래가격의 표준편차

예를 들어, 위의 휘발유와 원유의 예에서, 휘발유의 현재가격의 표준편차가 4%, 원유 가격의 표준편차는 8%이고 이 둘 사이의 상관계수가 0.9라면, 현재 포지션에서의 이상적인 헤지 비율은

* 거래 결과로 보유 중인 현재의 재산 상태.(옮긴이)

$0.9 \times \frac{4}{8} = 45\%$가 된다. 두 포지션이 더 연계되어 있을수록 둘의 표준편차도 더 비슷해지고, 최적 헤지 비율은 완벽한 헤지를 의미하는 값인 1에 가까워진다(모든 포지션을 헤지해야 한다는 의미다).

이건 직관적으로도 맞는 이야기다. 헤지하고자 하는 상품과 아주 관련도가 높은 자산을 찾을 수 있다면, 전혀 관계없는 상품보다는 여기에 투자하는 편이 더 안전할(단점이 더 적을) 것이다. 헤지는 기본적으로 손실의 폭을 줄여주지만 이익의 폭도 함께 줄게 된다는 점을 기억하기 바란다. 예상되는 휘발유 소요량을 원유 선물을 이용해서 헤지했을 때 원유와 휘발유 가격이 동시에 떨어지면 잠재적인 이익을 놓치는 결과가 된다. 근본적으로 헤징이란 이익을 증대시키려는 것이 아니라 위험을 줄이려는 것이다.

헤지펀드가 헤지라는 이름을 쓴 것은 매도와 매수를 이 기법과 조합해서 활용한 데서 비롯되었다고 앞에서 이미 이야기했는데, 헤지펀드는 이 기법 이외에도 항상 다른 방법을 함께 사용했고, 이들이 시장에서 다른 투자자들에 비해 확률적 우위를 점하기 위해 도입한 방법의 종류는 시간이 감에 따라 굉장히 많이 증가했다.

시장의 틈새를 찾아서

사업이나 도박에서 차익거래는 아주 흔히 사용되는 전략이다. 차익거래arbitrage로 이익을 남기려는 투자자는 서로 다른 시장에서 같은 상품의 가격차가 있을 때 이를 활용하려고 한다.

상품을 사고파는 대부분 사업은 사실 차익거래의 한 형태라고 볼 수 있다. 소매점 주인이 상품을 현금 도매 판매점에서 대량으로 구매해서 소량으로 고객에게 더 비싸게 판매하고, 동네 고객은 편리함을 얻는 대신 가격 차이를 기꺼이 지불하는 것이 좋은 예다.

하지만 엄밀하게 말하면 차익거래란 한 자산의 가격이 두 시장에서(혹은 파생상품의 형태로) 서로 다를 때 이 자산을 동시에 사고팔면서 두 시장에서의 가격 차이를 이용해 수익을 얻는 행위를 가리킨다. 베팅 회사마다 다른 승률을 제시하는 경우가 있는 것처럼, 금융시장에서 차익으로 이익을 보려는 투자자들은 자신들이 이익을 확보한 상태에서 매도와 매수를 할 수 있는 기회를 제공해주는 시장의 비효율성을 찾아내려 한다.

모터마우스사의 주식이 도쿄 주식시장에서는 38.47달러에 거래되고 있는데 런던에서는 38.52달러로 거래되고 있다는 걸 알았다고 해보자. 그러면 이론적으로는 가격 차이가 유지되고 있다면 도쿄에서 주식을 사서 동시에 런던에서 팔아버리면 이익을 얻게 된다. 시장에는 특정 상품을 대상으로 이런 기회를 노리는 개인 투자자와 조직이 아주 많다. 아마존에서 책을 한 권 사서 더 비싼 값에 이베이에서 즉시 팔아버리는 것도 그런 예다.

외환시장에서는 좀 더 복잡한 방식으로 거래가 이루어진다. 유로, 파운드, 달러의 환율이 전 세계 시장에서 아래와 같이 형성되어 있다고 해보자.

- **외환시장1**   1파운드에 1.45달러

- **외환시장2**   1달러에 0.8유로
- **외환시장3**   1유로에 0.88파운드

100파운드를 갖고 투자를 한다면, 이를 145달러로, 그러고 나서 116유로로, 그리고 다시 102.08파운드로 바꿀 수 있으므로 이 거래를 통해서 2%의 이익을 낼 수 있다. 2.08파운드가 그리 큰 액수가 아닌 것처럼 보이겠지만, 초기 투자금이 1만 파운드였다면 이익은 208파운드이므로 무시할 액수가 아니다.

물론 시장에서 실제로 이런 틈새를 찾아내기란 쉽지 않고, 설령 있다고 해도 전 세계의 수많은 펀드들이 순식간에 이 차이를 메꾸는 거래를 해버리므로 가격은 금방 평형 상태로 돌아간다. 게다가 거래가 실제로 동시에 이루어지도록 하는 메커니즘도 필요하고, 거래 수수료도 고려해야 한다. 하지만 차익거래의 기본 원리는 수많은 헤지펀드와 투자자들이 존재하는 근본 이유다. 특히 자동화된 차익거래는 아주 작은 차익을 찾아내어 대량으로 차익거래를 해서 이익을 내는 구조다.

상승장과 하락장

역사적으로 보면 주식시장에는 엄청난 급상승과 폭락이 많이 일어났다. 오래된 예로는 17세기 네덜란드에서 있었던 튤립 광풍이 있다. 시장이 붕괴하기 직전까지 튤립 송이의 값이 천정부지로 치솟았었다(역사적 측면 때문에 이 이야기는 조금 과장된 면이 있지만 어쨌거나 실제로 있었던 일이긴 하다). 1873년의 폭락은 유럽과 미국에 장기불황*을 가져왔다. 1929년의 월스트리트 대폭락은 대공황으로 이어졌고, 2008년 금융위기의 주범으로는 부동산 파생상품 붐이 꼽힌다. 부동산, 주식, 파생상품에 이르기까지 분야를 가리지 않고 역사적으로 시장에서는 수백 번의 급상승과 폭락이 반복되었다.

시장의 장기적인 움직임을 살펴보면 누구나 주가가 상승하리라고 생각하는 상승기와, 반대로 생각하는 하락기가 나타난다. 시장의 변화 주기에서 현재의 위치를 정확히 알기는 어렵기 때문에 지금이 어느 상황인지에 관한 논쟁은 끝없이 이어진다. 그러므로 과연 무엇이 합리적인 것인지를 판단하기 어렵게 만드는 근본적 원인이 무엇인지를 수학적 관점에서 살펴보는 것은 흥미로운 일이다.

경제학자 존 메이너드 케인스가 고안한 케인스 미인대회Keynesian beauty contest라는 개념이 있다. 100매의 사진에서 가장 매력적인 얼굴 6명을 선택한다. 모든 참가자가 고른 평균에 가장 가깝게 선택한 참가자가 우승한다. 케인스는 여기서는 자신이 선호하는 6명이 아니라 다른 사람들이 평균적으로 선호할 것 같은 사람을 선택하는 것이 합리적 행동이라고 지적했다. 더 복잡한 문제는… 자신뿐 아니라 다른 사람들도 마찬가지로 행동할 것이라는 점이다. 그러므로 이 문제는 다른 참가자들이 누구를 선호할 것이냐가 아니라, 다른 참가자들이 전체 참가자들이 평균적으로 선호할 것이라고 생각하는 얼굴을

---

* The Long Depression. 이때의 불황이 고유명사화됨. (옮긴이)

찾아야 된다는 문제가 된다… 결국 합리적 행동이라고 규정하는 행동에 일종의 순환 고리가 만들어지는 것이다.

케인스의 논점은 주식시장도 마찬가지 원리로 움직인다는 데 있었다. 가장 성공적인 투자자는 진정한 가치가 있는 숨은 주식을 찾아내는 사람이 아니라, 시장이 선호할 주식을 예측한 사람인 경우가 많다. 그러므로 누구나 주가수익비율 같은 지표나 고든 방정식을 이용해서 기업을 분석할 수 있지만, 다른 사람들(특히 시장에 큰 영향을 미치는 대형 펀드)은 그런 공개적인 정보를 어떻게 활용할지에 대해서도 생각해야 한다. 그런 뒤에 그들이 다른 투자자들은 그런 정보를 어떻게 활용할지를 생각하는지에 대해 생각해보는 식으로 계속해서 이어진다.

이런 순환 고리를 수학적으로 이해하려면 내시평형Nash equilibrium이라는 개념을 살펴봐야 한다. 두 명 이상의 참가자가 서로 나머지 사람들의 평형 전략을 알고 있는 상황에서 경쟁하는 상황을 다루는 수학의 한 분야인 게임 이론에 나오는 개념이다.

한 예를 살펴보자. 이른바 p-미인대회는 케인스 미인대회의 변형이다. 게임 참가자는 전체 참가자가 0부터 100까지의 수 중에서 떠올린 값의 평균의 $\frac{2}{3}$가 몇인지를 알아맞혀야 한다.

일단 당연히 66보다 큰 수는 답이 될 수 없다(전원이 100을 떠올렸을 때 평균의 3분의 2가 66이므로). 자, 이제 참가자들이 0~66 사이의 값을 균일한 분포로 떠올렸을 거라고 가정하면 그 평균이 33이므로, 우선은 33의 $\frac{2}{3}$인 22를 답으로 제시하는 것이 타당해 보인다. 하지만 다른 사람들도 같은 논리로 마찬가지 결론에 도달했다고 가정할 수 있다.

즉 다른 사람들도 22라고 예상하고 그 숫자를 떠올렸을 거라고 추론하면 이제 22의 $\frac{2}{3}$인 14라고 답을 제시해야 된다. 역시 다른 사람들도 마찬가지 추론을 했다면 또 14에 $\frac{2}{3}$을 곱한 값을 선택해야 하고 이 추론은 끝없이 계속된다. 그러므로 모든 참가자가 논리적으로 도달하는 값은 0 아니면 1뿐이고 이것이 내시평형 상태다. 하지만 현실에서는 모든 참가자가 완벽하게 합리적이지는 않아서(자신을 제외한 나머지 모두가 비합리적이라고 가정할 수도 있다) 이런 논리 전개를 따라오지 않을 수도 있으므로, 현실의 결과는 내시평형 상태와 다를 수 있다.

이 게임을 심리학 실험으로 해보면 실제로 이런 결과가 입증된다. 사실상 무한히 계속되는 순환 고리에서 참가자가 몇 단계까지 가느냐에 따라 참가자를 구분할 수 있다. 레벨0 참가자는 33이라고, 레벨1 참가자는 22라고 생각하는 식이다. 심리학자들이 수행한 실험에서 대부분의 참가자는 레벨0에서 레벨3 사이였고, 평균적으로 제시한 값은 15에서 20 사이였다.

게임 이론 관련 문헌에서는 이 레벨을 참가자의 '추론 심도'를 측정하는 지표로 보기도 한다. 하지만 아주 뛰어난 참가자라면 다른 참가자의 수준을 고려해서 이런 답을 낼 수도 있으므로 이 지표는 잘못된 것이다. 이 게임의 승리자는 평균적으로 어떤 레벨의 추론이 나올지를 생각해내는 사람이지, 사실상 모든 참가자가 무한 순환 고리의 논리를 적용할 것이라고 생각하는 사람이 아니기 때문이다.

사실 사업이라는 것은 케인스 미인대회와 아주 비슷하다. 이성적인 출판사는 잘 팔릴 것 같다고 자신이 여기는 책을 출간하는 곳이 아니라, 독자들이 많이 살 책을 출간하는 곳이며 그것이 합리적이다

(최소 공약수를 찾아내려고 애쓰는 곳이라는 의미이기도 하다). 게다가 이는 출판사 입장에서는 영업 부서가 그 책이 잘 팔릴 것이라고 믿고 있어야 한다는 의미다. 그리고 영업 부서는 서점들이 고객들이 이 책을 좋아할 것이라고 생각해야 한다는 뜻이므로 이 시장에는 이미 일종의 순환 고리가 존재하고 있는 것이다.

상승장과 하락장을 다시 생각해보면, 시장은 비이성적이라고 생각하기 쉽다. 호황일 때는 사람들이 특정한 자산의 가격이 물가 상승률보다 영원히 더 많이 상승할 수 있는 것처럼 행동한다. 어느 시점에 가서 결국 주가가 정체되거나 폭락하면 비로소 공포가 자리를 잡기 시작하고, 주가는 이성적으로 하한이라고 생각되는 수준보다 더 아래로 폭락한다. 하지만 케인스 미인대회 개념을 새겨두고 있다면, 두 경우 모두 결국엔 모두가 다른 사람이 무슨 생각을 하고 있는지를 알아내려고 애쓰고 있는 시장에서 일어나는 이성적인 상황이라는 걸 알 수 있을 것이다. 시장에서는 지극히 이성적인 다양한 추론들이 끊임없이 조합되며 일어나고 있고 그 결과가 아주 혼란스러울 수도 있을 뿐이다. 튤립 광풍이 불었을 때 튤립 한 송이 가격이 집 한 채 가격이었던 것처럼.

이런 생각을 여러 투자가들과 금융계 사람들이 믿으라고 이야기하는 효율적 시장 가설과 연결시켜 생각해볼 필요가 있다. 이 관점에 따르면, 모든 사람은 주식의 가치를 평가할 때 같은 정보를 이용할 수 있으므로 주식은 항상 공정가격fair value으로 거래된다(시장가격과 공정가격 사이에 괴리가 발생하면 누군가 곧 이를 알게 되어 거래 가격이 공정가격이 될 때까지 매입이나 매수가 지속될 것이므로). 이는 사실상 주식을 값싸게 매입하기란 불가능하다는 것을 의미한다. 하지만 이런 생각은 사람들이 자신은 시장을 이길 수 있다고 믿고 있다는 사실과는 모순된다.

《비이성적 과열》을 쓴 로버트 쉴러 같은 경제학자들은 오히려 반대로, 효율적 시장 가설로 설명하기에는 시장의 변동성이 너무 크다고 주장한다. 아마도 가장 단순한 설명은, 케인스 미인대회의 논리를 빌려서 이야기하자면, 자산의 정확한 가치를 정의하는 것은 사실 불가능하고, 이것이 사람들의 완벽하게 이성적인 행동과 결합되어 아주 비이성적인 시장의 모습으로 나타나고 있다고 해야 할 것이다.

투자자와 켈리 베팅

/

워런 버핏과 빌 그로스같이 세계적으로 가장 성공적인 투자자들은 부를 형성하는 과정에서 켈리 공식(3장 참조)을 어느 정도 이용한다. 이 방법을 이용하면 투자나 도박을 할 때 유용할 것이다. 물론 이런 사람들이 이 방법만 쓰는 것은 아니지만, 특정 자산에 자신이 갖고 있는 자본 중 어느 정도를 투자할지를 결정해야 할 때 매우 큰 도움이 된다. 워런 버핏의 동업자인 찰스 멍거Charles Munger는 투자 자본을 적절히 투입하는 것이 얼마나 중요한지에 대해 이야기한 적이 있다. "현명한 투자자는 기회가 왔을 때 크게 투자합니다. 승산이 있을 때 큰돈을 거는 거죠. 그 외의 경우에는 그러지 않아요. 간단한 겁니다." 손실을 보는 투자가 완전히 헛된 일이 되지 않게 하려면(도박에서는 그렇게 되지만) 이 기준을 단순화해서 투자에 적용할 수 있다. 이때 사용하는 공식은 이렇다.

$$\text{투자할 자본의 비율} = \frac{\text{총 기대수익}}{\text{분수식 배당률}}$$

어떤 투자를 할 때 총 기대수익을 계산하려면 우선 각각의 결과가 나올 확률을 구한 뒤 이를 해당 결과에서 나오는 수익이나 손실의 %비율과 곱한다. 예를 들어 비슷한 자산의 최근 100번의 거래 결과를 정리해서 다음과 같이 표로 만든 경우를 보자.

거래 횟수	수익률
25	6%
20	2%
40	0%
15	-4%

표6

다음 번 유사 거래에서 기대수익은 아래와 같이 계산한다.

$$(0.25 \times 0.06) + (0.2 \times 0.02) + (0.4 \times 0) - (0.15 \times 0.04)$$
$$= 0.013$$

그러므로 기대수익은 0.013 =1.3%이다.

분수식 배당률을 계산하려면, 실패 횟수와 성공 횟수를 비교한다. 15번 실패하고 45번 성공했으므로 배당률은 1 대 3, 혹은 1/3이므로 총 기대수익을 0.33(=1/3)으로 나누면 3.9%가 된다.

그러므로 이 시나리오에서는 갖고 있는 자본의 최대 3.9%를 이 자산에 투자하면 된다(만약 어떤 자산이 75%의 거래에서 돈을 잃었고 25%의 거래에서 돈을 벌었다면, 3으로 나누어 더 작은 금액을 투자하라는 이야기이고, 직관적으로도 당연한 이야기다. 소수점식 배당률 -1을 대신 사용해도 된다).

물론 도박의 경우와 마찬가지로 이 방법은 투자할 때 아주 기초적인 지침만 제공할 뿐이다. 하지만 투자의 위험도에 따라 갖고 있는 자산의 어느 정도를 투자할지에 대한 기준을 제시해주므로 매우 유용한 도구임은 분명하다. 이 기준이 실제 투자에서 의미가 있는지에 대해서 학문적으로도 많은 논란이 있고, 어쩌면 워런 버핏도 그저 계속 이기는 운이 따라줬던 사람일 뿐이었는지도 모른다. 하지만 워런 버핏에게 아주 좋았던 이론이라면 누구에게나 좋은 이론일 것이라고 믿어 의심치 않는다.

저위험 고수익 투자

/

주식이나 파생상품 투자가 누구나 할 만한 것은 아니다. 하지만 여기에 투자하기로 마음먹었다면 이와 관련된 기본적인 수학 개념은 알아둘 필요가 있다. 성장 가능성이 높은 자산을 찾아내고 위험을 최소화하는 포트폴리오를 구성하는 방법, 기업 가치를 평가하는 몇 가지 방법 등은 이미 살펴봤다. 성공적인 투자자들 대부분은 이런 방법을 다양하게 사용할 뿐 아니라 장기간의 경험을 통해 해당 기법의 의미를 잘 이해하고 있다. 그러므로 워런 버핏 같은 부호들이 어떤 기법을 사용하는지 알아보는 것도 의미가 있겠지만, 가장 중요한 것은 이런 재무적 기법을 매일 사용하면서 경험을 쌓는 것이다.

흔히 "오마하의 현자"라고 불리는 버핏은 자신이 추구하는 가치 투자는 "벤저민 그레이엄Benjamin Graham 85% 따라 하기"라고 말하곤 했다. 그레이엄은 경제학자이자 전문 투자자이면서 이젠 고전이 된 책 《안전성 분석과 현명한 투자자Security Analysis and The Intelligent Investor》의 저자이기도 하다. 그는 자신이 창안한 가치 투자 개념을 1920년대에 컬럼비아 경영 대학원에서 가르쳤다.

그는 미스터 주식시장이라는 사람이 매일 아침 집으로 주식을 팔러 온다는 우화를 즐겨 이야기하곤 했다. 그가 제시하는 가격은 대부분 타당한 수준이지만 어쩌다 가끔씩 값이 너무 비싸거나 싸 보이는 날이 있었다. 케인스 미인대회에서와 마찬가지로 가격의 등락이 합당한지 아닌지는 문제가 아니었지만 가격의 오르내림은 종종 과해 보였다.

이 우화가 말하려는 핵심은 투자할 때 시장의 변덕을 너무 심각하게 받아들이지 말고 본질 가치라는 개념에 집중하라는 데 있다. 카지노에서 카지노의 확률적 우위가 뒤집히면서 손님에게 유리한 상황이 되는 순간을 찾는 도박꾼과 마찬가지로, 현명한 투자자라면 주식의 시장 거래 가격이 본질 가치보다 낮아지는 순간(주식을 매입하기에 적절한 때) 혹은 그 반대의 상황(보유 주식을 팔아야 할 때)을 찾으려 한다.

주식의 본질 가치를 찾아내기 위해 워런 버핏이 사용하는 다양한 공식 중 하나는 그레이엄이 이야기했던 것이다. 그는 5년 동안의 내부 유보 수익(배당금으로 지급되지 않은 수익)을 시가총액의 증가량과 비교해서 기업이 미래를 위해 적절히 투자하고 있는지를 알아내려고 했다. 기본적인 법칙은, 시가총액 증가액이 총 내부 유보 수익과 같거나 그보다 많다면 그 기업은 유보 수익을 잘 투자하고 있다는 것이다. 왜 이런 접근이 상식적으로도 타당한지에 대해 버핏은 간단히 이유를 설명했다.

"주주 입장에서는 기업이 고수익을 낼 것 같다면 기업이 수익을 재투자하는 편이 낫고, 기업이 수익을 재투자해도 미래 수익이 낮을 것 같다면 수익을 배당으로 나눠주는 편이 낫다."

이 이야기는 기업이 얻은 수익을 재투자해서 더 큰 수익을 낼 수 있다면 수익을 배당금으로 지급하지 않고 재투자하는 편이 모든 수익을 배당금으로 지급하는 것보다 주주에겐 낫다는 뜻이다.

버핏은 이런 법칙이 주식시장이 급격히 붕괴하고 기업의 내부 유보 수익이 낮은 수준으로 떨어졌던 1971년부터 1975년 사이와 2009년에는 통하지 않았었다고 최근에 인정한 바 있다. 또한 이런 경우에는 시가총액의 증가액이 아니라 주가 변화율을 시장의 평균과 비교해야 한다고 말한다. 시장이 상승기일 때도 이 방법을 사용하는 편이 나을 수 있다. 시장이 상승세여서 주가가 오르는 상황에서는 실적이 주가 상승과 보조를 맞추기 때문에 그 기업이 현명하게 투자하지 않는 것처럼 보이기도 하기 때문이다.

지금까지 살펴본 다른 투자 공식과 마찬가지로 이 방법도 기업을 평가할 때는 다른 측정 지표와 함께 사용해야 한다. 하지만 어떤 기업에 투자하기로 마음먹었다면 경영진이 내가 투자한 돈을 나보다 더 잘 굴려줄지 판단해보는 일은 아주 기본적인 절차다.

> **퀘스트**
>
> 오마하의 현인이 쓰는 기본 법칙으로부터 자신의 자산을 다루는, 아주 단순해서 별다른 설명이 필요 없는 기본적인 수학 법칙을 이끌어낼 수 있다. 즉, 투자를 위탁할 때는 스스로 만들어낼 수 있는 수익보다 더 높은 수익을 기대할 수 있는 경우(수수료와 비용을 제한 뒤에도)에만 돈을 맡겨야 한다.

비이성적 투자자

도박을 할 때 비이성적 선택을 하게 만드는 몇 가지 편견과 함정에 대해 이미 앞 장에서 살펴보았다. 하지만 사람이 도박을 할 때만 환상에 끌리거나 혼란에 빠지는 건 아니다. 투자가나 사업가도 인지 편향cognitive bias, 낙관 편향optimism bias, 효용 편향availability bias, 행운이 연속될 거라는 착각hot-hand fallacy에 희생당하기 쉽기는 마찬가지다. 운 좋게 어느 한 해의 실적이 좋았던 영업 사원을 승진시키는 상사, 실적을 평가할 때 운이라는 요소의 영향을 저평가하는 펀드 매니저에서부터 손실이 계속되는데도 결국엔 이익을 내게 되어 있다고 생각하는 투자자에 이르기까지 도박이나 사업에서 일어나는 잘못된 선택을 한 가지 편향만으로 설명하기란 힘들다.

나심 탈레브Nassim Taleb는 단지 지금까지 일어난 적이 없기 때문에 사실상 불가능하다고 여겨지는 사건을 '검은 백조' 이야기에 빗대어 이야기했다. 그가 말하려던 것은 사람들이 미래를 예측할 때 과거의 경험에 근거한 귀납적 추론에 너무 의존한다는 것이다. 애널리스트들은 전 세계적으로 금융위기를 불러왔던 서브프라임 시장의 붕괴를 해당 사건이 일어나기 전까지는 6-시그마σ 사건, 그러니까 확률적으로 평균에서 표준편차의 6배만큼 떨어진 것으로 다루고 있었는데 이는 대략 10억 분의 2 정도의 확률이었다. 아마도 수학적 모델에 지나치게 의존하면 얼마나 커다란 재앙을 맞이할 수 있는지를 보여주는 좋은 예일 것이다.

미신이나 다름없고 사실상 의심스럽기 짝이 없는 대부분의 도박 베팅 기법 수준이면서 수학으로 포장된 몇 가지 투자 공식이나 기법에 대해서도 언급할 필요가 있을 것 같다. 대표적으로 투자자들이 주가 차트를 보고 주가의 패턴을 이해할 수 있다고 믿는, 미신이나 다름없는 주가 차트 맹신주의chartism을 들 수 있다. 이런 사람들은 주가 차트에 나타나는 소위 "머리와 어깨"나 "손잡이와 컵" 모양을 이용해 미래의 주가를 예측할 수 있다고 믿는다. 이는 무작위한 정보에서 특정한 패턴을 찾으려는 잘못된 접근을 보여주는 아주 명백한 사례이고, 이들 대부분은 자신의 예측을 확인할 별도의 수단을 갖고 있는 경우가 아니라면 투자자로서는 아주 나쁜 성과를 보여주는 부류다.

전혀 논리적이지 않은 추론을 전문적으로 들리는 용어로 포장한 또 다른 예로 다우Dow 이론이 있다. '상승 추세', '하락 추세', '조정correction' 같은 용어를 사용하면서 마치 과거의 정보를 이용해서 투자자들에게 미래를 손쉽게 예측할 수 있다는 착각을 일으키는 악영향을 미친다. 그 결과, 급격한 상승이 이루어진 뒤에는 상승폭의 50% 정도 수준으로 주가가 하락한 뒤에야 다시 상승이 일어나고, 이 이상 하락한다면 더 큰 하락이 따라올 것이라는 50% 법칙과 같은 위험한 접근법이 만들어지기도 한다. 실제로는 존재하지 않는 패턴을 찾으려 하는 이런 이론에 의존하게 되면 투자자는 지나친 확신을 갖기 쉽다.

퀘스트

제대로 된 수학적 도구와 상식적으로 타당한 방법을 이용해서 투자 기회를 분석한다. 무작위성밖에 존재하지 않는 정보로부터 특정 패턴을 찾아준다는 기법은 사용하지 않는다. 좀 더 전문적인 분석 방법을 사용할 때는 정보의 양이 적은데 커다란 결론을 이끌어내려고 하지 않아야 한다.

4장 요약

1. 주식으로 수익을 내고자 한다면 우선 다양한 자산의 가치가 변동하는 기본 원리를 확실히 이해해야 한다.
2. 좋은 투자 기회가 왔을 때는 재무적 비율과 기타 수학적 기법 등을 이용해서 대상을 분석한다.
3. 주가 차트 맹신주의 같은 말도 안 되는 방법을 멀리하고, 데

이터가 적을 때는 패턴이 보인다고 착각하기가 쉬우므로 항상 다량의 데이터를 이용해서 분석하도록 한다.

4. 포트폴리오 이론은 사실 어렵긴 하지만(게다가 좀 지루하다), 위험을 줄여주고 최대한 효과적으로 분산투자할 수 있게 해준다.

5. 확실히 이해하고만 있다면 헤징, 차익거래, 켈리 조건은 수익을 내는 데 아주 효과적인 도구다.

6. 누구나 알고 있는 걸 모든 사람들이 이야기하고 있을 때는 수학적으로 무한 반복되는 순환 고리가 만들어져 있는 것이므로 아주 비이성적인 결론에 도달할 수 있고, 결과 예측도 사실상 매우 어렵다.

제5장

시스템의 허점을 파고들다

"전투에 패한 지휘관은 사전에 단 몇 가지만 고려한다.
결국 많은 것을 고려해야 승리할 수 있으며
그렇지 않으면 패한다. 누가 이기고 질지는
이 점을 잘 보면 알 수 있다."

순자

지금까지는 수학이 도박, 사업, 투자에 '직접적'으로 적용되는 경우에 대해서만 살펴봤다. 그러나 수학을 이용해서 보다 '수상쩍은' 이득을 확보했다고 생각하는 사람들의 사례도 차고 넘친다. 이들 중에는 법적·논리적으로 받아들일 만한 사람도 있고 비교적 그렇지 못한 사람도 있다. 하지만 이런 기법들을 윤리적 관점에서만 바라보지는 말자. 이 책의 목적에 비춰볼 때, 특정 해킹이나 크래킹의 도덕성에 관한 합리적인 질문은 다음 소제목과 같을 수 있다….

에드 소프라면 어떻게 할까?

수학 교수이자 도박을 좋아했고, 세계 최초의 퀀트 헤지펀드* 설

---

* quant hedge fund. 수학을 이용한 정량적 분석으로 운영하는 헤지펀드. (옮긴이)

립자인 에드 소프는 매력적이고 흥미로운 인물이다(퀀트는 정량분석 quantitative analysis의 약칭으로, 금융 분석에 컴퓨터를 이용함을 의미한다). 그는 박사 과정 시절에 켈리 조건에 관심을 갖게 되었고 초기 컴퓨터를 이용해서 도박에 적용할 수 있는 전략을 실험하는 데 필요한 프로그램 작성법을 익혔다. 카드 카운팅을 활용하면 블랙잭 게임에서 카지노가 갖고 있는 근본적 우위를 극복할 수 있다는 확신을 갖게 된 후, 돈 많은 도박사였던 매니 키멜Manny Kimmel을 설득해서 1만 달러를 빌려 라스베이거스, 르노, 레이크 타호의 카지노를 돌면서 자신의 이론을 실험해보았다. 첫 주에 돈을 두 배 이상으로 불릴 수 있었고, 계속해서 이론을 시험해나갔다(바카라나 백개먼 같은 다른 게임에도 적용해보았다). 많은 카지노가 그의 입장을 막았기 때문에 종종 수염이나 선글라스 등으로 변장했고, 조금 수상한 냄새가 나는 어느 카지노는 그를 약에 취하게 만든 적도 있다고 한다. 1962년에는 카드 카운팅 기법을 대중에게 알린 베스트셀러 《딜러를 이겨라 Beat the Dealer》를 출간했다. 이후 카지노들은 이 기법에 대응할 방법을 강구해야만 했다.

그는 클로드 섀넌(Claude Shannon, 수학자로서 아주 성공한 인물이고, 제2차 세계대전 중 암호 해독으로도 유명하다)과 함께 정말 놀랍도록 특이한 실험을 진행하기도 했다. 둘은 세계 최초로 몸에 장착하는 휴대용 컴퓨터를 설계해서 소프의 다리에 매달았는데, 이 컴퓨터는 귀에 장착된 장비와 가느다란 전선으로 연결되어 있었고 이를 통해 소프는 섀넌과 무선으로 통신할 수 있었다. 이들은 룰렛 구슬이 던져질 때 구슬의 속도와 궤적을 바탕으로 구슬이 어느 칸에 걸릴지 예측하는 방법을 만들어냈다. 완벽하진 않았지만 38개의 칸 중에서 6개 칸 정도로 결과를 좁힐 수 있었으므로 게임에서 아주 유리한 상황을 만들 수 있었다. 실험적으로 한 시간 동안 가상 게임을 해본 결과, 각 번호마다 25달러를 베팅했을 때 8,000달러 정도를 딸 수 있었다. 컴퓨터는 연구실 환경에서는 잘 동작했지만, 카지노에서 사용하기엔 실용적인 문제가 있었으므로(귀에 연결된 전선이 떨어진다거나, 너무 잘 노출된다거나) 실제로 사용하긴 힘들었다. 어쨌건 소프에게는 이런 시도가 그저 돈을 버는 방법을 찾는 과정이라기보단 순수하게 학문적인 입장에서 진행해본 실험일 뿐이었다.*

세월이 지나며 소프는 주식시장에 점점 더 관심을 갖게 되었고 자신이 개발했던 방법(컴퓨터를 이용해서 확률의 패턴을 분석하는 것)을 훨씬 다양한 분야에 적용할 수 있다는 것을 깨닫는다. 그는 안정적으로 이익을 보장해주는 작은 상관관계와 특이점들에 관한 분석에 집중했다. 그리고는 첫 저서에 이어 《시장을 이겨라Beat the Markets》를 1967년에 출간한다. 이어서 1969년에는 최초의 퀀트 헤지펀드로 여겨지는 프린스턴 뉴포트 파트너스를 설립했다. 설립 후 18년 동안 초기 투자금 140만 달러를 2억 7,300만 달러로 늘렸고, 한 분기도 빼놓지 않고 수익을 냈다. 물론 이런 결과는 그가 선구자였기에 가능한 면이 많긴 하다. 지금은 너무나 많은 퀀트 펀드와 다양한 펀드가 컴퓨

* 1970년대 캘리포니아주립대학교 산타크루즈(UCSC) 물리학과의 소규모 대학원생 모임인 에우데몬스(Eudaemons)가 과학계 지원에 쓸 자금 조달 목적으로 좀 더 개선된 형태의 룰렛 예측기를 만들었다. 이 장비를 이용해서 1만 달러를 땄으므로 실험은 성공적이라고 할 수 있었지만, 장비와 관련된 문제로 인해 이들 또한 결국 이 프로젝트를 취소할 수밖에 없었다.

터 분석을 활용해서 자산을 운용하므로 그가 초기에 할 수 있었던 것처럼 시장에서 유리한 위치를 확보하기란 훨씬 힘들어졌다.

2008년 금융위기 이후 그는 월스트리트가 카지노보다 나을 것이 없고, 대형 은행들은 마음대로 규칙을 만들어 시장을 원하는 대로 왜곡할 수 있다고 날카롭게 비판했다. 또한 버니 매도프* 사건이 일어나기 전부터 매도프가 했다는 거래는 사실상 불가능하거나 있지도 않았던 것이라며 사람들에게 주의하라고 이야기하고 있었다. 월스트리트의 내부자라는 매도프의 위치와 감독 기관의 부주의함이 겹쳐지며 소프의 경고는 사람들에게 무시당하고 말았다.

소프는 다양한 사람들에게 영향을 주었다. 워런 버핏은 자신의 헤지펀드 투자자들에게 오히려 소프의 펀드에 투자하라고 권하기까지 했다. 미국의 성공적인 투자 운용사 핌코Pimco의 설립자 빌 그로스는 《시장을 이겨라》를 읽고 투자자로 나선 경우다. 1990년 시타델Citadel 펀드를 설립한 켄 그리핀Ken Griffin도 초기에는 프린스턴 뉴포트 파트너스에서 만든 자료와 추천에 의존하고 있었다.

무언가 영감을 얻고자 한다면 소프의 책들은 읽어볼 만하다 그의 조언 중 몇 가지는 특히 가치가 있다. 첫째, 자신이 투자에서 성공한 이유를 설명하면서 인간이 태생적으로 "정보를 잘 처리하지 못하는 존재"라는 점을 강조한다. 특히 통계에 영향을 미치는 잡음noise과 "가짜 뉴스"에 영향을 많이 받는다고 이야기한다. 그 결과, 아주 탄탄하게 잘 분석된 정보에 의지하는 사람일수록 유리할 수밖에

---

* Bernie Madoff, 피라미드 사기로 부유층을 농락한 사기범. (옮긴이)

없다는 결론에 도달한다. 또한 보다 전통적인 투자에 있어서는, 투자하고자 하는 기업을 직접 발로 뛰어다니며 확인해볼 것(예를 들어 워런 버핏처럼)이 아니라면 주가지수 연동index 펀드에 가입하는 편이 훨씬 낫다고 지적했다. 그는 그 이유로 자신의 분석에 따르면 시장을 이겨보려는 투자자들은 평균적으로 시장보다 2% 못한 결과를 낸다는 점을 들었다. 결국 뭔가 정말 대단한 진짜 정보를 갖고 있는 경우가 아니라면 다른 투자 기법이나 사기에 가까운 방법을 사용하는 것보다 주가지수에 연동해서 투자하면 35년 동안의 투자를 통해서 두 배 많은 수익을 낼 수 있다.

이제 소프의 초기 경력으로 돌아가서, 카드 카운팅 기법에 대해 살펴보도록 하자.

단순히 카드를 세기만 하면

블랙잭은 세계적으로 카지노에서 가장 인기 있는 게임 중 하나다. 블랙잭이 아주 흥미로운 이유는 카드 카운팅 기술을 충분히 능숙하게 쓸 수 있는 사람이라면 확실히 이길 수 있고, 적어도 《딜러를 이겨라》가 출간된 이후에는 카지노도 이를 알고 있다는 점이다.

카드 카운팅에 대해 우선 이야기할 두 가지는 이 기술이 딱히 어렵지도, 그렇다고 쉽지도 않다는 점이다. 실제로 카드를 기억하고 세는 기술에는 무슨 대단한 수학적 능력이 필요한 것도 아닐뿐더러 엄청난 기억력이 요구되지도 않는다. 영화 〈레인 맨〉의 주인공인 차폐증이 있는 학자처럼 카드 여섯 묶음의 순서를 정확하게 기억하는 능력 같은 걸 상상할 필요가 없다. 카드 카운팅은 그보다 훨씬 간단하다. 하지만 엄청난 참을성과 과묵함, 흥분하지 않고 이 기법에 집중하는 능력이 있어야 하고, 고객을 포기하게 만들고 이기기 위해 카지노가 사용하는 다양한 방법들에 대해 잘 알고 있어야 한다.

카드 카운팅 기법을 사용하는 사람들은 블랙잭이 유행하기 시작했을 때부터 수익 순위표의 상위를 점령하고 있었고(미국에서는 1930년대 이후로 블랙잭만이 유일하게 합법적인 게임이 되었지만, 유사한 방식의 게임은 이미 16세기경부터 유럽과 미국에 존재하고 있었다) '블랙잭 4인방'으로 불리던 볼드윈Baldwin, 캔티Cantey, 마이셀Maisel, 맥더모트McDermott가 1957년에 쓴 《블랙잭에서 이기는 법Playing Blackjack to Win》에서 이미 고객에게 유리한 상황을 만드는 방법 중의 하나로 카드들을 기억하는 방법을 소개하고 있다. 하지만 소프가 쓴 《딜러를 이겨라》가 대중적으로 더 알려지면서 훨씬 많은 도박꾼들이(카지노도) 카드 카운팅에 대해 알게 된다.

카드 카운팅의 기본 원칙은 남은 카드(혹은 사용될 카드 묶음)에 낮은 카드(2에서 7까지)의 비율이 높을 때는 딜러가 유리하고, 텐(10에서 K까지)과 에이스(시스템에 따라 다르다)의 비율이 높으면 고객이 유리하다는 데서 출발한다. 한 묶음의 카드만 사용하는 전통적인 방식의 게임에 집중했던 소프는 이를 수학적으로 분석한 뒤 '텐 카운트' 기법을 만들어냈다. 이 기법은 텐 카드* 16장과 나머지 36매의 카드가 각각

---

* 10, J, Q, K. (옮긴이)

몇 장 나왔는지 센 뒤, 후자를 전자로 나누어 그 값으로 딜러의 우위가 어떻게 변하는지 파악했다.

이후에 카드 카운팅 기법을 사용한 대부분 사람들은 더 단순한 방식을 쓰는 것이 낫다는 결론에 도달했는데, 특히 딜러가 한 묶음이 아니라 여섯 묶음의 카드를 사용할 때(카드 카운팅을 쓰기 어렵게 만들려는 카지노 측의 대책이었다) 더 그랬다. 예를 들어 기본적인 '하이로Hi-Lo 시스템'에서는 투부터 식스까지의 카드에는 1, 세븐부터 나인까지의 카드에는 0, 텐에서 에이스까지의 카드에는 -1이라는 값을 부여한다. 그러고는 나온 카드의 값을 계속 더하면서 이 값을 계산하는 것이 전부다(오메가Omega, 하이옵트Hi-Opt, 코KO 등 다른 카드 카운팅 기법도 있다. 하이로 시스템이 가장 많이 쓰이고 상대적으로 효과적이므로 여기서는 이 방법만 다룬다).

이렇게 더해진 값을 어떻게 해석할지는 몇 묶음의 카드가 사용되었는지와 같은 다른 요소에 의해 결정된다. 한 묶음의 카드만 사용하면 카드 카운팅이 너무 효과적이 되므로 요즘엔 그런 카지노는 사실상 없고 대체로 여섯 묶음 정도를 쓴다. '진실의 카운트'를 알아내는 가장 빠른 방법은 남은 묶음의 수를 추정해서 그 값으로 나누는 것이다. 이 방법의 기본 개념은 게임에 사용되고 있는 카드의 수가 적을수록 낮은 카드와 높은 카드의 균형이 영향을 많이 받을 것이라는 생각에서 비롯된다.

이 전략을 사용하는 가장 단순한 방법은 카운트가 음수일 때는 조금 베팅하고, 양수일 때는 많이 베팅하는 것이다(모든 카드를 더하면 0이므로 이 방법을 균형balanced 시스템이라고 하며, 남은 카드의 카운트가 0이면 딜러와 고객 중 어느 쪽도 유리하지 않음을 뜻한다). 조금 더 복잡한 방식을 쓰려면 카운트가 1 늘어날 때마다 베팅을 한 단위씩 올리면 된다.

물론 승률을 높여주는 더 정교하고 복잡한 방법도 있긴 하다. 하지만 카지노도 유명한 책과 기법 정도는 열심히 읽고 연구하고 있기 때문에 많이 쓰이는 방법에 대해서는 이미 잘 알고 있다는 것을 알아야 한다. 그러므로 실제로 이런 기법을 쓴다면 카지노 측이 금방 알아채기 쉽다.

수학적으로 더 복잡한 카드 카운팅 기법도 있다. 예컨대 처음 몇 장의 카드가 나온 뒤 승률이 어떻게 변하는지 분석해, 베팅을 할지 게임을 포기할지를 결정하는 방법이 있다. 이 전략에 대한 상세한 내용을 담은 책이 돈 슐레진저Don Schlesinger의 《블랙잭 어택Blackjack Attack》과 스탠퍼드 웡Stanford Wong의 《프로페셔널 블랙잭Professional Blackjack》이다. 웡은 자신의 이름을 딴 웡 할브스Wong Halves라는 복잡한 카드 카운팅 기법을 만들었는데, 이 기법에서는 텐과 에이스에 -1, 투와 세븐에 0.5, 스리, 포, 식스에 1.5, 에이트에 0, 나인에는 -0.5를 부여한다. 이렇게 해서 실제 승률에 가까운 값을 얻어낼 수 있긴 하지만 당연히 하이로 시스템보다는 훨씬 사용하기 어렵다.

어떤 방법을 배우기로 마음먹었건 효과적으로 카드 카운팅을 사용하려면 연습을 아주 많이 해야 한다. 카지노처럼 시끄럽고 정신을 집중하기 힘든 환경에서 빠른 속도로 카드 카운팅을 적용하기란 결코 쉬운 일이 아니다.

카지노도 카드 카운팅을 쓰는 고객을 찾아내고, 카드 카운팅을 사용하지 못하게 하려고 엄청나게 노력한다. 혹여 고객이 카드 카운팅을 쓴다면 딜러와 감시원이 의심스러운 눈초리로 바라보는 것은 물론, 직원이 다가와 말을 걸면서 주의를 흩트리려 하고, CCTV를 통해서 플레이와 베팅 패턴을 분석한다. 심지어 실험적이긴 하지만 고객의 손의 움직임과 베팅 패턴을 분석해서 고객이 카드 카운팅을 하고 있는지 알아내려는 소프트웨어를 개발하는 연구도 있었다. 카지노는 카드 카운팅을 찾아내려는 목적으로 과거에 카드 카운팅을 했던 사람을 직원으로 고용하기도 한다. 카드 카운팅을 하다가 적발되면 그 카지노 출입이 금지됨은 물론이고, 카지노들끼리 이런 고객에 관한 정보를 공유하므로 다른 카지노에도 들어갈 수 없게 된다.

퀘스트

카드 카운팅에 도전해보고 싶다면 적당한 방법을 골라 배운 뒤 아주 자연스러울 정도로 익숙해질 때까지 연습한다. 카지노는 카드 카운팅을 하는 고객을 찾는 법을 알아보고 대처 방법을 준비한다. 그리고 행운에는 자연스런 편차가 있으므로 카드 카운팅 기법을 사용해서 돈을 따려면 꽤 많은 돈을 갖고 시작해야 한다는 점을 알고 있어야 한다.

이 기법은 누구나 배울 수 있지만, 이를 실제로 사용하기에 태생적으로 더 적합한 성향의 사람이 있다. 카지노의 위치에 따라 적용되는 법규가 다를 수 있으므로 때론 합법과 불법의 경계선에 가까워질 수 있다는 것을 명심하라.

> 카드 카운팅을 사용하면 원리적으로 고객이 살짝 유리해진다. 그러나 이런 사실이 돈을 따도록 보증해주는 것은 아니며 카지노에서 사용하는 대응책으로 인해 카드 카운팅을 실제로 사용하기는 예전보다 힘들다. 하지만 아주 노련한 사람이라면 여전히 이를 이용해서 돈을 딸 수 있다.

MIT 블랙잭 팀

카드 카운팅 기법을 체계적으로 사용한 사례 중에서도 흥미로운 경우로 MIT 블랙잭 팀을 들 수 있다. 1970년대 애틀랜틱시티*에서는 카트 카운팅이 금지되어 있었는데, 1970년대 말 법원이 카지노가 이를 금지하는 것을 (적어도 법적으로는) 막았다. MIT 학생 여섯 명으로 이루어진 팀은 카드 카운팅을 열심히 공부한 후, 봄방학 때 이 기술을 활용해보려고 나서서 돈을 꽤 땄다. 이후 팀은 흩어졌지만 창립 멤버 중 한 명인 J. P. 매서J. P. Massar는 좀 더 체계적으로 자신들의 기법을 다듬어나갔다.

  MIT에서 정규 과목으로 카드 카운팅을 가르쳤던 매서는 네 명으로 팀을 구성한다. 그리고 1980년대에 운 좋게도 하버드 출신으로 몇 년 전에 자신의 블랙잭 팀을 꾸렸던 빌 캐플런Bill Kaplan을 만나게

---

* 카지노로 유명한 미국 동부의 도시. (옮긴이)

된다. 캐플런의 팀은 카지노에 의해 적발되기 전까지 라스베이거스에서 아주 성공적으로 돈을 따고 있었다. 적발 이후 팀은 흩어져서 카드 카운팅을 쓸 수 있는 외국의 카지노를 물색 중인 상태였다.

캐플런은 새 팀에게 자금을 지원해주기로 하면서 대신 사용할 모든 전략에 대해 합의하고 미리 계획할 것을 요구했다. 그는 투자자들로부터 20만 달러를 유치했고 팀은 1980년부터 활동을 시작한다. 첫 해에 이들이 올린 수익은 250%에 달했다.

이후 MIT 팀은 인원을 여든 명까지 늘린 뒤 적은 인원 단위로 움직이면서 1980년대는 물론 90년대에 이르기까지 아주 탄탄한 수익을 투자자들에게 돌려주었다. 1984년에는 이미 캐플런에게 팀원을 알아내려는 카지노 직원들이 항상 따라붙고 있었다. 하지만 지속적으로 새 얼굴로 팀원을 교체하는 방식으로 카지노가 이들을 찾아내려는 것을 어느 정도는 피하는 데 성공했다. 이들이 베팅에 사용했던 시스템은 단순한 편이었지만 정작 카운트를 하는 팀원은 실제 게임에 참여하지 않았으므로 카드 카운팅에 집중하면서도 카지노의 눈을 피할 수 있었다. 그리고 주변 상황이 괜찮을 때가 되면 게임에 참여한 팀원에게 수신호 등을 이용해서 정보를 전달해주었다.

MIT 블랙잭 팀의 사례에서 우리가 얻을 수 있는 교훈이라면, 체계적이면서 효과적인 방식으로 현실에서 사용할 수 있는 방법을 찾아내기만 한다면 카드 카운팅이 확실하게 돈을 벌 수 있는 기법이라는 사실이다.

주사위와 카드 속임수

도박이란 것이 시작된 무렵부터, 덜 양심적인 사람들일수록 어떻게 해서든 유리한 위치에 설 방법을 찾으려 애썼다. 당연히 주사위와 카드 게임에는 온갖 속임수와 사기가 난무했다. 일부 방법은 수학을 조금만 이용하면 알아내고 피할 수 있다. 예를 들어 주사위 게임에서 가장 기본적인 속임수는 실제 주사위를 세 가지 숫자만 쓰여 있는 주사위top나 한 숫자만 계속 나오도록 만들어진 주사위one-way top로 바꿔치기하는 것이다. 두 개의 주사위를 쓰는 크랩스craps 게임에서는 이런 주사위를 이용해서 특정한 수가 나올 확률을 높이거나 낮춘다. 예를 들어 1-3-5만 있는 주사위 두 개로는 7이 나올 수 없다. 주사위를 볼 때는 한 번에 세 개의 면만 보이므로 이런 주사위가 사용되고 있다는 걸 눈치 채긴 쉽지 않다.

일반적인 주사위에는 정형화된 형태가 있다. 예를 들어 1, 2, 3이 보이도록 주사위를 놓으면 그림에서 보듯 점이 반시계 방향으로 늘어난다.

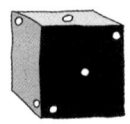

아무것도 적혀 있지 않은 육면체에 이와 같이 숫자를 쓰고 각 면의 반대 면에 같은 숫자를 쓴 뒤, 반대 면에 쓴 숫자가 보이도록 육면체를 놓으면 점이 늘어나는 방향이 반대가 된다. 이 문제를 해결

하는 톱 주사위를 만드는 것은 수학적으로 불가능하다.

주사위를 던져서 나오는 수의 확률은 헷갈린다. 위대한 수학자이자 철학자인 고트프리트 라이프니츠Gottfried Leibniz조차도 주사위 두 개를 던져서 11이 나올 확률이 12가 나올 확률과 같다는 실수를 저질렀을 정도다. 그가 틀렸던 이유는 11과 12가 (6, 5)와 (6, 6)의 조합으로 나온다고 생각했기 때문이다. 하지만 두 주사위 양쪽 모두에서 5와 6이 나올 수 있다. 그러므로 (6, 6)이 나오는 경우는 한 가지뿐이지만, 11은 (5, 6)과 (6, 5) 두 가지 경우에 만들어진다.

누구나 이런 실수를 하긴 쉬우므로 사기꾼들은 언뜻 보기엔 직관적으로 괜찮아 보이지만 실제로는 확률을 잘못 계산하기 쉬운 상황을 만들어서 베팅을 유도하곤 한다.

예를 들어 사기꾼 패거리 한 명이 사기를 칠 대상자가 던질 주사위에서 7보다 8이 먼저 나올 것이라고 돈을 건다. 주사위 놀이를 해 본 사람이라면 8보다(2, 6; 3, 5; 4, 4; 5, 3; 6, 2의 다섯 가지 경우) 7이(1, 6; 2, 5; 3, 4; 4, 3; 5, 2; 6, 1의 여섯 가지 경우) 나오기가 더 쉽다는 걸 알고 있으므로, 패거리의 목표가 된 사람 쪽이 확률적으로 더 우위에 서게 된다. 처음에 돈을 조금만 걸었을 때 목표가 된 사람이 이겼다고 치고, 두 번째 베팅에선 7보다 6이 먼저 나오는 데 돈을 건다. 6이 나오는 경우는 다섯 가지(1, 5; 2, 4; 3, 3; 4, 2; 5, 1)이므로 역시 사기꾼 쪽의 확률이 더 낮다. 이제부터가 진짜 사기꾼들이 행동을 개시할 순간이다. 목표가 된 사람에게 7이 두 번 나오기 전에 6과 8이 한 번씩 나오면 자신들이 이기는 것으로 하고 더 큰 돈을 걸라고 한다.

언뜻 듣기엔 앞서 했던 같은 내기를 확장한 것처럼 들리지만, 이젠 사기꾼 쪽의 승리 가능성이 더 높아진다. 이 게임을 7,744번 하면 4,255번 이긴다(만약 6과 8이 나오는 순서를 정해놓았다면 사기꾼 쪽의 승리 확률이 더 낮다. 왜냐하면 6과 8이 나올 확률이 서로 다르기 때문이다).

주사위 두 개를 던질 때 나오는 결과를 나열한 그림21을 보면 왜 그런지 알 수 있다. 두 주사위 중, 처음 던진 주사위가 그림의 첫 번째 열에 있는 숫자가 나왔을 때 두 번째 열의 숫자가 나오면 두 주사위의 합이 7이 되고, 세 번째 열의 숫자가 나오면 6 또는 8이 된다. 이 단계에서는 세 번째 열의 숫자가 나올 확률이 $\frac{10}{36}$으로 두 번째 열의 $\frac{6}{36}$보다 훨씬 높다. 일단 6이나 8이 한 번 나오면, 8이나 6이 나올 확률이 $\frac{5}{36}$이 되는데, 이제 처음 게임을 시작할 때의 확률과는 다르게 사기꾼 쪽이 이길 확률이 더 높아진다(7이 두 번 나올 확률은 $\frac{6}{36} \times \frac{6}{36} = \frac{36}{1,296}$이고, [6, 8] 혹은 [8, 6]이 나올 확률은 $\frac{10}{36} \times \frac{5}{36} = \frac{50}{1,296}$이다).

주사위A	주사위B (합이 7인 경우)	주사위B (합이 6이나 8인 경우)
1	6	5
2	5	4, 6
3	4	3, 5
4	3	2, 4
5	2	1, 3
6	1	2

그림21

주사위 대신 카드를 이용하는 비슷한 방식의 속임수도 있다. 매버릭 솔리테어Maverick solitaire는 미국의 TV 프로그램 〈매버릭〉의 이름을 딴 게임이다. TV에서는 바트 매버릭Bart Maverick이 52장의 카드에서 임의로 뽑은 카드 25장을 5장씩 5묶음으로 나누는데, 이때 각 묶음 모두가 포커에서 스트레이트 이상의 패가 되도록 할 수 있다는 데 큰돈을 걸었다(즉, 5묶음 각각이 스트레이트, 플러시, 풀하우스, 포카드, 스트레이트 플러시, 로열 플러시* 중 하나가 되게 만든다는 뜻).

이렇게 하기가 언뜻 듣기에는 굉장히 어려워 보이지만, 막상 해보면 그다지 힘들지 않다. 일단 52장의 카드 중 임의로 25장을 뽑을 때 플러시가 가장 적게 확보되는 경우는 두 가지 무늬로 플러시가 하나씩만 만들어지는 때로, (처음 13장을 뽑았을 때) 4장이 두 무늬, 9장이 다른 두 무늬인 경우인데, 이때도 (나머지 12장을 뽑으면 최소한) 두 무늬로 플러시를 만들 수 있으며, 이때 플러시를 만들 수 있는 무늬의 카드 중에서 어떤 카드를 5장 골라서 플러시를 만드느냐에 따라 할 수 있는 것이 많다. 일단 플러시가 된 카드 5장을 갖고 여기에 다른 카드를 넣거나 빼보면 스트레이트와 풀하우스를 그다지 어렵지 않게 만들 수 있다. 풀하우스를 못 만드는 딱 한 가지 경우는 25장의 카드 중에 동일 숫자의 카드가 1가지 혹은 2가지 무늬로만 있을 때이다. 하지만 이 경우엔 스트레이트를 만들기가 쉽다.

파스칼의 삼각형을 이용해서(아니면 컴퓨터로) 이 게임에서 가능한 조

---

* 5매의 카드 중 스트레이트는 카드가 숫자 차례대로 순서를 이루는 것(J, Q, K는 11, 12, 13으로 간주), 플러시는 모두 같은 무늬, 풀하우스는 3매가 같은 수인 동시에 나머지 2매가 같은 수, 스트레이트 플러시는 스트레이트이면서 플러시인 것(즉 같은 무늬의 스트레이트), 로열 플러시는 같은 무늬의 10, J, Q, K, A.

합을 만들어보면 성공 확률이 98%가 넘는다는 걸 알 수 있다. 그러므로 진정한 도박을 해보고 싶다면 오히려 매버릭 솔리테어를 성공시키지 못하는 카드 25장의 조합을 찾는 데 돈을 걸어야 한다.

또 다른 카드 내기 하나는 카드 두 벌을 각각 잘 섞은 뒤에 친구(혹은 사기의 대상자)에게 양쪽에서 한 장씩 선택하도록 제안하는 것이다. 만약 양쪽에서 동시에 숫자와 무늬가 똑같은 카드가 나오면 제안자가 이기고, 카드를 두 장씩 52번 모두 뽑을 때까지 동시에 똑같은 카드가 한 번도 나오지 않으면 상대가 이긴다. 52장씩인 두 벌의 카드에서 각각 한 장씩 카드를 뽑을 때 두 카드의 무늬와 숫자가 같을 확률(예컨대 A묶음에서 뭐가 나오건 B묶음에서 A묶음에서 나온 카드가 나올 확률)은 $\frac{1}{52}$이므로 상대 입장에서는 꽤 괜찮은 내기로 보일 것이다. 하지만 실제로는 제안자 쪽이 이길 확률이 1.7배 이상 높다.*

로열 베트royal bet도 비슷한 내기다. 사기꾼이 고객에게 서로 같은 액수의 돈을 걸고 다음과 같은 조건으로 내기를 제안한다. 고객이 카드 한 벌을 세 묶음으로 나누고, 각각의 묶음에서 한 장씩 꺼낼 때 적어도 한 장이 J, Q, K 중 하나면 사기꾼이 이긴다는 규칙이다. 52매의 카드 한 벌에서 J, Q, K는 총 12매이므로, 언뜻 생각하면 고객에게 유리한 게임처럼 보인다. 하지만 이 내기에서 적용되는

---

* 우선 A덱에서 아무 카드나 하나 고른다. 이와 동일한 카드가 B덱에서도 '같은 위치'에 있을 확률은 1/52이다. 다른 위치에 있을 확률은 51/52이므로, 52장의 카드가 모두 다른 자리에 있을 확률은 $(51/52)^{52}$이다(대략 37%). 그러므로 적어도 하나가 같은 자리에 있을 확률은 100% - 37% = 63%다. 즉 같은 위치에 있을 확률(63%)이 다른 위치에 있을 확률(37%)보다 1.7배 정도 높다. (옮긴이)

확률은 누적된다는 걸 고려해야 한다. 처음에 카드를 한 장 뽑을 때는 확률이 $\frac{12}{52}$다. 이때 J, Q, K 중 하나가 나오지 않으면 두 번째 카드를 뽑을 때는 확률이 $\frac{12}{51}$, 세 번째 카드를 뽑을 때는 $\frac{12}{50}$이 된다. 그러므로 세 장의 카드를 뽑을 때 J, Q, K가 한 장이라도 나올 확률은 $\frac{12}{52} + \frac{12}{51} + \frac{12}{50} = 70.6\%$이고, 약 30% 정도의 경우에만 J, Q, K가 나오지 않는다.

이런 종류의 내기를 살펴보면 두 가지를 알 수 있다. 누군가가 언뜻 듣기에 그럴듯한 내기를 하자고 한다면 확률을 잘 생각해봐야 한다는 점이 첫째다. 둘째는, 약간의 수학적 지식만 있다면 사기가 아니면서 확률적 우위를 점할 수 있는 게임을 할 수 있다는 사실이다.

완벽한 예측이라는 거짓말

수학을 이용하는 가장 기본적인 사기는 태아 성감별 사기다. 사기꾼들은 적은 비용으로 태아의 성별을 (초능력 같은 신비한 능력으로) 감별해주겠다고 하며, 틀렸을 경우에는 비용을 돌려준다고 이야기한다.

당연히 사기꾼들이 하는 일은 내키는 대로 태아의 성별을 이야기하는 것뿐이다. 그러고는 50%의 확률로 돈을 챙기고, 나머지 50%에 대해서는 환불을 요구하는 고객들에게만 돌려주기만 하면 된다.

유명한 '완벽 예측 사기'에도 비슷한 원리가 이용된다. 사기꾼들은 승패가 결정되는 토너먼트 축구 경기나 주식시장의 상승과 하락처럼 대체로 결과가 두 가지로 나오는 사건을 대상으로 선택한다(세 마리의 말이 겨루는 경마처럼 결과의 경우의 수가 적을 때도 적용 가능하다). 그러고는 자신들이 완벽하게 결과를 예측하는 방법을 갖고 있다거나 내부 정보를 입수했다고 주장하며 편지나 이메일 1만 6,000개의 절반에는 A가 이길 것이라고, 나머지 절반에는 B가 이길 것이라는 내용을 담아 발송한다. 결과가 나온 뒤에는 맞는 결과를 보낸 수신자를 다시 반씩 나누어 다음 경기나 주식시장의 결과를 예측하는 메일을 보내고, 그다음 주와 그다음 주에도 똑같이 한다. 그러면 4주 뒤에는 연속 4번 결과가 맞은 메일을 받은 사람 1,000명이 남게 된다. 이제 이 사람들에게 계속 정보를 받고 싶으면 100달러를 내라고 한다. 만약 이들 중 10%만 여기에 응해도 1만 달러를 버는 셈이다(편지나 메일 발신 등에 그동안 들어간 비용은 빼야겠지만). BBC의 리얼리티 다큐멘터리 〈더 시스템〉에서는 진행자가 경마 결과를 5번 연속으로 맞춘 뒤에 6번째 경주에 4,000파운드를 걸라고 한 여성을 꼬드기는 유사한 기법의 사기술을 선보였다. 6번째 경주가 끝난 후 브라운이 진실을 공개한다(실제 6번째 경주에서는 결과를 맞추지 못했는데, 진행자가 여성에게 준 것은 다른 말의 승리에 건 마권이었다. 아마 제작진은 제작비로 모든 말의 마권을 구입했을 가능성이 높다).

존 앨런 파울로스John Allen Paulos는 책 《숫자에 약한 사람들을 위한 우아한 생존 매뉴얼Innumeracy: The Stock Market Scam》에서, 이런 행위가 의도적으로 이루어졌다면 사기죄가 성립되지만, 어떤 예측이건 정도의 차이일 뿐 결과적으로는 비슷하다고 지적한다. 실제로 주식시장 정보지를 발행하는 곳이나 엉터리 약 판매자, TV 전도사들의 이야기는 어느 정도는 예측이 맞고, 이미 회복되고 있는 환자라면 치료 효과가 있는 것처럼 보이게 마련이다. 비이성적인 사람들은 이런 경험을 직접 하고 나면 지나친 신뢰를 하게 되는 경향이 있다.

사실 금융계라는 곳 전체가 이런 실수를 종종 하곤 한다. 나심 탈레브가 《행운에 속지 마라Fooled by Randomness》에서 이야기했듯, 극단적으로 손실을 본 사람은 대체로 업계를 떠나는 반면, 남아 있는 사람들은 그동안 대체로 성공적인 경력을 쌓은 사람들이거나 적어도 아주 크게 실패한 사람들은 아닌 경우가 많다. 어떤 면에선 승자와 패자를 가르는 이유 대부분은 그저 운이라고 해도 과언이 아니다. 그런데 실제로는 살아남은 사람들이 자신의 능력에 지나친 확신을 가지면서 그간 누렸던 운의 역할은 과소평가하는 결과로 이어진다. 헤지펀드 업계에도 비슷한 논리를 적용할 수 있다. 몇 년 동안 계속 좋은 실적을 낸 펀드 매니저들은 마치 신처럼 추앙받고 엄청난 투자금도 몰리지만, 그런 펀드 중 굉장히 많은 곳이 실패하고 만다. 앞서 언급한 TV프로그램 〈더 시스템〉에서 대런 브라운은 심령술이나 동종요법 같은 대체의학을 신봉하는 사람들에게서도 유사한 편향이 작용한다고 지적했다.

이처럼 과거의 성공이 미래의 성공으로 이어진다는 믿음을 철저히 이용하는 사기도 있다. '알고리즘 사기'를 하는 사기꾼들은 자신이 마치 과거에 실제로 성공적인 투자를 했던 것처럼 날조한다. 이들은 자신들이 시장에서 성공률이 높은 비밀의 알고리즘을 보유하고 있는 투자가라고 주장한다. 당연히 이 알고리즘의 자세한 내용은 비밀이다. 여기에 엮인 투자자들은 다양한 결과를 맞이하게 되고 심하면 투자금을 완전히 날린다. 일부 투자자의 투자금은 그냥 주가지수 연동 펀드에 투자해놓고선 비밀 알고리즘을 사용해서 투자하고 있다며 비싼 수수료만 받아 챙기면서 투자자들이 들고 일어날 때까지 적당한 수익만 돌려주는 것이다.

물론 자신들만의 알고리즘을 갖고 있는 퀀트 헤지펀드나 일반 펀드도 있고, 이들 중 일부는 아주 수익률이 높다(6장 참조). 그러므로 이런 사기에 걸리지 않으려면 광고 내용은 무시하고, 실제로 이들이 무엇을 어떻게 하는지를 알아야 한다. 대체로 자신들의 알고리즘을 유독 강조하는 경우일수록 사기일 가능성이 높다고 보면 된다.

폰지 사기와 피라미드 사기

버니 매도프의 악명 높은 펀드 사기는 투자자들을 현혹시킨 일종의 알고리즘 사기였다. 매도프는 과거의 투자 실적을 조작해서 투자자들에게 신뢰를 얻은 뒤 이들을 자신의 회사에 경영진으로 끌어들였다. 게다가 그의 범죄 행각은 여기서 한 발 더 나아갔다. 사실 회사 자체가 통째로 폰지 사기 조직이었고 결국 2008년 금융위기가 닥치자 무너지게 된다.

폰지 사기는 1920년대 이탈리아에서 미국으로 이민 온 찰스 폰지 Charles Ponzi의 이름을 딴 사기 수법이다. 그는 해외에서 할인된 가격으로 구입한 국제우편 반신권返信券*을 미국에서 정상 가격으로 판매

---

* 발송인이 수취인에게 답신용 우편요금을 부과시키지 않고 싶을 때 미리 구입해서 편지에 동봉하여 보내는 일종의 선구입 우표. (옮긴이)

하는 차익거래를 통해 이익을 남긴다고 선전했다. 그러면서 투자자들에게 45일 만에 50%, 또는 90일 후에 100%의 수익을 남겨주겠다고 약속하며 돈을 끌어들였다. 하지만 실제로 그가 한 일은 새 투자자들의 투자금으로 기존 투자자들에게 이익을 챙겨준 것이었고, 이런 구조가 영원히 지속될 리 만무했다.

매도프도 유사한 방식의 사기를 쳤다. 초기 투자자들이 큰 이익을 보자 관심을 갖는 새로운 투자자들이 늘어나기 시작했다. 그는 상당히 지속적으로 이 방식으로 사기를 지속할 수 있었는데, 그 이유는 초기 투자자들이 계속 재투자를 해주었고, 신규 투자자도 꾸준히 유입되었기 때문이다. 심지어 매도프 자신조차도 그런 사기가 그렇게 오래 지속될 수 있다는 사실에 놀랄 정도였다. 게다가 그가 투자했다는 거래들이 실은 거짓임을 밝혀내기가 어려운 것도 아니었다. 2008년에 사기 행각이 드러나며 종말을 맞이했을 때, 투자자들이 받아야 할 원금과 약속받았던 수익은 합쳐서 650억 달러에 달한 상태였다.

피라미드 사기는 폰지 사기와 유사한 구조이긴 하지만 폰지의 경우처럼 최초의 고안자가 모든 것을 총괄해서 운영하지 않는다는 차이가 있다. 보통 투자자들이 직접 다음 단계의 투자자들을 유치하는 방식이며 뭔가 이상한 엉터리 물건을 판매하는 형식을 띈다. 건강 관련 상품을 판매하는 데 투자해서 참여하면 큰돈을 벌 수 있다는 식이 가장 흔하다. 대부분의 경우에 물건을 팔아서 남기는 수익은 적지만 새 투자자를 유치하면 많은 돈을 지급해준다.

이 부분이 피라미드 사기에서 핵심적이다. 참가자는 여러 명의 신

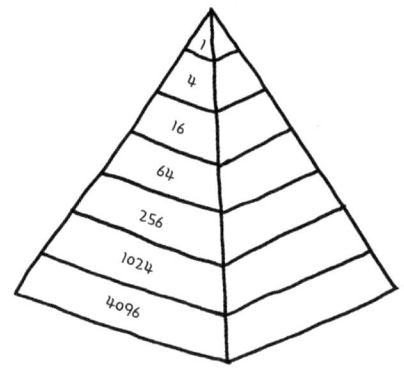

그림22 피라미드 사기의 수학.

규 회원을 유치해야 한다. 신규 회원은 입회비를 지불하고, 이 돈의 일부는 이 사기를 조직한 사람들에게 간다. 초기에 참여한 회원들은 신규 회원 확보가 상대적으로 손쉽기 때문에 약속받은 투자 수익을 어렵지 않게 확보하게 된다.

간단한 수학만으로도 이 사업이 어떤 구조로 되어 있는지 살펴볼 수 있다. 각 회원이 4명의 신규 회원을 모집해야 수당을 받는다고 해보자. 첫 단계에는 이 사기를 고안한 사람이 있다. 그러면 모집해야 하는 신규 회원의 수가 두 번째 단계에는 4명, 세 번째 단계에는 16명, 네 번째 단계에는 64명과 같은 식으로 늘어난다(그림22). 만약 15단계까지 회원을 모집하려면 미국 인구의 세 배에 가까운 10억이 넘는 사람이 필요하다.

그러므로 피라미드 사기는 대체로 꽤 빨리 끝을 맞이한다. 폰지 사기는 믿기 힘들 정도로 오래 지속될 수 있으므로(초기 투자자가 재투자를 하므로), 피라미드 사기를 치는 사기꾼들은 여기에 끌어들인 사람들이 반복해서 회비를 지불하도록 만드는 다양한 방법을 찾아내려고 노력한다. 하지만 피라미드 사기이건 폰지 사기이건 근본적으로 부를 창출하지 않고 재분배할 뿐이므로 태생적으로 결함이 있는 구조에 불과하다.

> **퀘스트**
>
> 누군가 완벽한 예측 기법, 비밀의 알고리즘, 회원 가입을 하면 마법처럼 수익을 내는 방법, 경마의 내부 정보, 비의학적인 태아의 성감별 능력 등을 이야기하고 있다면 일단 의심해야 된다. 이 책의 독자라면 이걸 모를 사람은 없을 듯하지만.

즉석 복권의 패턴

로또 같은 숫자 맞추기 복권은(긁어서 즉석에서 확인하는 방식의 복권도) 도박 중에서도 특히 기대수익이 낮아서, 통계적으로는 초기 투자금의 50%도 기대할 수 없는 경우가 대부분이다. 1등 당첨금이 높기 때문에 특히 빈곤층이 여기에 끌리곤 하지만, 그 때문에 일각에서는 복권이 빈곤층에게 부과되는 세금이나 다름없다고 여기기도 한다. 그런데 이런 복권의 승률을 이겨낸 사람이 적어도 한 명 있었다.

캐나다 토론토 출신의 통계학자 모한 스리바스타바Mohan Srivastava는 친구가 재미삼아 건네준 즉석 복권을 받은 뒤, 당첨이 될 복권을 구분해내보고 싶어졌다. 그는 광산 업체와 관련된 일도 했었는데, 이 일은 제한된 정보만을 갖고 신뢰할 만한 정보를 얻어내야 하는 것이었다. 즉석 복권을 살펴본 그는 대량으로 인쇄되는 즉석 복권 중에서 정확한 매수의 당첨 복권이 인쇄되어야 한다는 사실을 눈치 챘다. 그러므로 복권에 인쇄되는 숫자는 완벽한 무작위일 수 없고 무작위에 가까운 방식으로 인쇄될 터이므로, 이는 어딘가에 결함이 있을 가능성이 있다는 사실을 암시하고 있었다.

그가 특히 관심을 가졌던 것은 틱-택-토tic-tac-toe 게임이 인쇄된 복권이었다. 틱-택-토 복권에 인쇄된 숫자는 무작위로 선택된 것처럼 보인다. 복권의 왼쪽에는 긁으면 보이는 숫자가 두 줄로 나열되어 있다. 이 숫자들이 오른쪽의 틱-택-토 판에서 가로나 세로로 나란히 세 개가 맞으면 당첨금을 받는 식이다. 복권마다 여덟 개의 틱-택-토 게임이 인쇄되어 있으므로, 이론적으로는 여덟 번의 당첨 기회가 있다고 생각할 수 있다.

수학을 배운 사람은 보다 근본적인 패턴을 찾아보도록 훈련받았을 뿐 아니라, 이 과정에서 끈기와 일관성도 얻게 된다. 스리바스타바는 이 복권에 적용된 패턴을 설명할 만한 이론을 계속해서 생각해보았다. 답을 알아내기까지 시간이 꽤 걸리긴 했지만, 알고 나서 살펴보니 어이없을 정도로 단순한 오류가 있었다. 복권마다 인쇄된 숫자를 보면 어떤 숫자는 반복해서 등장하고, 어떤 숫자는 그렇지 않았다. 한 번만 나온 숫자들이 있는 칸만을 표시하자 이런 숫자가 가

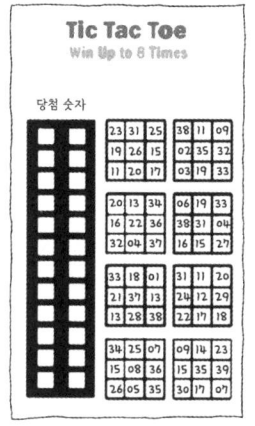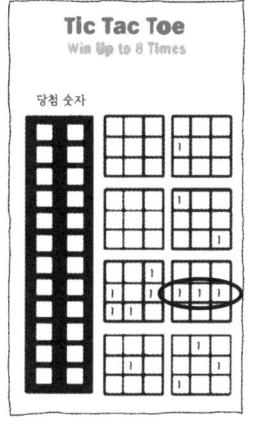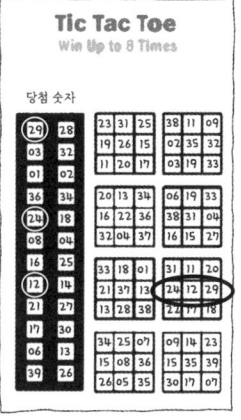

그림23　스리바스타바는 두 번째 그림처럼 빈 칸이 그려진 종이에 각 복권에서 한 번씩만 나타난 글자를 표시하는 방법으로 긁지 않고도 당첨 복권을 알아냈다. 1이라고 써진 칸에 있는 숫자들은 한 번씩만 등장한 숫자다. 이런 숫자가 한 줄로 나란히 선 복권이라면 당첨될 복권이라는 뜻이다.

로나 세로로 세 개가 연속된 칸이 나타났고, 이것은 해당 복권이 당첨 복권이라는 것을 의미했다(그림23).

이 사실을 발견한 스리바스타바는 이를 이용해서 돈을 벌어야 할지 아닐지를 고민했지만, 당첨 복권을 찾으러 판매소를 돌아다니며 일일이 복권을 확인해보는 수고를 할 가치는 없다고 판단했다. 아마 실행에 옮겼다면 일주일에 몇백 달러는 벌 수 있었겠지만, 그로서는 통계학자라는 본업에서의 수입이 더 많았을 뿐 아니라 훨씬 재미있는 일이었다. 결국 그는 자신이 긁지 않고서도 당첨 복권을 알아낼 수 있다는 사실을 복권 회사에 알려준다. 회사 측은 처음엔 그를 이상한 사람 취급하며 만나주지 않았지만, 그가 긁지 않은 당첨 복권을 한 무더기 보내주자 그제야 서둘러 복권 판매를 중단했다.

복권 회사는 이건 아주 드문 경우일 뿐이고, 즉석 복권을 긁지 않고 항상 당첨 복권을 찾아낼 수는 없다고 주장했다. 그리고 복권 회사들은 실제로 그러한지 감사를 받았다. 하지만 스리바스타바는 다른 나라에서도 유사한 오류가 있는 복권을 찾아냈고, 당첨 확률을 적게는 30%에서 많게는 100%로 높일 수 있는 경우를 여러 건 발견한다.

이런 결함을 이용해서 큰돈을 번 사람들이 있다는 확실한 증거는 없지만, 이용한 것으로 보이는 사례는 있다. 매사추세츠주 감사국은 지역 복권 업체를 감사한 후, 누군가가 혼자 2002년부터 2004년 사이에 1,588매의 당첨 복권으로 총 284만 달러를 받아간 사실을 찾아냈다(보고서에서는 이 사람의 신분을 밝히지 않았다). 1999년의 감사 결과에는 상위 열 명의 당첨자가 842번 당첨되어 180만 달러를 수령했다고 실려 있다. 많지 않은 복권 구입 인구를 고려할 때 이 정도로 당첨자가 우연히 몇몇에게 집중되기란 극히 힘들다.

이런 드문 결과는 궁극적으로는 범죄와 연결되기 쉽다. 복권 상금은 그리 크지 않지만, 일부 지역에서는 복권을 돈세탁에 사용한 사례들이 있다. 범죄자들이 수령한 당첨금이 구입금의 50~60% 정도라면 충분히 알리바이가 성립된다. 어쨌거나 누군가가 당첨 즉석 복권을 찾아내는 방법을 알아냈다고 의심하기엔 충분한 정황이다. 모두가 스리바스타바처럼 정직한 건 아니니까 말이다.

복권을 모두 사버리면 어떨까

/

대부분의 도박에서는 확률이 정교하게 조작되어 있어서 고객이 확실히 돈을 딸 수 있는 방법으로 베팅하는 것은 불가능하다. 그런데 추첨식 복권lottery의 경우에는 확실히 돈을 딸 수 있도록 복권을 사는 것이 이론적으로 가능한 상황(예를 들어 1등 당첨자가 한동안 안 나오는)이 간혹 생긴다.

'발행된 복권을 모두 사버리면 어떨까'라는 생각을 한 사람은 많았지만, 조금만 생각해보면 현실적으로는 아주 힘든 일이라는 걸 알 수 있다. 그렇긴 해도, 실제로 몇 번 일어났던 일이기도 하므로 충분한 여력이 있는 상황에서는 가능한 일이다. 1960년대 초 루마니아의 경제학자 스테판 만델Stefan Mandel은 외국으로 이민할 방법을 찾고 있었다. 개인용 컴퓨터가 보급되기 이전의 시대에는 복권의 당첨확률을 계산한다는 것 자체가 엄청나게 힘든 일이었다. 게다가 그는 해외로 가는 항공권을 구입할 자금도 부족했다. 그래서 그는 복권의 6개 숫자 중 적어도 5개를 맞출 수 있는 방법을 찾았다. 다행히 운이 좋았던 만델은 첫 시도에 당첨이 되어 가족과 함께 호주로 이민 갈 자금을 마련하는 데 성공한다.

호주에서 만델은 조금 더 대담한 시도를 계획한다. 그러고는 충분한 자금을 동원할 수 있는 수준의 조직을 구성했다. 이후 수십 년 사이에 이 조직은 호주에서 1등 복권에 열두 번 당첨된다. 만델을 알고 있었고 1992년 아일랜드에서 비슷한 조직을 세운 스테판 클린세비치Stefan Klincewicz는 이런 조직이 당면하는 문제점을 다음과 같이 열거한다. 자금 동원에서부터 시작해서 감독이 가능한 복권 구입 사무실 설치, 구매자를 확보하는 일, 슬립 용지에 정확한 숫자를 써넣을 사람을 확보하는 일 등등. 그리고 슬립 용지는 다양한 경로로 미리 확보해야 하며, 다양한 지역에서 작업해야 하므로 호텔도 여러 곳에 예약해야 한다. 주변의 의심을 사지 않도록 가급적 눈에 안 띄게 활동해야 하며 최종적으로는 구입한 복권을 한곳으로 모아야 한다. 이 모든 과정에는 비용이 들어가므로 예상 수익이 이런 비용을 충당하고도 남을 정도로 충분히 커야 한다.

클린세비치의 경우, 복권 회사가 뭔가 눈치를 채고 대량 판매를 금지했기 때문에, 전체 발행 복권의 88%만 살 수 있었다. 어쨌거나 그가 구입한 복권 중에 당첨 복권이 들어 있었으므로 운이 좋은 셈이었다. 하지만 1등 당첨자가 두 명 더 나오는 바람에 상금을 나누어야 했는데, 이 또한 이런 방식의 대량 구매 전략이 갖는 위험 요소 중 하나다. 소액 당첨 복권까지 모두 합쳐서 계산해보면 이 조직은 최종적으로 수익을 내긴 했다. 그러나 실현 가능했던 수익보다는 현저하게 적은 액수였다.

이즈음 만델의 조직은 호주 정부가 조직적인 복권 베팅을 어렵게 하는 법률을 통과시키는 바람에 어려운 상황에 처한 지 이미 오래였다. 새로운 대상을 물색한 끝에, 이들은 1992년 미국 버지니아를 활동 대상으로 삼기로 한다. 멀리 떨어져 있는 미국의 판매상들과 협상을 거쳐 복권을 구매해야 했으므로 실제 작업은 훨씬 어려워진 셈이었다. 하지만 이들의 시도는 성공적이어서, 2,800만 달러의 1등 복권에 더해 추가적으로 13만 5,000개의 복권이 당첨되는 결과를 얻어낸다. 큰돈을 번 만델은 이후 은퇴해서 남태평양의 작은 섬으로 이주했다.

많은 복권 회사들은 이런 대량 구매를 금지하고 있고, 낌새가 있다면 판매를 중지한다. 또한 1등 당첨자들이 상금을 나누어 받는 식으로, 이런 방식의 구매로는 확실한 이익을 보장 받지 못하도록 만들어놓기도 한다. 만델이라는 인물이 흥미롭기는 하지만, 그를 비롯한 몇몇 성공 사례가 나오면서 대량 구매에 의한 수익 창출은 결국 더 이상 가능하지 않게 되었다.

행운을 눌러요

게임의 빈틈을 찾아서 돈을 번 사람들은 복권에만 집중하지 않았다. 미국의 게임쇼 〈행운을 눌러요 Press Your Luck〉는 운이 아니라 수학적인 패턴을 찾아내면 돈을 딸 수 있는 유별난 게임이었다.

오하이오에서 자란 마이클 라슨 Michael Larson 은 돈을 손쉽게 버는 편법을 찾아내는 데 아주 열정적인 인물이었다. 어렸을 때는 여러 은행에 계좌를 개설하고선 신규 계좌를 개설한 고객에게 주는 소액의 축하금을 받아 챙기기도 했다. 뚜렷한 직업을 갖지 않았던 그는 TV를 보며 시간을 보내다가 TV 게임쇼와 정보제공 프로그램을 통해 돈을 버는 쉬운 방법을 찾아내기에 이른다.

〈행운을 눌러요〉는 불과 1년 전인 1983년부터 방송되기 시작한 신규 프로그램이었다. 그는 방송을 녹화해서 반복 시청하며 게임의 약점을 찾아내려고 애썼다. 참가자들은 우선 다양한 상식 문제에 정답을 제시하면서 상금을 받는다. 그리고 소위 불빛을 돌릴 전광판 기회를 얻게 되는데, 이때 컴퓨터로 동작하는 전광판에 18개의 불빛이 돌아가면서 번쩍거린다. 참가자가 붉은 버튼을 누르면 불빛이 18개 중 한 곳에서 멈추는데 이때 3가지 경우의 결과 중 하나가 나온다. 총 54가지의 결과 중 9가지인 '꽝'이 나오면 그때까지 모은 상금을 모두 잃는다. 그러므로 이론적으로는 $\frac{1}{6}$의 확률로 돈을 모두 잃을 수 있다. 결과적으로, 불빛을 4번 돌리면 돈을 다 잃을 확률이 50%가 넘게 된다. 매번 돈을 안 잃을 확률 혹은 보너스를 얻을 확률이 $\frac{5}{6}$이므로 4번 연속으로 돈을 안 잃을 확률은 $\frac{5}{6} \times \frac{5}{6} \times \frac{5}{6} \times \frac{5}{6} = \frac{625}{1,296}$이다. 누적 상금액이 충분한 참가자는 자신의 차례가 왔을 때 불빛을 돌리지 않고 보너스 혹은 꽝의 기회를 다음 참가자에게 넘길 수 있었다.

전광판의 불빛은 무작위 순서로 켜지는 것처럼 설계되어 있었고, 프로듀서들의 사전 실험에서도 최대 상금이 2만 5,000달러를 넘지 않았다. 보너스 중에는 상금 및 추가 1회의 전광판 기회도 있었으므로 이론적으로는 참가자가 무한히 기회를 받을 수 있었지만, 방송사 측에서는 참가자가 의도적으로 계속 이런 결과가 나오도록 알맞은 타이밍으로 버튼을 절대 누를 수는 없다고 믿고 있었다.

라슨은 불빛이 번쩍거리는 순서가 무작위인 것처럼 보이지만 실제로는 다섯 가지의 짧은 순서가 반복되는 것일 뿐이라는 것을 알아챘다. 그리고 18개의 칸 중 2곳은 꽝이 없고 상금과 함께 항상 추가적으로 한 번 더 기회가 주어진다는 것도 알았다. 이 패턴을 열심히 외우고 CBS 방송국을 찾아가 참가 신청을 한 그는 1984년 5월 19일 녹화분에 출연하게 된다.

그는 상식 문제에 답을 제시하지 못하기도 했고, 첫 시도에는 꽝이 나오는 등 출발은 좋지 못했다. 하지만 점차 분위기에 익숙해지면서 점점 원하는 결과가 나오도록 버튼을 누르기 시작한다(원하는 불빛에서 멈추도록 버튼을 누르는 데 실패했을 때 다행히 꽝을 피하는 등 운도 조금 따르긴 했다). 결국 계속 성공을 이어나가며 45번 연속으로 목적한 결과가 나오도록 하기에 이르렀다. 방송국 프로듀서들은 겁에 질려 이 광경을 보며 거의 패닉 상태가 되었고 진행자 피터 토마컨은 눈앞의 광경을 보며 부들부들 떨고 있었다. 좀처럼 게임이 끝나지 않고 엄청 오래 진행되었기 때문에 방송은 2회로 나누어 이루어졌다(CBS는 이후 몇 년간 재방송을 하지 않았다). 총 획득 상금액이 발표되기 전까지 라슨이 버튼 누르기에 성공할 때마다 신나하는 모습이 고스란히 담긴 이 방송은 볼만하다.* 그가 상금의 현금화를 결심하고서 이후 몇 번의 전광판 기회를 다음 참가자에게 넘겼을 때는 이미 상금 11만 237달러, 보트 한 척, 모든 비용이 포함된 휴가 상품 두 개를 확보한 상태였다.

프로듀서들은 라슨이 어디선가 분명히 속임수를 쓰고 있다는 증거를 찾으려고 녹화 테이프를 수없이 돌려봤다. 45회 연속으로 성공할 확률은 $(\frac{5}{6})^{45} = 0.027\%$이므로 우연히 그런 일이 일어날 가능성은 아주 희박했다. 그러니 라슨이 뭔가 눈치를 채고 있다는 건 거의 확실한 일이었다(프로듀서들은 처음부터 이런 일이 일어날 가능성을 인지하긴 했었으나

---

* https://www.youtube.com/watch?v=bfOm7K8A0Pw. (옮긴이)

초기 제작 회의에서 무시했다고 이후에 인정했다). 하지만 그가 규칙을 위반한 건 아무것도 없었으므로 내키진 않았지만 상금을 지급할 수밖에 없었다. 이후 이 프로그램에 사용되는 전광판은 더 고성능 컴퓨터를 이용해 훨씬 복잡한 순서로 불빛이 번쩍이는 것으로 교체된다.

안타깝게도 이후 라슨의 삶은 평탄치 못했다. 가능성이 별로 없는 다른 아이디어에 돈을 많이 잃었고, 일부는 집에 든 강도에게 빼앗겼으며, 1990년대에는 오하이오에서 가공의 복권을 팔며 2만 명의 투자자를 끌어들여 300만 달러에 이르는 폰지 사기를 벌이기에 이른다. 결국 수사를 피해 도주하는 신세가 되었고 암으로 사망했다. 그러나 〈행운을 눌러요〉 출연은 전설로 남았고 게임쇼에서 뭔가 허점을 찾아보려 하거나 상금을 탈 수 있는 속임수를 만들어내려 하는 수많은 사람들에게 영감을 준 것은 부인하기 힘들다.

홀인원 노리기 (직관을 믿지 말 것)

/

지금까지 살펴본 것처럼 확률에 관한 인간의 직관은 그다지 정확하지 않다. 몬티 홀 문제도 좋은 예다. 1960년대 미국의 게임쇼 〈거래를 합시다 Let's Make a Deal〉에서는 진행자 몬티 홀 Monty Hall 이 참가자들에게 다음과 같은 제안을 한다.

"여기 세 개의 문 뒤에는 각각 자동차 한 대와 염소 두 마리가 있습니다. 문 하나를 선택하면(이 문을 문1이라고 합시다) 제가 나중에 그 문을 열어드립니다. 제가 그 문을 제외한 문 중 하나를 열면(문3) 염소

그림24

가 있습니다. 이제 선택하면 됩니다. 계속 문1을 선택하시겠습니까, 아니면 문2로 선택을 바꾸시겠습니까? 자동차를 타려면 선택한 문을 바꿔야 할까요, 아닐까요?"

대부분의 사람들이 직관적으로 생각하기엔 선택한 문을 변경할 이유가 없다. 닫힌 문이 두 개이므로 둘 중 어느 문 뒤에라도 자동차가 있을 확률은 50%이기 때문이다(그림24).

하지만 실제로는 처음 선택한 문 뒤에 자동차가 있을 확률은 33.33…%이고, 문2 뒤에 자동차가 있을 확률은 66.66…%이므로 선택을 바꿔야 한다. 이 문제의 정답이 미국에서 잡지에 처음 실렸을 때, 심지어 몇몇 수학과 교수를 포함한 수천 명의 독자들이 답이 틀렸다고 지적했으니 보기보다 훨씬 어려운 문제였음은 분명하다.

왜 두 문 뒤에 자동차가 있을 확률이 다른지 생각해보려면, 문이 세 개가 아니라 백 개이고 그중 한 개의 문 뒤에만 자동차가 있고 나머지 문 아흔아홉 개 뒤에는 염소가 있는 경우를 생각해보면 쉽다. 참가자가 어떤 문 하나를 선택하고, 진행자가 뒤에 염소가 있는 문 아흔여덟 개를 열면, 처음 선택한 문과 문100만 닫힌 상태가 된다.

5장 시스템의 허점을 파고들다

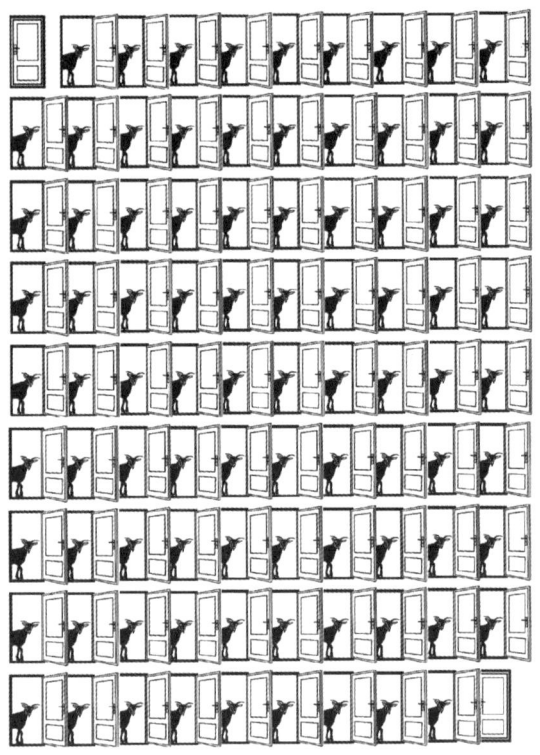

그림25

　그림25를 보면 최초에 선택했던 문 뒤에 자동차가 있을 확률이 1%이고, 나머지 아흔아홉 개의 문 뒤에 자동차가 있을 확률이 99%라는 사실이 훨씬 명확하게 드러난다. 진행자가 아흔아홉 개의 문 중에서 아흔여덟 개의 문을 열어서 보여주었다는 건 사실상 마지막 문 뒤에 자동차가 있다고 알려준 것이나 다름없다. 선택을 변경해서 실패하는 경우는 최초로 선택한 문 뒤에 자동차가 있었을 경우뿐이니 확률은 $\frac{1}{100}$이다. 문이 세 개인 원래의 문제에서도 같은 논리가 적용된다. 최초의 선택이 맞을 확률은 $\frac{1}{3}$이고 이 값은 변하지 않는다. 나

머지 문 두 개 중 하나의 뒤에 자동차가 있을 확률이 $\frac{2}{3}$이므로 마지막 순간에 선택을 바꿔야 한다.

생일 수수께끼

직관과 배치되는 통계 문제 중에, 한 집단에서 임의의 두 사람의 생일이 같을 확률을 구하는 문제가 있다. 대부분의 사람들은 23명 이상의 집단에서 생일이 같은 사람이 있을 확률이 50%가 넘는다는 사실에 놀라움을 금치 못한다(구성원들의 생일이 균일하게 분포하고 있으며 윤년, 쌍둥이와 같은 특별한 경우는 제외한다고 가정한다).

이 문제도 수학적으로 접근하면 이해가 쉽다. 우선 구성원 각각이 다른 사람과 생일이 같지 않을 확률부터 계산하자. 첫 번째 사람만 놓고 보면 혼자이므로 확률이 365/365다. 두 번째 사람은 364/365다(첫 번째 사람의 생일을 빼므로).

세 번째 사람의 확률은 363/365이다.

이런 식으로 계산하면 23번째 사람의 확률은 343/365이다. 각자의 확률이 모두 참이려면 (즉 아무도 생일이 같지 않으려면) 이 값을 모두 곱하면 된다.

365/365 × 364/365 × 363/365 × ⋯ × 343/365 = 0.493

즉 23명 중 아무도 생일이 같지 않을 확률은 49.3%이므로, 적어도 두 명의 생일이 같을 확률이 50.7%라는 이야기다.

많은 경우에 직관적으로 정확한 확률을 가늠하기 어렵다는 사실을 잘 이용하면, 다른 사람들이 실제 확률이 아니라 직관에 의존해서 베팅할 때 오히려 가치 베팅의 기회를 얻을 수 있다. 물론 베팅 회사들은 멍청하지 않으므로 그런 기회가 만들어지는 것을 방지하기 위해 세심하게 통계를 분석한다. 하지만 아무리 그래도 베팅 회사도 실수할 때가 있는 법이다. 홀인원 갱Hole-in-One Gang이라고 불린 2인조의 경우가 아주 좋은 예다.

영국 에섹스 지역 출신으로 베팅 업계에서 일했던 폴 시먼스Paul Simmons와 존 카터John Carter는 1991년 좋은 기회를 발견한다. 대부분의 베팅 회사들은 골프 대회에서 홀인원이 나올 확률이 아주 낮다고 보는데, 베팅 회사에 따라 제시하는 승률은 아주 폭이 넓다. 시먼스와 카터는 주요 골프 대회의 수십 년간의 경기 결과를 분석한 뒤 어떤 대회이건 누군가는 홀인원을 한다는 경우에 베팅을 하면 수익이 난다는 사실을 발견했는데, 실제로 제시된 배당률은 대회에 따라 3/1에서 100/1까지에 이르고 있었다.

US오픈 결과를 통해 실제로 어땠었는지 살펴보자. 프로 골퍼들은 통계적으로 파3홀을 3,000번 공략할 때 1번 꼴로 홀인원을 하므로, 이것만 보면 홀인원은 사실상 거의 일어나기 힘든 것처럼 보인다. 하지만 US오픈 출전 선수는 156명이고, 18홀 중 3~4개 홀이 파3 홀이므로 홀인원이 나올 가능성은 이것만으로도 금방 높아진다. 파3 홀이 4개 있다면 파3홀 공략은,

예선 이틀 동안 156명 출전: 156명×4홀×2일 = 1,248회

예선을 치르고 컷을 통과한 선수는 최소 60명이므로 이들은 2번씩 파3홀에서 더 플레이 하게 된다.

60명×4홀×2일=480회

결국 파3홀 플레이가 최소 1,728회는 이루어지고 매 플레이마다의 홀인원 확률이 $\frac{1}{3,000}$이므로 이 대회에서 적어도 한 번의 홀인원이 나올 확률은 $\frac{1,728}{3,000}$(=57.6%)이라는 뜻이다.

둘은 앞으로 열릴 대회에서도 비슷한 결과가 나오리라는 결론에 도달했다. 단지 통계적 계산일 뿐이므로 속임수도, 강탈도 아니니 아무런 문제가 없다. 하지만 실제 베팅을 할 때는 약간의 노력이 필요했다. 시먼스와 카터는 대형 베팅 업체들은 정확하게 계산해서 배당률을 제시한다는 것을 알고 있었으므로, 배당률 계산에 오류가 있는 소형 베팅 업체들을 대상으로 다량의 베팅을 해야 했다. 당시는 아직 인터넷이 보급되기 전이었으므로 둘은 영국 전역을 돌며 목표로 정한 대회(US오픈, 영국 오픈, 벤슨&헤지, PGA 챔피언십, 유럽 오픈) 중 홀인원이 두 곳이나 세 곳, 혹은 네 곳, 혹은 다섯 곳의 대회에서 나온다는 데 베팅을 하고 다녔다.

그해 열린 대회마다 홀인원이 나오면서 이들은 무려 50만 파운드에 이르는 배당금을 획득한다. 베팅 업체 한 곳은 배당금을 지급하지 않고 문을 닫은 뒤 해외로 도주했고, 몇몇 업체는 부당하게 편취당했다며 배당금 지급을 거부했다. 하지만 대부분의 업체는 약속대로 배당금을 지급했고 시먼스와 카터는 막대한 수익을 거둔다.

당연히 전 세계의 모든 베팅 업체가 이 소식을 들었고, 이제는 이처럼 부정확한 배당률을 제시하는 업체를 찾아보기란 사실상 불가능하다. 이 이야기의 교훈은 누군가가 통계가 아니라 직관에 의존해서 감당할 위험을 평가하고 있다면, 여기서 일어나는 오류가 다른 누군가에게는 이득을 챙길 수 있는 기회가 된다는 점이다.

좋은 정보, 나쁜 정보

어떤 종류의 도박이건 투자건, 이론적으로는 다른 사람이 활용하지 않는 정보와 분석을 이용해서 확률적 우위edge를 확보할 수 있다. 딱히 추천할 만한 방법은 아니지만 내부 정보를 활용하는 것도 승률을 올리는 방법 중 하나다. 대부분의 사업에서 내부자 거래는 당연히 불법이다. 추후에 외부에 알려질 정보를 내부자가 먼저 알고 있으면 단기적으로는 이를 이용해 불공정하게 시장에서 유리한 위치에 서게 된다. 내부자 거래를 불법으로 해야 하는지에 대해서는 논란이 있기도 하다. 일부 사람들은 내부자 거래가 합법인 시장의 사례를 근거로 들며 새로운 정보가 시장에 빨리 알려지면 시장도 이에 맞춰 빠르게 가격을 조정할 것이라고 주장한다. 어쨌건 일단은 내부자 거래가 불법이라는 전제하에 이야기를 이어나가자.

시장을 조작하는 또 다른 방법 중 하나는 (지금은 불법이지만) 스푸핑spoofing인데, 선물 등의 대량 거래 주문을 넣고선 거래가 체결되기 전에 취소하는 것이다. 이렇게 하면 일시적으로 급격한 가격 변동을 일으킬 수 있으므로 이를 이용해서 이익을 챙길 수 있다. 2015년 미국 법무부는 나빈더 싱 사라오(Navinder Singh Sarao, 혼슬로 데이 트레이더 Hounslow day-trader로도 알려져 있다)를 스푸핑 알고리즘을 사용한 혐의를 포함해서 여러 가지 혐의로 기소했다. 법무부에 따르면 2010년 수백만 건의 주문이 이루어진 후 단시간 내에 수정 또는 취소된 플래시 크래시Flash Crash 사건도 그가 저지른 것이라고 한다.

보다 합법적이면서 투자에서 유리한 위치에 설 수 있는 방법은 정보 분석 방법을 개선하는 것이다. 퀀트 펀드와 거래 빈도가 높은 투자자들이 어떤 식으로 일하는지를 살펴보자. 이들의 성과는 거래에서 자신들이 확률적 우위를 점할 수 있도록 해주는 수학적 모델과 알고리즘을 찾아내는 데 크게 달려 있다.

일반적으로 이야기해서 만약 배당률을 정하는 사람보다 우위에 설 수 있도록 정보를 분석하는 방법을 찾을 수 있다면, 이론적으로는 항상 베팅 회사나 시장을 이길 수 있다. 그렇다면 스포츠 경기 결과를 65%의 확률로 맞출 수 있는 방법을 만들어냈던 수학 교수 스티븐 스키나Steven Skiena는 베팅 회사들을 이길 수 있었어야 했다. 하지만 불행히도 그가 개발한 최고의 시스템이었던 메이븐Maven이 적용된 종목이 거의 알려지지 않은 하이 알라이(스쿼시처럼 공을 벽에 치는 종목. 스페인과 중남미에서 주로 행해짐)였던 바람에 사람들의 관심을 끌지 못했다. 결국 그는 자신이 개발한 시스템의 동작 원리를 공개하고 만다. 내용이 다 알려진 시스템으로 하이 알라이에 베팅을 해서 이기는 것은 마치 베팅 업체가 수수료를 제한 뒤 투자자에게 배당금을 나누어주는 형태와 마찬가지가 되므로 존재의 의미가 희석된다. 그러나 그가 쓴 《계산된 베팅Calculated Bets》은 아주 뛰어난 베팅 시스템과 알고리즘 개발에 얽힌 재미있는 이야기와 유머러스한 통찰력으로 가득 차 있다(스키나는 수학적 알고리즘 개발 분야의 전문가다). 그가 책에서 소개한 방법 중 하나로, (매 사건을 연속된 것이 아니라 독립적인 사건으로 다루는 방식인) 결정론적 분석deterministic analysis 방식으로 접근하면 부정확한 결과가 나오기 쉬운 경우에 대해 다량의 무작위 샘플을 이용해서 해당 시스템의 특성을 찾아내는 몬테 카를로 기법Monte Carlo method이 있다. 아마도 가장 잘 알려진 적용 사례는 정사각형에 내접하는 원을 그리고 무작위로 점을 찍어 원주율을 구하는 방법일 것이다. 이런 그림을 방바닥에 그려놓고 작은 물건을 아주 많이 그 위에 균일하게 뿌려놓은 뒤, 전체 개수와 원 내부에 있는 것들의 개수의 비율을 구하면 거의 $\frac{pi}{4}$와 비슷해진다. 이처럼 구체적인 수식 계산을 하지 않고도 답을 알 수 있다는 점이 몬테 카를로 기법의 장점이다.

스키나는 어린 시절부터 다양한 베팅 시스템에 관심을 갖고 있었는데, 이것과 야구 통계에 대한 관심 때문에 수학자가 되었다고 말하기도 했다. 그런데 메이븐은 자신의 대학원생과 함께 개발한 것이었고 여기서 얻은 수익은 모두 학교에 기부했다. 도박 분야에 관한 그의 연구 중 향후 정말 뛰어난 베팅 시스템으로 발전할 가능성이 있는 것은 온라인으로 플레이하는 포커 봇 컴퓨터 프로그램이다. 사람과 달리 항상 합리적인 결정을 내리고 감정이라는 요소가 배제된다는 특성도 합쳐지며, 이 프로그램은 잘 만들어지기만 하면 대부분의 사람을 이길 수 있다는 것이 이미 입증되었다. 하지만 사람과 마찬가지로 경우에 따라서는 완전히 엉망이 되기도 하기 때문에 아직까지는 수익을 내는 신뢰할 만한 수단으로 자리 잡지 못했다.

여론조사 업무를 하던 네이트 실버Nate Silver도 스키나처럼 수학 전문가답게 스포츠에 대한 관심이 대단했다. 선거 여론조사 분야에서 아주 높았던 실버의 명성도 뿌리를 찾아보자면 야구 승률 분석이었다. 1990년대 초반 경제 분야의 컨설턴트로 일하던 그는 타자와 투수의 향후 성적을 예측하는 통계 시스템인 PECOTA(Player Empirical Comparison and Optimization Test Algorithm, 선수의 경험적 비교 및 최적화 검사 알고리즘)를 개발한다. 실버가 이 시스템을 개발하면서 사용한 접근 방법은 과거의 분석에만 의존하는 방식을 벗어나 정보를 처리하는 새로운 방법을 개발할 때 훌륭한 참고가 된다.

이 시스템이 다른 야구 예측 시스템과 달리 혁신적인 점은 각 선수를 '비교 대상이 되는' 다른 선수들의 집단과 이들의 과거 성적 패턴에 대해서 비교한다는 데 있다. 또한 투수가 공을 놓을 때의 공의 속도를 측정하는 레이더 건과 같이 독특한 정보를 포함시켰다. 그리고 결과를 단정적인 숫자가 아니라 확률 범위로 표시하는 것이 중요하다고 강조했다. 이는 이후 정치 분야의 여론조사 활동을 할 때도 '오바마가 노스캐롤라이나에서 8% 앞서 있다'라고 하기보다는 '오바마가 노스캐롤라이나에서 승리할 확률이 62%이다'라는 식의 표현을 사용하는 것으로 이어졌다.

18세기의 목사였던 토머스 베이즈Thomas Bayes는 새로운 근거가 있을 때마다 이와 관련된 확률을 계속 갱신하는 베이지언Bayesian 분석 방법을 고안했다. 실버는 한 가지 중요한 면에 이 분석 방식을 적용했다. 현재 사용 중인 각각의 통계적 도구가 가진 불확실성을 강조하면서 실제 결과를 지속적으로 모델과 비교하여 검사하고, 그에 따라 모델을 수정해서 모델이 실제와 점점 더 비슷해지도록 하는 것이다. 이는 통계학에서 아주 표준적인 접근 방법이지만, PECOTA에서처럼 결과를 확률로 내어주는 것은 새로운 방식이었다.

자신의 저서 《신호와 소음The Signal and the Noise》에서 실버는 스포츠, 정치, 일기 예보, 금융 등에 수학적 모델을 사용하는 접근법에 대해 설명하고 있다. 실제로 2000년대에 정치 예측 분야로 자리를 옮긴 후 처음에는 대단한 성공을 거뒀다. 일례로 2008년과 2012년 미국 대통령 선거에서 그가 한 예측이 실제 결과에 가장 가까웠다.

그런데 2016년 선거에서는 결과 예측에 실패하고 만다. 사실 트럼프가 승리할 가능성이 단지 30% 정도라는 그의 예측은 여론조사의 분석 결과라기보다는 그냥 자신의 정치적 의견을 제시한 수준에 다름 아니라고도 할 수 있겠지만, 일부 사람들에게 힐러리 클린턴이 분명히 승리할 것이라는 잘못된 생각을 심어준 것을 부인할 수 없다. 그런데 실버만 선거 결과 예측에 틀린 것도 아니었다. 최근엔 여론조사 결과와 딴판으로 선거 결과가 나오는 일이 점점 잦아지고 있다. 대체 여론조사에 어떤 잘못이 있으며, 여기서 얻어야 하는 교훈은 무엇인지 살펴보도록 하자.

여론조사 결과가 실제와 다를 때

여론조사는 아주 복잡한 사업이다. 여론조사의 목적은 어떤 집단의 관점을 과학적으로 분석한 결과를 제공하는 것이다. 여론조사를 통해 의미 있는 결과를 얻으려면 대상 집단에서 충분히 높은 비율의 구성원을 모아 조사가 진행돼야 한다. 어떤 데이터건 표본이 너무 작으면 실제와 동떨어진 결과가 나오기 쉽게 마련이다. 그러므로 여론조사 결과가 신뢰할 만한지를 판단하는 첫 번째 기준은 응답자의 수가 충분한지 여부다. 응답자의 수가 수백 명 이하면 부정확할 가능성이 높다. 그러나 응답자의 수가 많다고 해서 항상 잘 맞는 것도 아니다. 1936년 미국 대통령 선거에서《리터러리 다이제스트Literary Digest》지는 1,000만 매의 우편엽서를 배포해서 230만 매의 응답을 받았는데, 이에 따르면 앨프리드 랜던Alfred Landon이 프랭클린 루스벨트Franklin Roosevelt를 57% 대 43%로 앞서고 있었다. 결정적 문제는 잡지사가 응답자의 분포를 확인하지 않았다는 점이다. 현대적 여론조사는 이런 오류를 발판으로 발전했다. 같은 선거에 대해 여론조사를 실시했던 젊은 조지 갤럽George Gallup은 단지 응답자 5만 명의 의견을 바탕으로 결과를 얻었지만 응답자 개인에 관한 정보를 활용함으로써 각각의 응답에 적절한 가중치를 주었다. 그의 정확한 예측대로 루스벨트는 선거에서 압승을 거둔다.

결국 문제의 핵심은 어떡해야 응답자가 대상 집단을 적절히 대표할 수 있도록 만드는가이다. 여론조사 회사들은 이를 위해 다양한 방법을 동원한다. 응답자의 분포가 한쪽으로 치우치는 것을 막기 위해(《리터러리 다이제스트》의 경우처럼 해당 잡지의 독자층이라는 특정한 유권자 층만을 대상으로 조사가 이루어지지 않도록), 대규모의 집단에서 무작위로 응답자를 선정random sampling하는 것도 한 예다. 또는 성별, 연령별 분포에 맞춰서 같은 비율로 응답자를 선정quota sampling하는 방식도 마찬가지다.

여론조사 회사들은 최종 결과를 만들기까지 다양한 방법으로 결과를 손본다. 어떤 경우건 대상이 되는 집단을 완벽하게 대표하는 표본 집단을 찾기는 아주 힘들기 때문에 표본 집단은 어느 정도는 편향될 수밖에 없다. 그래서 만약 미국 선거에서 공화당 지지자와 민주당 지지자의 각각 50%를 표본으로 했는데 실제 인구가 민주당 지지자가 52%, 공화당 지지자가 48%라면, 민주당 지지자의 응답에는 104%의 가중치를 주고 공화당 지지자의 응답에는 96%의 가중치를 주어 균형이 맞추어진 결과가 되도록 하는 식으로 조정한다.

또 하나의 문제는 표본이 충분히 모집단과 비슷하더라도 어느 정도의 오차범위margin of error는 감수해야 한다는 점이다. 기본적인 표준편차 계산의 원리를 적용하면, 1,000명을 대상으로 하는 여론조사에서 오차는 양방향으로 3%가 된다. 이 말은 여론조사 결과가 50 대 50으로 나온 경우에도 실제 결과는 양방향으로 53대 47*이 될 수 있고 상한과 하한의 차이가 6%에 이른다는 의미다. 실제 결과가 여론조사의 오차범위 안에 있는 경우에도 많은 사람들이 종종 여론조사 결과가 '틀렸다'고 생각한다(네이트 실버가 선거 결과 예측을 고정된 값이 아니라 확률로 제시한 이유 중의 하나이기도 하다).

질문의 표현 방법, 질문의 순서 등과 같은 다양한 기법들도 여론조사의 일부분이며 응답에 영향을 미친다는 사실을 기억할 필요가 있다. 여론조사 회사들은 같은 형식의 질문을 꾸준히 사용하면서 얻

---

* 53대 47이나 47대 53이라는 의미. (옮긴이)

어진 결과를 실제 결과와 비교한 뒤, 이를 바탕으로 여론조사 결과를 지속적으로 다듬고 개선하고 있다. 대표적인 예가 젊은 층 유권자들이 투표에 참여할 것이라고 응답한 비율과 실제 투표한 비율 사이의 커다란 차이다. 그러므로 여론조사 회사들은 여론조사 결과에서 적절한 비율만큼 낮춰서 최종 결과를 산출하고, 보통 직전 선거에서의 투표율을 바탕으로 현재 여론조사 결과에서 나타난 투표 의향도를 어느 정도 낮추어 판단할지 결정한다.

그렇다면 왜 여전히 여론조사 결과가 자꾸 틀리는 것일까? 최근의 영국 브렉시트 국민투표, 2016년 미국 대통령 선거에서 트럼프의 승리, 2017년 영국 총선 등은 오차범위를 감안하더라도 여론조사에 의한 예측이 보기 좋게 빗나간 대표적인 경우들이다. 브렉시트 국민투표의 경우에는 여론조사 회사 중 서베이션Survation만이 결과를 맞혔고, 미국 대통령 선거에서는 모두가 힐러리 클린턴의 승리를 예측하는 가운데 트럼프의 승리 가능성이 고작 30%라고 본 네이트 실버가 그나마 가장 실제 결과에 가까운 예측을 내놓고 있었다.

이렇게 된 이유는 여러 가지이고 복잡하기도 하지만, 투표 패턴이 크게 바뀐 것이 가장 눈여겨봐야 할 대목이다. 브렉시트와 트럼프의 승리는 이제껏 좀처럼 투표하지 않던 계층이 대거 투표에 참여하면서 예상을 뒤엎은 결과가 나온 경우다. 미국의 경우 러스트 벨트rust belt* 주민처럼 이전의 선거에서는 그다지 중요하게 작용하지 않던

---

* 미국 중서부의 일부 지역을 부르는 명칭. 자동차 등 쇠락한 산업이 주 산업이어서 '녹슨(rust) 지대(belt)'라고 함. (옮긴이)

유권자 층이 대거 투표를 한 것도 실제 선거 결과가 예측과 달라지는 데 크게 작용했다.

네이트 실버는 이 선거들에서 결과 예측이 잘못되었던 이유는 데이터 분석이 잘못되어서가 아니라 통계적으로 볼 때 '특이한 집단outliers'을 고려하지 않고 직감을 사용하는 전통적인 여론조사 기법의 탓이라고 주장했다. 이 말은 기존 체제에 불만을 가진 유권자 층이 대거 투표에 나선 선거에서 여론조사 기관이 손에 쥐어진 데이터를 믿지 않고 어느 정도는 자신들처럼 지식인의 관점에 부합하는 결론을 내렸다는 뜻에 다름 아니다.

여론조사 회사들 사이에서도 선거가 코앞에 닥치면 혼자 동떨어지게 잘못된 예측을 내놓지 않으려고 비슷비슷한 예측을 내놓으려는 경향이 있는 것도 분명하다. 좋은 예가 2015년 영국 총선 전날 여론조사 회사 서베이션의 경우다. 이 회사는 보수당이 과반수 의석을 확보할 것이라고 예측하고 있었는데, 대부분의 다른 여론조사 회사들은 어느 당도 과반수 의석을 확보하지 못할 것으로 보고 있었다. 서베이션의 창업자이자 CEO인 데이미언 라이언스 로우Damian Lyons Lowe는, 다른 회사들과 자신들의 예측이 너무 다르다고 느끼고 혼자만 틀린 결과가 나올까봐 이런 예측을 철회하기로 했다는 사실을 인정했다(이때의 교훈을 바탕으로 서베이션은 2016년 브렉시트 국민투표 결과를 정확히 예측한다).

결국 여론조사 결과가 실제와 달라지는 데는 수학적이지 않은 이유가 있다는 얘기다. 하지만 데이터 분석이 잘못된 것 아니냐는 비난을 회피하려는 네이트 실버의 설명은 설득력도 부족하고 어떤 면에선 불필요한 것이었다. 진실은, 정치적인 격변의 시기에는 여론조사 회사들이 결과를 다듬는 데 사용하는 기법들이 효과적이지 않다는 데 있다. 만약 두 선거를 거치면서 어떤 유권자 집단의 투표율이 현격하게 달랐다면, 여론조사 회사들이 결과를 보정해본들 오차는 클 수밖에 없다. 여론조사 회사들은 항상 '직전 선거'의 결과와 씨름을 해야 하므로 이 문제를 수학적으로 완벽하게 해결할 방법은 사실 없다.

그렇다고 여론조사가 쓸모없다는 뜻은 아니다. 여론조사를 통해 여전히 대상 집단의 근본적인 태도를 가늠할 수 있기 때문이다. 하지만 정치와 관련된 여론조사를 비롯해 기업이 많이 참고하는 시장조사에서도 항상 실제 결과는 오차범위 안에서 움직일 수 있다는 점을 명심하는 편이 좋다. 또한 정치적으로, 또는 대상이 되는 제품을 둘러싼 주변 상황이 급격하게 변하는 시기가 여론조사 결과의 신뢰성이 가장 떨어질 때다.

도박에 관심이 있는 사람이라면, 브렉시트와 트럼프의 승리 모두 배당률이 아주 높았다는 점을 참고할 만하다. 이름이 알려지지 않은 한 사람이 트럼프의 승리에 25만 달러를 걸어 62만 달러를 받았고, 런던에서는 도박이라곤 해본 적 없는 한 여성이 11/4의 배당률이 제시된 브렉시트에 1만 파운드를 걸어 2만 7,500파운드를 탔다. 하지만 이런 투표 결과로 인해 도박에 돈을 건 사람만 돈을 벌거나 잃는 건 아니다. 세계 5위의 부호인 멕시코의 카를로스 슬림Carlos Slim은 트럼프의 승리로 인해 멕시코 페소화가 급락하면서 순식간에 50억 달러의 손실을 봤다.

여론조사의 불확실성에서 투자자나 도박에 돈을 거는 사람이 얻을 수 있는 교훈에 더해, 시장이나 유권자의 동향이 급격하게 변화하는 시기에는 사람들이 정말로 어떤 생각을 하고 있는지 알기란 매우 힘들다는 것에 주목해야 한다. 이럴 때는 그저 하던 대로 계속 앞으로 나아가면서 위험을 감수해야만 할 때도 있다. 그러면서 네이트 실버의 사례에서 무언가를 배우고, 접근 방법을 조금씩 수정해나갈 수 있다. 새로운 사업을 시작하거나 신상품을 출시하는 건 절대로 쉬운 일이 아니다. 어떤 종류의 시장 조사와 사전 기획도 앞으로 닥칠 모든 문제를 알려줄 수는 없다. 확실한 방법을 알아내기 전까지는 시장에서의 반응을 바탕으로 접근 방법을 지속적으로, 정교하게 수정하는 것이 중요하다.

5장 요약

1. 다른 사람들이 간과한 패턴과 수학적 허점을 파악해 이익을 취하는 방법이 여럿 존재한다.
2. 이 장에서는 복권, 게임쇼, 카지노, 베팅 업체들을 상대로 이기는 방법을 찾은 사례들을 살펴보았다. 대부분은 잘 알려진 것들이지만 여전히 어딘가에 허점이 있을 수 있다는 사실을 일깨워준다.
3. 허점을 파고드는 수법 대부분은 생각하기는 쉽지만 실행에 옮기기는 어렵다.
4. 너무 좋은 조건을 제시하는 사람은 조심해야 한다.

5. 모든 종류의 데이터 분석과 시스템에는 어딘가 빈틈이 있지만 주어진 정보에 보다 충실히 근거한 결과를 얻으려면 적용 방법을 지속적·세부적으로 조정해야만 한다.

제6장

IT와 금융의 지배자

"아무런 위험을 감수하지 않는 것이 가장 위험하다.
매우 급격하게 변하는 세계에서 확실하게 실패하는 방법은
아무런 위험도 감수하지 않는 것이다."

마크 저커버그

최근에 아주 성공적으로 자리 잡은 스타트업 기술기업들이 나올 수 있었던 것은 이들이 복잡한 수학문제를 푸는 알고리즘과 해답을 손에 넣은 덕분인데, 이 기업들은 여기에 멈추지 않고 금융 분야에서도 지배적인 위치에 서기 시작했다. 이 장에서는 수학적 모델링이 전 세계의 금융과 비즈니스를 변화시키는 기본적 원리를 살펴본다. 이 장에서 소개되는 수학의 일부는 상당히 높은 수준의 내용을 담고 있다. 아주 어려운 문제를 알기 쉽게 설명하기는 어렵기 때문에, 설명보다는 해법에 관한 개략적인 이해를 돕는 데 집중할 것이다. 업계의 지배적인 대기업 중 몇몇은 수학과 별 관련이 없기도 하다.

구글과 행렬

/

구글의 창업자인 세르게이 브린과 래리 페이지는 1995년에 처음 만

났다. 페이지가 구인 행사차 스탠퍼드대학교를 방문했었는데, 이때 대학원생이던 브린이 그를 안내해주었다. 처음부터 둘이 잘 어울렸던 것은 아니지만, 페이지가 스탠퍼드대학교에서 공부하기 시작한 후 둘은 백럽BackRub이라는 이름의 프로젝트에 함께 참여하게 되었다. 이 프로젝트는 인터넷을 검색하는 방법을 만들어 체계적으로 문서화하는 것이었고 이후 페이지랭크PageRank라는 이름으로 불렸다. 페이지랭크는 혁신적인 인터넷 검색 방법이었고 지금도 여전히 구글의 핵심 기술 중 하나다.

초기의 검색 엔진들은 각각의 웹페이지에 검색 어휘가 몇 개나 들어 있는지에 따라 단순히 웹페이지의 순위를 매기는 방식이었다. 극단적으로 말하자면 이는 어떤 웹페이지에 장미의 종류를 반복적으로 나열해서 적어놓으면, 장미의 분류와 관련해서 정확하고 다양한 정보를 담고 있는 권위 있는 기관의 웹페이지보다 단지 '장미'라는 어휘의 수가 더 많이 나온다는 이유로 웹페이지의 검색 순위가 더 높아진다는 뜻이다. 구글 이전에는 알타비스타 같은 검색 엔진이 이 문제를 해결하려고 했었지만 여전히 흡족한 결과는 얻지 못하고 있었다. 브린과 페이지가 페이지랭크에 적용한 기본적 개념은 웹페이지들을 검색 어휘하고만 관련지어 순위를 매기는 것이 아니라 각각의 웹페이지를 얼마나 많은 다른 웹페이지들이 연결하고 있는가를 동시에 고려하는 것이었다.

이 문제는 사용자가 완전히 무작위로 연결된 웹페이지들을 따라다니는 '랜덤 워크' 개념으로 바라볼 수 있다. 즉 사용자가 특정한 웹페이지에 도달할 확률도 그 웹페이지의 중요성을 평가하는 도구로 쓸 수 있는 것이다.

그런데 인터넷에는 250억 개가 넘는 웹페이지가 있는데, 대체 계산을 어디서 어떻게 시작해야 할까? 브린과 페이지가 생각했던 해결책은 놀라울 정도로 기본적인 수학에 바탕을 둔 것이었다.

인터넷을 각각의 페이지가 화살표로 표현된 링크로 연결된, 극단적으로 단순화한 네트워크로 생각해보자(그림26).

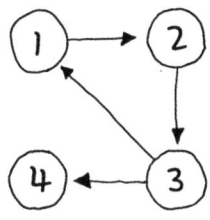

그림26   웹페이지에 번호를 매겨 단순화한 네트워크.

각 웹페이지에 사용자가 만들어놓은 링크가 무작위적이라고 가정하면, 각각의 웹페이지에는 다른 웹페이지에서 자신으로 향하는 링크가 같은 확률로 존재한다. 이를 행렬 matrix로 표시할 수 있다(숫자가 사각형의 정형화된 틀 안에 배치되어 있으며 행렬끼리의 덧셈과 곱셈 규칙이 정의되어 있다). 1번 노드에서는 2번 노드로만 링크가 있고 이 연결의 확률은 100%(=1)이므로 첫째 행, 두 번째 열에 들어갈 값은 1이다. 노드3에서는 노드1이나 노드4에 연결될 확률이 50%(=$\frac{1}{2}$)이므로 세 번째 행의 첫 번째 열과 네 번째 열의 값은 $\frac{1}{2}$이 된다. 이것을 행렬로 표시하면 아래와 같다.

$$\begin{pmatrix} 0 & 1 & 0 & 0 \\ 0 & 0 & 1 & 0 \\ \frac{1}{2} & 0 & 0 & \frac{1}{2} \\ 0 & 0 & 0 & 0 \end{pmatrix}$$

그런데 이 그림과 같은 경우에는 노드4에서는 다른 곳으로 링크가 불가능하다. 이런 노드를 매달린dangling* 노드라고 부른다. 이런 노드를 다루는 방법 중 하나는 노드4에 있던 인터넷 사용자가 다른 웹페이지 어느 곳으로건 무작위로 이동한다고 생각하는 것이다(그러므로 네 번째 행의 모든 값은 동일하게 $\frac{1}{4}$로 둔다).

$$\begin{pmatrix} 0 & 1 & 0 & 0 \\ 0 & 0 & 1 & 0 \\ \frac{1}{2} & 0 & 0 & \frac{1}{2} \\ \frac{1}{4} & \frac{1}{4} & \frac{1}{4} & \frac{1}{4} \end{pmatrix}$$

아니면 임의의 웹페이지에서 링크를 따라 다른 웹페이지로 가지 않고 1%에서 15% 사이의 확률로 무작위하게 다른 웹페이지로 옮

* 다른 곳으로 연결하지 못하고 어디엔가 매달려 있다는 의미. (옮긴이)

겨 간다고 보는 방법도 있다. 브린과 페이지가 발표한 최초의 논문에서는 현재의 웹페이지 내에 있는 링크를 따라 페이지를 이동할 가능성(댐핑 팩터damping factor)을 0.85로 보았다(1-0.85=0.15의 확률로 사용자가 특정 웹페이지에 들어있는 링크가 아니라 다른 웹페이지로 옮겨간다는 의미).

이런 식으로 생각하면 이론적으로 모든 웹페이지에 다른 웹페이지에서 그 웹페이지로 찾아오게 될 순위를 매길 수 있다. 현재 페이지랭크에 따르면 순위를 1에서 10까지의 단계로 매기는데, 로그 스케일에 따라 매긴 것으로 보이며 대략 (예를 들자면) 1~10까지는 10, 11~100은 9, 101~1000은 8과 같은 식이다.

이론이 만들어졌으니 이제 250억 개에 이르는 모든 웹페이지에 대해서 이 행렬에 들어갈 값을 찾아야 한다. 그리고 아직 한 가지 문제가 더 있는데, 어떤 웹페이지의 페이지랭크 값을 알려면 나머지 모든 웹페이지의 페이지랭크 값을 알아야 한다는 것이다.

대학 기초수학에서 배웠을 고윳값eigenvalue과 고유벡터eigenvector를 구하는 방법이 여기서 핵심적으로 활용된다. 아주 간단하지는 않지만 그렇다고 엄청나게 어려운 개념이나 계산도 아니다. 고유시스템eigensystem의 해를 구하는 방법 중 하나는 멱冪방법power method을 이용하는 것이다. 너무 깊이 들어가지 않고 간단히 설명해보자면 이렇다. 우선 처음에 각 웹페이지마다 어느 정도 그럴 듯한 값으로 초기값을 설정한 다음, 결과가 실제 값에 수렴하도록 계속 함수를 반복해서 풀어나간다. 일단 어떤 값에 수렴해서 실제에 가까운 값이 얻어지면, 매번 이 값을 활용해서 값을 조정해나간다.

실제로 페이지랭크에서 이렇게 계산한다. 이런 식으로 어느 정도

시스템이 운용되고 나면, 매번 계산이 이전 값을 바탕으로 시작되고 새로 등록된 웹페이지만 '대충 추측된 값guesstimate'에서 계산이 시작되므로 매우 빠른 속도로 계산 결과가 수렴한다.

구글이 실제로 사용하고 있는 알고리즘과 검색 오류를 줄이기 위한 미세 조정 방법은 당연히 이보다는 훨씬 복잡하다(그리고 대부분 비밀이고). 지난 20년간 구글에서 실제로 적용한 수학은 아주 고난도의 어려운 수준이다. 그러나 검색 기술의 핵심은 대학교 1학년 수준의 수학 지식이면 이해할 수 있는 페이지랭크 알고리즘에 나타나 있다. '제2의 구글'은 어쩌면 이와 비슷하게 그다지 어렵지 않은 수학을 바탕으로 탄생할지도 모를 일이다.

페이스북의 수학

알고리즘이란 어떤 문제를 풀거나 계산하는 데 필요한 규칙과 연산이 순서대로 모여 있는 것이다. 오늘날의 삶에서 알고리즘은 큰 역할을 맡고 있으며, 인터넷에서는 더욱 그렇다. 고객 맞춤형 광고와 컨텐츠를 제공하는 크고 작은 인터넷 비즈니스는 어느 것이나 알고리즘에 의존한다. 페이스북이나 트위터를 사용할 때 보이는 광고와 정보는 모두 알고리즘에 의해 제시되는 것이다. 이런 알고리즘들은 입력에 따라 사용하는 데이터를 정하고 이를 이용해서 자동적으로 출력을 만들어낸다.

어떤 면에선 아주 무서운 이야기다. 이미 미국 유권자 중 페이스북 가입자 5,000만 명의 정보가 무단으로 사용되어 각자의 기본 성향에 맞춰 선거용 알림을 가입자에게 보낸 케임브리지 애널리티카 Cambridge Analytica* 사건을 겪은 바 있다. 캐시 오닐Cathy O'Neil의 뛰어난 책 《대량살상 수학무기Weapons of Math Destruction》는 밝혀지지 않은 알고리즘들이 공공 정책, 개인의 금융, 통치에 이용되는 수많은 방법에 대해 상세히 설명하고 있다. 예를 들어, 많은 국가에서 형사 재판의 판결 내용은 개별 피고가 재범할 가능성과 밀접하게 연관되어 있다. 재범의 우려가 높다고 판단되면 실형을 받을 가능성이 높아진다. 하지만 여기에 사용되는 알고리즘은 전혀 완벽하지 않다. 형기를 마친 수감자는 대체로 사회에 복귀해도 직장을 찾기 어렵기 때문에 다시 범죄로 이끌릴 가능성이 높으므로 실제로 이들의 재범 가능성이 어느 정도일지 알아내기란 매우 어려운 일이다. 이런 사례는 무엇인가를 측정하는 용도로 쓰이는 알고리즘이 잘못된 결과를 내는 경우다. 만약 채용되었다면 좋은 성과를 보일 수 있는 자폐증 성향이 있는 사람이 채용 과정에서 실시된 감성지능 평가 결과에서 알고리즘에 의해 나쁜 평가를 받아 채용이 거절되는 경우도 마찬가지다. 신용 평가 점수에는 직장 이외에서 일해서 불규칙하게 얻는 소득이 오히려 영향을 미치고, 더 나아가 이 결과가 자동차 보험료 등을 계산하는 알고리즘에 영향을 미칠 수 있다.

좋건 싫건 알고리즘을 피할 수는 없는 시대이므로, 수학적 관점에서는 알고리즘의 동작 원리를 이해하는 것이 가장 중요하다. 물론

---

* 영국의 정치 컨설팅 회사. (옮긴이)

대부분은 내용이 공개되어 있지 않고 끊임없이 조금씩 수정된다. 하지만 페이스북 알고리즘의 예에서 보듯, 사용자와 페이스북 사이의 모든 동작은 다시 알고리즘에 반영된다. 모든 클릭, 좋아요, 동영상 시청, 거부한 광고, 팔로우하는 모든 그룹과 사람 등. 이런 것들이 하나도 빠지지 않고 알고리즘에 다시 반영되고 모든 정보 사이의 '관계도relevancy'를 정하는 데 사용된다. 가장 관계도가 높은 뉴스가 사용자에게 제시되고, 사용자가 여기에 어떻게 반응하는지를 지속적으로 살펴보면서 알고리즘이 알맞은 결과를 만들어내고 있는지를 평가한다. 페이스북은 사용자가 가장 최근에 '좋아요'를 누른 다른 사용자의 포스트를 더 많이 보여주고 그렇지 않은 사용자의 포스트는 제외하는 식으로 알고리즘을 계속 손본다. 이는 사용자의 반응이 자동 필터를 만들어낸다는 의미이기도 하다.

물론 이로 인해 사용자가 좋아할 만한 정보만 '잔뜩' 제공된다는 위험에 대해서는 잘 알려져 있다. 이미 미국에서는 보수파와 진보파 사이에 깊은 인식의 골이 존재하고 있고, 알고리즘이 양쪽 모두에게 자신들의 관점을 더 고착화하는 정보만 제공하는 것 아니냐는 우려도 많다.

경우에 따라서는 왜 특정 콘텐츠가 제시된 건지 사용자가 쉽게 알 수 있을 때도 있다. 기술적으로는 페이스북에서 사용자가 '왜 이 광고가 보이나요?' 옵션을 선택해 자신의 신상정보 중 어떤 것이 해당 광고를 자신과 연결시켰는지를 파악할 수 있다. 그러면 당신이 런던 지역에 거주하는 40대이기 때문이라는 식의 답을 얻는다(당연히 알고리즘이 정보를 처리하는 과정에서 아주 일부만을 발췌해서 말하는 것이겠지만). 만약 알고리즘이 사용자를 부당하게 대했다고 판단될 때는(대출 신청 같은 경우), 기업 측에 그런 결론을 낸 이유를 밝히라고 요구할 수도 있다. 심지어 알고리즘이 사용자를 어떤 방식으로건 차별할 수도 있으므로, 만약 그렇게 느꼈다면 상대 회사에게 이의를 제기하는 것도 고려할 만하다. 하지만 알고리즘이라는 것이(인공지능 프로그램도 마찬가지다) 정작 이를 만든 프로그래머 자신조차도 속속들이 동작을 이해할 수 없는 것이기 때문에 사용자가 납득할 만한 답변을 듣기는 현실적으로 어렵다.

알고리즘의 동작 원리를 이해하면 특정 사이트를 이용할 때 이를 바탕으로 해당 사이트가 사용하는 알고리즘에 의해 사용자가 어떤 영향을 받게 될지 어느 정도까지는 짐작할 수 있다. 예를 들어 자신이 보수파 혹은 진보파인데 알고리즘 때문에 한쪽으로 치우친 정보만 제공되는 바람에 보다 폭넓은 관점의 정보를 제공받지 못하고 있다고 생각한다면 평소 일부러 제외해두었던 뉴스 사이트를 방문해 보는 것도 한 방법이다. 물론 이 방법은 자신의 관점과 다른 뉴스를 보기만 해도 화가 치미는 성격의 사용자에겐 맞지 않는다. 하지만 사용자들 스스로가 관심을 기울이지 않는다면 시간이 지날수록 알고리즘은 모두를 더욱 자신들만의 가치관이라는 보이지 않는 감옥 안에 가두어놓을 것이다. 어쨌건 알고리즘이 얼마나 많이 퍼져 있는지를 깨닫고, 가끔이라도 여기에 순응하지 않는 태도를 보여야 할 필요는 분명히 존재한다.

인터넷뱅킹의 비밀

/

페이스북을 비롯한 여러 인터넷 기업들은 정보 보안에 특히 주의를 기울여야 한다. 암호화 관련 기술(암호화 및 암호 해독)은 항상 수학자들의 흥미를 끄는 주제였다. 카이사르가 사용했던 암호 같은 초창기 암호화 기법은 알파벳 문자를 다른 문자로 대치하는, 수학적으로 아주 단순한 방식이었다. 그러나 중세에 들어서며 이런 단순한 방식의 암호를 해독하는 방법이 개발된다. 이라크의 철학자 알-킨디al-Kindi가 자주 사용되는 어휘에 많이 나오는 알파벳의 빈도를 분석하는 방법으로 해독법을 만들어낸 것이다. 이 방법을 적용하면 단순히 문자를 다른 문자로 치환한 방식의 암호는 어렵지 않게 해독이 가능하다. 이후 벨라소Bellaso 암호* 같은 복식치환법polyalphabetic code, 만투아Mantua 암호처럼 동음이의어를 사용하는 방법이 등장하자 암호를 해독하려면 훨씬 복잡한 방법이 필요하게 되었는데 이때 사용한 방법도 역시 수학이었다. 제2차 세계대전 때 독일이 사용하던 애니그마Enigma 암호를 해독하기 위해 블레츨리 파크Bletchley Park에 모였던 앨런 튜링Alan Turing을 비롯한 당대의 뛰어난 수학자들도 수학을 이용해서 암호를 해독하는 데 성공했다. 이 과정에서 컴퓨터의 발전에 커다란 공헌이 이루어졌는데, 이로 인해 금융 시스템에서 보안이 필요한 웹사이트에 이르기까지 통신 내용을 암호화할 필요가 있는 곳에서는 새로운 어려움에 맞닥뜨리게 된다.

---

* 지오바니 바티스타 벨라소(Giovanni Battista Bellaso)가 개발한 암호화 기법. (옮긴이)

1970년대 말 이후 가장 좋은 암호화 방법으로 자리 잡은 것은 누구에게나 공개된 공개키(public key, 일반적으로 숫자 여러 개로 이루어짐)와 암호화된 해당 정보를 수신자만이 갖고 있는 개인키private key를 이용해서만 풀 수 있는 공개키 암호화PKE, public key encryption 방식이다. 은행권과 보안 상거래 웹사이트에 널리 사용되는 RSARivest-Shamir-Adleman 암호화 알고리즘이 가장 먼저 보급된 공개키 암호화 방법 중 하나다. 이 방법은 기본적으로 아주 큰 수의 소인수prime factor를 찾는 것으로, 아주 큰 값의 소인수 두 개만을 갖는 인수semi-prime*의 소인수를 찾는 문제다. 이 알고리즘은 두 개의 키 중 하나는 누구에게나 공개되는 반면 나머지 하나는 비공개인 비대칭 암호화 알고리즘이다. 공개키는 소수素數가 아닌 인수이고, 개인키는 소인수다. 아주 큰 소수 두 개를 곱하는 계산은 쉬운 일이지만, 소수 두 개의 곱으로 이루어진 아주 큰 수의 소인수 두 개를 찾아내기란 아주 많이, 훨씬 더 어렵다.

	예를 들어 111의 인수를 찾으려 할 때, 이 수가 3의 배수라는 건 금방 알 수 있고(각 자리의 합이 3의 배수이므로) 37이 인수 중 하나라는 것은 나누기를 해보면 금방 얻어진다. 하지만 2,183의 경우라면 이야기가 다르다. 3, 5, 7, 11… 등의 소수로 나누어도 나누어지지 않고 37로 비로소 나누어지므로 이 수가 37과 59의 곱이라는 것을 알 수 있다. 이 과정은 수가 더 커질수록 더 복잡해진다.

	문제는 향후 이 문제를 푸는 새로운 방법이 나타나서 RSA 방식

---

* 소수와 소수의 곱으로 이루어진 수.(옮긴이)

으로 암호화된 내용을 해독하기가 쉬워지는 경우다. 결국 체sieve 이론(걸러진 수의 크기를 알아내는 기법)을 잘 알고 있는 사람에겐 소수 두 개의 곱으로 이루어진 수의 소인수를 찾는 방법을 알아내기만 하면 엄청난 돈을 벌 수 있는 기회가 생긴다는 의미다. 하지만 이 문제는 이미 뛰어난 수학자들이 충분히 어려움을 겪고 있을 정도로 보통 어려운 게 아니라는 점은 알아두기 바란다.

공개키 암호화는 수학적인 이유로 인해 아주 폭넓게 쓰일 수밖에 없다. 빠르게 소인수분해를 하는 2차 체quadratic sieve와 일반 수체 general number field sieve 같은 알고리즘들은 이미 보편적이다. 그러므로 이에 대응하기 위해서는 더 큰 수를 키로 사용해야 한다. 그러나 키에 사용되는 수가 커져감에 따라 알고리즘이 점점 개선되면서 컴퓨터가 아주 큰 수 두 개를 곱하는 속도와, 소수 두 개의 곱으로 이루어진 아주 큰 수의 소인수를 찾아내는 시간 사이의 차이는 점점 줄어들고 있다. 이로 인해 PKE 방식의 가치는 점점 낮아지고 있다.

수학 전문 지식이 있고 암호학의 첨단을 달려보고 싶다면 가장 주목해야 할 분야는 타원 곡선 암호elliptic curve cryptography다. 아직 보급은 초기 단계이지만 이미 미국 정부, 토르Tor 프로젝트,* 비트코인 등에서 사용하고 있다. 아주 어려운 수학이 사용되므로 여기선 간략하게만 살펴보겠다. 타원 곡선은 아래 같은 방정식으로 표현된다.

$$y^2 = x^3 + ax + b$$

* 인터넷에서의 익명성 및 개인정보 보호기술 개발 프로젝트. (옮긴이)

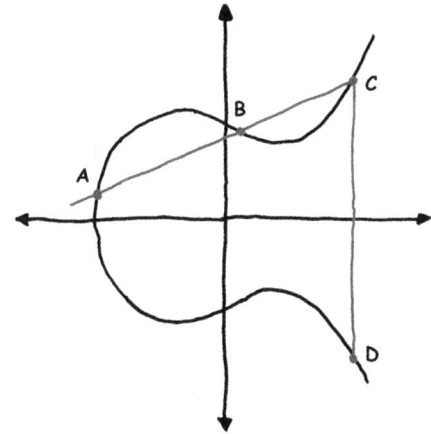

그림27 타원 곡선.

이 수식을 그래프로 그리면 그림27과 같은 형태의 곡선이 된다.

이 형태의 곡선에는 암호화에 활용할 수 있는 특성이 몇 가지 있다. 첫째, 이 곡선은 모양이 상하 대칭이다. 둘째, 수직이 아닌 모든 직선은 이 곡선과 최대 세 점에서 만난다. 이 곡선의 임의의 한 점에서 다른 점을 잇는 직선(그림의 예에서는 A에서 B로)은 C에서도 이 곡선과 만난다. 이 점에서 수직선을 아래쪽으로(C가 x축 위쪽에 있을 때) 혹은 위쪽으로(C가 x축 아래에 있을 때) 그려서 만나는 점 D는 C와는 x축 반대쪽에 위치한다.

그러므로 이 곡선 위에 있는 임의의 두 점을 이용해서 세 번째와 네 번째 점의 위치를 정의할 수 있다. 이 곡선을 암호화에서 중요하게 여기는 이유는 이 과정을 몇 번 반복해서 얻어진 점의 위치만 가지고는 역으로 최초의 시작 위치를 알아내기가 극단적으로 힘들다는 데 있다. 그리고 결정적으로, 시작점에서 마지막 점의 위치를 계산하는 것보다 반대 방향으로의 계산이 훨씬 어렵다. 결과적으로 상당히 작은 크기의 키를 이용해서 아주 보안성이 높은 암호화가 가능하다. 휴대용 소형 기기가 많이 보급된 상황을 고려할 때, 소형 기기들은 PKE 방식 암호화에 사용된 키의 크기가 커짐에 따라 필요한 곱셈을 하기에 충분한 연산 능력을 갖기 힘들다는 점에서 이는 아주 커다란 장점이 된다.

암호화와 관련해서 타원 곡선의 한 가지 특성에 대한 논란이 있다. 중타원 곡선 결정 무작위 비트 발생기Dual_EC_DRBG, Dual Elliptic Curve Deterministic Random Bit Generator는 미국국가안보국NSA를 비롯한 미국 공공 기관에서 표준으로 채택한 난수 발생기다. 하지만 많은 전문가들은 이 난수 발생 알고리즘에 NSA가 암호화된 정보를 몰래 해독할 수 있도록 하는 백도어backdoor가 숨겨져 있지 않을까 의심한다. 이는 이 알고리즘이 태생적으로 불완전하다는 뜻이 아니라, 이 기법을 이용하는 기기에는 중타원 곡선 결정 무작위 비트 발생기가 아닌 독자적인 난수 발생기가 탑재되어야 한다는 의미다(백도어가 있다면 이론적으로 NSA는 언제든지 암호화된 내용을 해독할 수 있으므로). 현재 많은 수학자들이 더욱 보안성이 높으면서 기존의 표준에 의존하지 않는 새로운 곡선을 찾아내려는 연구를 진행하고 있다.

비잔틴 장군 문제와 비트코인

21세기의 국제 경제에서 다양한 종류의 디지털 통화는 점점 중요한 역할을 하고 있다. 여기에는 게임 사용자나 소셜 네트워크 등의 특정 온라인 커뮤니티 안에서만 통용되는 가상통화에서부터 보안을 위해 거래 과정을 암호화하는 암호화폐까지 모두가 포함된다. 시장에 다양한 암호화폐가 나와 있지만 선두를 달리는 것은 2009년에 최초로 분산화된 보안 기능을 선보인 비트코인이다. 비트코인의 개발자들은 타원 곡선을 비롯해 비잔틴 장군 문제Byzantine Generals problem라고 불리는 아주 특이한 수학문제의 개념도 활용해 이런 결과를 만들어냈다.

문제는 이렇다. 여러 지휘관을 거느린 장군이 한 명 있다. 포위하고 있는 적군의 성을 함락하기 위해 장군은 연락병을 통해 지휘관들에게 총공격 또는 후퇴 명령을 내린다. 그런데 지휘관과 연락병 중 일부는 배신자들로, 일부러 잘못된 명령을 전달한다. 만약 명령이 반대로 전달된다면 전투는 패배로 이어지게 된다.

이 문제를 극복하는 한 가지 방법은 각각의 지휘관은 전달받은 명령을 나머지 지휘관 모두에게 전달하고, 모든 지휘관은 나머지 지휘관들로부터 동일한 명령을 전달받기 전까지는 움직이지 않는 것이다. 이렇게 하면 배신자가 있어도 일부러 거짓 명령을 전달할 수는 없다(그림28 참조).

비트코인은 이것의 변형된 형태의 문제를 풀어야 했다. 한 곳에서 관리되지 않으면서 모두에 의해 유기적으로 관리되는 네트워크self-governing distributed network가 분쟁을 심판하는 제3자의 개입 없이 모든 사람이 신뢰할 수 있도록 통화로서 기능하려면 정확한 '순서'(비트코인의 경우에는 소유와 거래 기록이라는 의미와 마찬가지)가 제시되어야 한다는 데

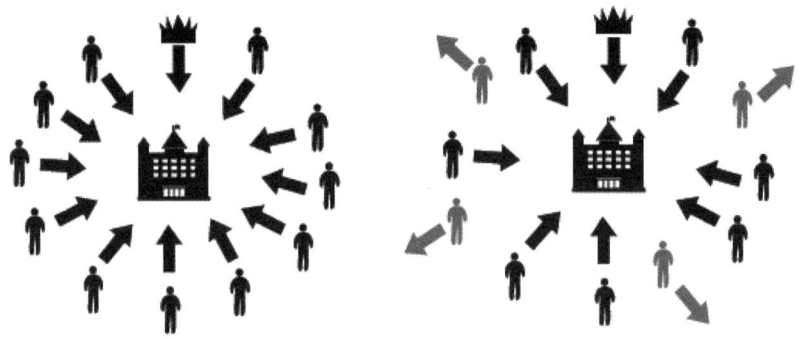

그림28　장군(왕관으로 표시)은 휘하의 모든 부대가 동시에 성을 공격하도록 해야 한다. 만약 배신자가 이끄는 부대가 도주하면 공략은 실패한다.

대해 모두가 동의할 필요가 있다.

이 문제의 해답이 바로 최초의 거래를 비롯한 모든 거래의 기록인 비트코인 블록체인의 뿌리다. 이것은 기본적으로 여러 곳에 분산된 데이터가 복제, 공유, 동기화되어 있다는 사실에 대한 관련자들의 합의consensus가 있다는 것을 의미한다. 비트코인을 지불 수단으로 사용하는 경우, 이 거래의 내역이 비트코인 사용자와 채굴자로 구성된 네트워크의 모든 노드에 전달된다. 비트코인 채굴자들은 컴퓨터를 동원해서 계산이 복잡한 수학문제를 풀고, 문제를 풀면 새로 생성된 비트코인을 얻는다. 네트워크의 각 노드는 거래에 문제가 없는지 검토하는데, 다른 말로 하자면 거래 자격이 있는지를 확인한다는 뜻이다. 거래 내역은 이미 인증된 다른 거래 내역*에 추가되며 기존

---

* 각 블록에 거래 내역을 비롯한 정보가 들어 있다. (옮긴이)

의 블록체인에 연결될 수 있다. 한 노드에서 계산을 통해 이 거래가 진짜 거래라는 것을 확인하는 작업 증명PoW, proof-of-work을 한 후 이 내용을 네트워크의 다른 사용자에게도 알려서 검증을 요청한다. 검증이 완료되면 새 블록은 비로소 블록체인에 추가된다. 추가된 블록에는 새 거래 내역과 작업 증명이 들어 있으며 앞 블록과는 수학적인 방법을 이용해서 연결되어 있다.

새로 추가되는 각 블록의 내용은 해시hash*를 이용해서 암호화되어 이전 블록과 연결되는데, 작업 증명은 위조하기 매우 어렵기 때문에 블록체인의 내용을 변조하기란 사실상 불가능하다. 거짓 거래 내역을 관련된 노드들에게 인정받으려면 해당 블록체인의 모든 블록을 최초의 블록까지 역으로 탐색해야 한다. 이는 극단적으로 복잡한 일이므로 불가능하다고 보는 것이 합리적이다. 결국 블록체인에 담긴 거래 내역들은 모두 신뢰할 수 있다고 보는 것이 타당하다는 뜻이다(이론적으로는 전체 비트코인의 51%를 소유한 사람이라면 이런 조작이 가능하기 때문에, 네트워크 크기가 작았던 초기에는 이 또한 문제점 중 하나였다. 하지만 네트워크가 점점 커지면서 이런 행위는 현실적이지 않아졌다).

암호화폐에는 또 다른 문제도 있다. 블록체인을 해킹하기는 불가능에 가깝지만, 개인의 통장은 해킹된 적이 있다. 최대 규모의 해킹 사건은 도쿄의 비트코인 거래소인 마운트곡스Mt. Gox에서 발생했다. 통화의 가치가 어느 정도는 사람들이 해당 통화에 대해 갖는 신뢰에서 만들어진다는 사실을 고려하면, 이런 사건이 이어지면 향후 해당

* 임의의 길이의 데이터를 고정된 길이의 데이터로 변환하는 단방향 함수.(옮긴이)

코인의 가치 폭락으로 이어질 수 있다. 사실 일부 사람들은 비트코인이 폰지 사기나 피라미드 사기의 일종이며, 이를 기획한 사람들은 이미 충분한 이익을 보고 빠져나가지 않았을까 생각한다. 각국 정부와 기업들이 암호화폐, 이와 관련된 수학을 어떻게 다룰지를 생각해 보는 것도 흥미로운 일이다. 금융 대기업들은 독자적인 블록체인을 개발하고 있으며 많은 정부는 비트코인 거래가 당국의 통제를 벗어날 가능성에 대해 우려하고 있다. 거래를 해킹하거나 범죄에 이용될 가능성이 충분하기 때문이다.

그러나 암호화폐의 미래가 어떤 모습이건, 비트코인을 비롯한 관련 사업을 만들어낸 수학의 위대함은 부정하기 힘들다.

파생상품의 기초

피터 린치가 이야기했던 10 중의 6 법칙은 주식투자를 할 때의 최대 손실액은 투자금보다 적다는 원칙에 근거한다. 그런데 금융시장에는 단순한 주식투자보다 훨씬 복잡한 상품이 많이 존재한다. 증권회사가 보유 현금이 부족한 고객에게 주식을 살 수 있도록 해주는 신용거래margin trading 같은 것도 그런 예다. 신용거래를 이용해서 주가가 떨어질 것으로 예상될 때 주식을 빌려서 판 뒤 주가가 떨어지면 주식을 다시 매수해서 돌려주는 공매空賣, short selling도 가능하다. 신용거래를 한다는 것은 실제로 갖고 있지 않은 자금을 잃을 가능성이 있다는 뜻이고, 한편으론 실제 투자금에 비해 수익이나 손실이 증폭되는 레버리지leverage* 거래를 할 수 있다는 뜻이기도 하다.

최근 수십 년 동안 선물이나 옵션 같은 파생상품derivative 시장이 급격히 증가했다. 이런 상품은 직접적인 주식투자에 비해 이해하기가 조금 더 어렵다. 기본적으로 파생상품이라는 금융상품의 가치는 해당 자산에 의해 결정되지만, 파생상품의 소유자 입장에서는 실제 해당 자산을 소유한 것이 아니다.

파생상품의 기본 개념을 보여주는 예를 살펴보자. 해피팜을 소유한 샘에게는 몇 가지 풀어야 할 문제가 있다. 첫째, 9월로 예정된 출하일까지 사과를 수확해야 한다. 그런데 최근 몇 년 동안 사과 시세가 불안정했고 기르고 있는 가축의 겨울철 사료로 쓸 밀을 구입하기에 충분한 돈도 확보하고 싶다.

도매상과 협상한 샘은 시장가격에 관계없이 선금으로 사과 한 박스당 15파운드를 한 달 후에 받기로 계약한다. **선물**先物, future 계약은 이런 식으로 이루어진다. 어찌되었건 샘은 겨울용 사료비를 지불해야 한다(이는 사업에서 헤징hedging의 예이기도 하다. 샘은 시장에서의 가격 변동에 대응하기 위해 선물 계약을 활용한 것이다). 만약 사과 가격이 한 박스에 15파운드 이상으로 오르면 도매상은 상승분만큼의 추가 이익을 얻고 샘은 얻을 수도 있었을 이익을 못 얻게 된다. 그러나 만약 공급이 넘쳐나서 사과 가격이 한 박스에 5파운드로 폭락한다면 도매상은 사실상 샘이 입었을 손실을 대신 떠안는 셈이다.

샘의 두 번째 문제는 해피팜을 확장할 필요가 있는 상황에서 마

---

* 투자금보다 수익금이 더 커지는 지렛대(lever) 효과를 이용하는 거래. (옮긴이)

침 매물로 나온 이웃 목장을 구입하는 일이다. 그런데 해피팜은 이미 변동 금리로 상당한 금액의 대출을 얻은 상태여서 커먼센스은행은 추가 대출을 망설이고 있다. 그러나 은행 측은 샘이 기존 대출을 고정 이율로 변경해서 이자 지급액을 일정한 액수로 유지하기로 한다면 대출을 해줄 생각이다.

옆 마을에 있는 플레전트팜의 소유주와 이야기를 나눈 샘은 이 목장이 고정 이율로 대출을 안고 있다는 것을 알게 된다. 이제 이들은 서로 상대방의 대출을 맞바꾸기로 계약한다. 그 결과 샘은 추가 대출을 받을 수 있게 되었고 플레전트팜은 향후 이자율이 떨어져 부담이 줄어들기를 기대한다(이런 희망을 품는 대신 당장의 이자율 상승이라는 위험을 감수하기로 한 것이다). 이것이 **신용스왑**swap*의 기본적인 메커니즘이다.

마침 샘은 플레전트팜의 주식 5만 파운드어치를 소유하고 있고 1년 안에 매각할 계획이다. 그런데 샘은 주식가격 하락에 대한 보호장치를 하고 싶어 한다. 이제 커먼센스은행은 샘이 12개월 이내에 주식을 시장가격의 변동과 관계없이 현재가격 5만 파운드에 은행에게 파는 권리를 갖고 이에 대한 수수료를 은행에게 지급하기로 샘과 계약한다. 만약 샘이 이 **옵션**option을 행사하지 않기로, 즉 주식을 팔지 않기로 결정한다고 해도 은행은 여전히 계약된 수수료를 지급받는다. 하지만 은행도 감수해야 할 위험이 있다. 만약 이 계약의 수수료율이 2%(1,000파운드)이고 주식가격이 3만 파운드로 하락하는 경우, 은행 입장에서 보면 5만 파운드를 주고 구입한 주식의 가치가 지금

---

* 기존 대출을 서로 맞바꾸는 것. (옮긴이)

받은 수수료 1,000파운드를 빼면 1만 9,000파운드나 하락하는 셈이다(샘이 5만 파운드에 파는 옵션을 거절할 정도로 멍청하지 않다는 가정하에).

이런 상황이 발생하면 커먼센스은행으로서는 이제 갑자기 추가 자금이 필요해지므로 샘에게 대출해준 계약을 제3자에게 할인된 가격에 파는 선택을 할 수가 있다. 이런 거래가 성사되면 은행은 자금을 마련할 수 있게 되고, 대출 계약을 구입한 제3자 입장에서는 실질적으로 이자율이 더 높은 대출을 보유한 셈이 된다. **신용파생상품** credit derivative 거래는 이런 식으로 이루어진다. 예를 들어 샘이 받은 대출잔고outstanding balance가 1만 파운드이고 이자율이 5%였는데 이 계약이 인터컴은행에게 5,000파운드에 팔렸다면 인터컴은행 입장에서는 사실상 10%의 이자를 지급받는 셈이다.

앞의 예는 파생상품 거래의 기본적인 형태이고 실제로는 매도와 매수의 형태를 띠는 다양한 변형 거래가 있다. 기본 원리는 위험을 피하고자 하는 쪽과 위험을 감수하고 더 큰 이익을 추구하는 쪽이 서로 위험을 사고파는 것이다.

2007년에서 2008년 사이에 시작된 세계 금융위기로 인해 파생상품 거래는 나쁜 이미지를 갖게 되었고, 일부 경우에는 실제로도 그렇다. 부채가 파생상품의 형태로 반복적으로 거래되면 실제로 거래되고 있는 것이 무엇인지 점점 불분명해진다. 결과적으로 이 상품이 갖고 있는 위험이 전체 금융 시스템에 퍼지는 형태로 재배치된다. 스콧 애덤스Scott Adams는 풍자만화 〈딜버트〉에서 부채의 권리를 사는 행위를 병든 소에게 전 재산을 투자하는 것에 비유하기도 했다. 병든 소 한 마리에 투자하는 행위는 멍청한 일이지만, 이를 모두 합처놓고 보면 '위험을 사라지게 하는' 것이라고 말이다. 아마 고위험 채권들이 잘게 나뉜 뒤 높은 신용등급을 받아 팔리는 일이 실제로 일어나지 않았다면 그냥 웃어넘기고 지나갈 만화로 그쳤을 것이다.

3장에서 다룬 마르탱갈 베팅 기법처럼 베팅 업계에도 마찬가지 상황이 존재한다. 아무리 위험을 나누고 잘라도 위험은 결국 시스템 내부에서 존재한다는 것을 살펴보았다. 대단한 재주로 위험이 사라지게 만든 것 같지만 위험은 어딘가 구석에 숨어 있다가 특정한 순간에 한꺼번에 나타나는 손실로 모습을 드러낸다. 2007~2008년 미국에서 신용등급이 낮은 고객을 대상으로 하는 서브프라임 시장이 붕괴하기 시작한 것이 바로 이런 경우였다.

그러므로 파생상품을 다룰 때는 항상 주의가 필요하다. 워런 버핏은 파생상품을 '대량 살상 무기'라고 표현하기도 했다. 그러나 파생상품에는 위험을 재배치하는 고유의 특성이 있는 것도 사실이고 파생상품 거래에서 수익과 손실의 확률을 제대로 계산할 수만 있다면 괜찮은 투자 대상이 될 수도 있다.

파생상품은 제로섬 게임일까?

두 사람이 동전 던지기를 해서 진 사람이 이긴 사람에게 1파운드를 주는 게임은 제로섬 게임이다. 이 용어는 게임 참여자 한쪽의 손실이 다른 쪽의 수익이 되는 경우를 가리키는 것으로 게임 이론에서 비롯된 것이다.

옵션과 선물 거래도 제3자에게 지급되는 수수료를 고려하지 않는다면 마찬가지다. 어떤 사람들은 파생상품 거래도 단지 위험이 재배치될 뿐 결국 제로섬 게임이라고 주장한다. 주식시장에 참여하는 개인 투자자도 대부분 제로섬 게임에 참여하는 것과 마찬가지로 볼 수 있다. 누군가의 수익은 주식을 매입한 다른 누군가의 손실이 될 수 있고, 반대도 마찬가지다.

그런데 이런 논리를 전체 주식시장이나 파생상품 시장까지 확장하기 어려운 이유는 전체 시장에 의해서 새로운 부가 만들어지기(혹은 사라지기) 때문이다. 주식시장에 유입된 자금이 경제 전반에 순환되는 방식과 파생상품이 위험을 분산하는 방식 모두 이론적으로는 부를 창출하는 바탕으로 작용한다. 그리고 창출된 부는 장기적으로 주식시장을 성장시킨다.

다른 한편으로, 이런 제로섬 논리를 주식 거래자들이 "시장을 이길 수 있는가"라는 질문에 적용해볼 수 있다. 시장 수익률을 웃도는 모든 거래는 이에 상응하는 만큼의 손실 거래가 있어야 함을 의미하므로, 항상 시장 수익률보다 높은 수익률을 낼 수 있다고 주장하는 펀드 매니저들을 평가할 때는 이 사실을 염두에 두는 편이 나을 것이다.

블랙-숄즈 모델과 금융위기

피셔 블랙Fischer Black과 마이런 숄즈Myron Scholes가 1973년에 〈옵션과 기업 책임의 가격 산정The Pricing of Options and Corporate Liabilities〉이라는 논문에서 제시한 블랙-숄즈 모델은 금융시장에서 거래되는 파생상품의 가치를 분석하는 방법이다. 이 모델은 최근 수십 년간 세계 옵션거래 시장에서 아주 널리 사용되었다. 다음 방정식으로 표현된다.

$$C = SN(d_1) - KN(d_2)e^{-rt}$$

$$d_1 = \frac{\ln(\frac{S}{K}) + (r + \frac{s^2}{2})t}{s\sqrt{t}}$$

$$d_2 = d_1 - s\sqrt{t}$$

C: 콜 프리미엄, S: 현재의 주가, t: 옵션 행사까지 남은 시간
K: 옵션 행사 가격, r: 무위험 이자율, N: 누적 표준 분포
e: 자연 상수(오일러의 수), s: 표준편차, ln: 자연 로그

상당히 복잡한 수식이므로 이를 상세히 살펴보기보다는 대체적인 의미를 둘러보기로 하자. 1900년 프랑스의 수학자 루이 바슐리에Louis Bachelier는 위아래로 움직이는 주식가격의 변동을 브라운 운동Brownian motion 혹은 랜덤 워크random walk로 표현할 수 있다는 이론을 제시한다. 이는 확률적으로 진행되는 과정stochastic process을 이용한 모델링으로, 기본적으로 시간의 진행에 따라 일어나는 무작위적 과정을 확률로 표현한 것이다. 그러므로 어떤 순간의 가격 변화를 무작위적이라고(하지만 분산의 크기는 유한하다고) 가정한다. 특정 기간 동

안의 가격 변화의 평균은 단기적으로 평균값이 상승 혹은 하강 쪽으로 움직이는 방향을 알려주며, 표준편차는 이 과정의 변동성을 나타낸다. 같은 가정하에서 가격의 장기적 변화는 정규분포(가우시안 Gaussian 분포)의 형태를 보이는 경향을 띤다(52쪽 참조).

바슐리에의 모델은 주가의 실제 움직임을 표현하기에 꽤 좋지만, 주식시장이 폭락하는 것같이 극단적인 상황에서는 잘 들어맞지 않는다(분산의 크기가 유한하다고 가정한 어떤 모델도 잘 맞지 않는다). 블랙, 숄즈, 로버트 메트런Robert Metron은 여기서부터 시작해서 옵션의 가격을 표현하는 모델을 만들고자 했다. 특히 앞에 제시한 모델은 유럽 시장에서 무배당 주식non-dividend paying stock의 콜 옵션call option을 대상으로 하는 것이다. 이 옵션은 특정 날짜에 특정 가격으로 주식을 살 수 있는 권리(꼭 사야 하는 의무는 없다)를 가리킨다.

옵션 수익을 그래프로 그리면 하키 스틱 모양과 비슷하다(그림29). 주가가 특정 수준에 이르지 못하면 수익이 없다가 어느 이상부터는 주식을 미리 정해진 가격에 사서 바로 팔 수 있으므로 수익이 증가한다.

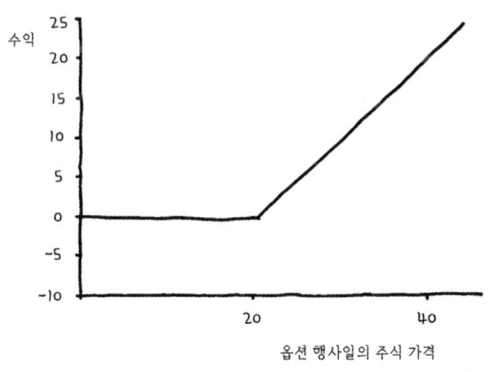

그림29
콜 옵션의 수익
(행사 가격 = 20)

콜 옵션의 가치를 판단하려면 기대치를 구하는 방법이 있어야 하고, 그러려면 해당 자산이 특정 가격에 도달할 확률을 알아야 한다. 앞의 수식 첫 부분에 나오는 $SN(d_1)$은 구입한(구입한다면) 주식의 가격 추정치이다. 여기서 옵션을 행사하는 데, 즉 주식을 구입하는 데 들어가는 비용을 뺀다. 두 번째 부분 $KN(d_2)e^{-rt}$가 이 값이다. e^{-rt}는 돈의 시간가치를 나타내는 할인 요소다(돈의 미래가치는 현재보다 낮다는 걸 기억하자). 마지막으로, 꽤 복잡하긴 하지만 d_1과 d_2를 구하는 식은 자산의 변동성을 표현하는 것이다. 변동성이 아주 높은 자산에 대한 옵션의 가치는 변동성이 낮은 자산에 대한 옵션의 가치보다 높다. 자산의 가치가 크게 내리더라도 비용은 적은 반면(두 자산 모두 행사 가격보다 낮다면), 가격이 크게 오를 때가 적게 오를 때보다 옵션의 가치가 더 있으므로 직관적으로 생각해도 타당하다.

블랙-숄즈 방정식에서는 변동성이 상수이므로 거래 비용 또는 공매 한계가 없고 무위험 이자율로 안정적 가치를 갖는다는 몇 가지를 가정한다. 이런 가정은 현실에선 종종 부정확한 요인이 되지만 그럼에도 이 방정식은 통상적인 조건에서 옵션의 가치를 평가할 때 상당히 쓸모가 있다.

퀀트 펀드와 애널리스트들은 이 방정식을 변형해서 다른 파생상품의 가치를 평가하는 방법을 다양하게 만들어냈고, 결과적으로는 단지 파생상품의 가치를 객관적으로 평가하는 지표가 존재한다는 이유로 인해 파생상품 거래가 급격히 늘어나게 된다. 일부에서는 퀀트 펀드가 제공한 블랙-숄즈 방정식이 시장에 잘못된 믿음을 주었다고 지적하며 이 방정식을 세계 금융위기의 원흉으로 꼽기도 한다.

사실 금융위기를 통해 파생상품이 가진 위험성과, 시장을 수학적으로 분석하는 것의 한계가 일부 드러났다는 점은 부정하기 분명히 힘들다. 이 책에서도 이미 '쓰레기를 넣으면 쓰레기가 나온다'라는 격언을 언급한 바 있다. 파생상품 방정식의 문제는 이 수식을 사용하는 사람들이 이것이 어디까지나 모형이라는 사실과, 상황에 따라서는 전혀 엉뚱한 답이 나올 수도 있다는 것을 종종 간과한다는 데 있다(입출력하는 데이터의 신빙성은 말할 것도 없고). 금융과 관련된 수학 모형은 아무리 좋아도 결국에는 무엇인가를 추정하는 것이므로, 모형이 현실과 들어맞지 않을 때 사용할 플랜B를 항상 준비해두어야 한다.

고빈도 매매의 수학

1969년 에드 소프가 프린스턴 뉴포트 파트너스를 시작한 이래, 수학은 더 이상 그저 따분한 학문이 아니라 국제 금융 시스템에서 위험 관리와 회계 부서 업무에게 있어 핵심적 역할을 담당하는 존재로 떠오른다. 퀀트 펀드들은 블랙-숄즈 모형 같은 알고리즘을 이용하고, 초단타 매매를 비롯한 다양한 거래 방식을 이용하며 금융자본 운용의 주역이 된다.

금융시장에서 수학이 주목받게 된 과정은 수학 천재 짐 사이먼스Jim Simons의 경력을 통해 확인할 수 있다. 사이먼스는 수학계에서 고도의 위상수학 이론인 천-사이먼스Chern-Simons 3형식으로 유명한 인물이다. 또한 널리 알려진 헤지펀드인 르네상스 테크놀로지의 창업자이기도 하다. 이 펀드는 2015년 10월 기준으로 650억 달러의 자산을 관리하고 있으며 자산의 대부분이 직원 소유다.

이 회사에 금융계 출신 직원은 드물고, 대부분 학계나 이론 연구 분야의 배경을 갖고 있으며, 셋 중 하나는 수학이나 물리학 박사학위 소유자다. 사이먼스가 은퇴한 후에는 IBM리서치 출신의 컴퓨터 언어학 분야의 인물 두 명이 회사를 이끌고 있다. 이 회사의 투자 전략은 복잡한 알고리즘과 수학적 모형에 크게 의존했다. 이처럼 난해하고 외부인이 이해하기 어려운 방법을 사용한 것도 이 회사가 가장 지속적으로 성공적인 헤지펀드 중 하나가 된 이유다.

퀀트 펀드는 고빈도 매매*의 역사에서 핵심적인 존재다. 이 분야는 컴퓨터를 이용한 거래가 실용화된 덕분에 태어날 수 있었다. 이 전략을 이용하는 펀드는 극단적인 고빈도 매매를 한다. 마이클 루이스는 저서 《플래시 보이스Flash Boys》에서 경쟁자들보다 유리한 위치를 점하기 위해 몇 밀리세컨드(1밀리세컨드는 1,000분의 1초) 먼저 전산망에 연결하려는 치열한 싸움에 대해 이야기한다. 일부는 경험을 통해 전략을 수정하는 능력을 가진 인공지능도 이용한다. 헤징, 차익거래, 단기 모멘텀 이동 기법 등에서 초단타 매매 투자자들이 실제 사용하는 수학적 모형은 사실상 동일하지만, 이들은 이 거래를 몇 주, 며칠, 혹은 몇 시간 간격으로 반복하는 것이 아니라 불과 몇 밀리세컨드 이내에 한다. 이는 이들이 때때로 상황에 따라서는 다른 거래

---

* 고빈도(高頻度) 매매. high frequency trading. 흔히 초단타(超短打) 매매라고도 하나, 엄밀히 보면 개념적으로 고빈도와 초단타는 다름.(옮긴이)

자가 구매하려는 것을 보고 끼어들어 먼저 거래를 성사시킬 수도 있음을 의미한다(한편으로는 이것이 고빈도 매매를 조장하려는 목적으로 하는 스푸핑으로 이어지는 위험한 순환 고리가 만들어지는 원인이기도 하다).

이런 유형의 거래가 시장의 변동성을 높이는지, 아니면 안정화시키는 요소로 작용하는지에 대해서는 많은 논란이 있다. 어쨌거나 수천 대의 컴퓨터가 동원되어 자동으로 거래를 이어나가는 것은 분명히 위험하다고 볼 수 있다. 2010년 5월 6일 미국에서 일어난 순간적인 급폭락Flash Crash 사건의 원인은 이런 자동화된 거래로 인해 거래가 점점 급증하는 현상 때문이었다. 이런 사고를 막기 위해 일시적 거래 중지 같은 대책이 동원되기도 하지만, 일부에서는 여전히 고빈도 매매를 시장의 위험 요소로 여긴다. 대표적으로 찰스 멍거는 고빈도 매매가 "남보다 100만 분의 1나노초 먼저 정보를 손에 넣으려는 고빈도 매매자들이 거래의 절반을 차지하도록 만드는 아주 멍청한 짓거리"라고 비난했다. 물론 한편에선 영국의 한 연구처럼 퀀트 펀드에 의한 고빈도 매매가 거래 비용을 낮추고 유동성을 높이는 데 도움이 되며 시장의 효율성에 아무런 해가 되지 않는다는 결론을 낸 사례도 있긴 하다.

좋건 싫건 고빈도 매매는 계속 존재할 것이고, 금융시장이 얼마나 급속히 변화할 수 있는지를 보여주는 좋은 예이기도 하다. 고빈도 매매는 1990년대만 해도 사실상 알려져 있지 않은 전략이었지만 짧은 시간 내에 시장의 대부분을 점유하는 규모로 성장했고, 초기 투자자들은 어마어마한 수익을 거두었다. 이후 점점 더 많은 펀드가 이 전략을 채택하면서 예전과 같은 수익률은 기대할 수 없어졌고 수익은 떨어졌다. 이런 현상은 디지털 경제에서 흔히 일어나는 일이고, 수학이 핵심적 역할을 수행하는 경우라면 다른 분야에서도 유사한 경우가 많이 나타난다.

퀀트 펀드나 고빈도 매매가 여전히 수익성이 높은 분야로 남아 있긴 하겠지만, 언제나 가장 큰 이익을 보는 것은 역시 혁신을 이루는 사람들이므로 만약 자신이 높은 수준의 수학 능력을 갖고 있다면 차세대 구글, 차세대 고빈도 매매, 차세대 비트코인 같은 새로운 변혁을 만들어내는 기술에 관심을 가져보는 것이 좋을 것이다.

6장 요약

1. 알고리즘과 퀀트 펀드가 금융 세상을 지배한다. 다가올 수십 년간의 지배자는 누구일까? 확실히 알 수는 없지만, 수학이 핵심일 가능성은 높다.
2. 수학과 금융의 관계는 점점 복잡해지고 있다.
3. 미래의 글로벌 경제에서 부를 쌓는 (혹은 잃는) 기회 중 일부는 이 복잡성과 직접적으로 연결된다.
4. 디지털 혁신에 관련된 수학이 꼭 수학 박사 수준으로 어려운 것은 아니다(일부는 그렇긴 하지만…).

제7장

일 잘하는 사람의 수학 스킬

"수학을 배워야 생각이 정리되므로
수학은 꼭 배워야 한다."

M. W. **로모노소프** M. W. Lomonossow

수학적 사고의 큰 장점 중 하나는 엄격함이다. 수학을 긍정적으로 이용하는 방법 중 하나는 수학을 이용해서 더 나은 결정을 하고 패턴을 더 잘 이해하는 것이다. 하지만 수학과 올바른 통계적 접근을 사용해서 비이성적 사고를 방지하고 잘못된 결정을 피하는 식으로 방어적으로 사용할 수도 있다.

데이터는 충분히 수집한다

너무나 많은 사람들이 충분치 않은 데이터에 의존하는 바람에 잘못된 결론에 도달한다. 통계적 유의성과 표본 크기의 개념을 이해하고 나면 정보가 충분해야 좋은 결정을 할 수 있다는 것을 알게 되므로, 기존에 갖고 있는 편견을 확인해주는 정보가 아니라 실제로 의미 있는 데이터를 찾으려 하게 된다. 이렇게 하면 최소한 감정이나 본능에 의존하지 않고 수학적으로 타당한 근거를 갖고 사업이나 투자와 관련된 결정을 내리는 데 도움이 된다.

너무 적은 표본을 바탕으로 성급하게 결론을 내지 않으려면, 작은 수와 큰 수의 법칙을 항상 기억해두어야 한다(3장 참조). 만약 어떤 한 분야의 몇 달간 판매 실적을 보는 경우라면, 판매 추이가 상승하거나 하락하고 있는지를 판단하기엔 대체로 데이터가 부족할 가능성이 높다. 그리고 어떤 특정한 원인이 반영되지 않은 수치에선 표준편차로 인해 지엽적인 변동이 생긴다는 것도 알아두어야 한다.

과학 실험의 결과를 평가할 때 통계학자들은 통계적 유의성 statistical significance이라는 개념을 적용한다. 두 변수가 있을 때, 결과가 통계적 유의성을 가지려면 주어진 귀무가설(歸無假說, null hypothesis, 두 변수가 서로 상관되어 있지 않다는 가설)*이 성립할 가능성이 아주 낮아야 한다. 좀 더 자세히 들여다보자. 우선 매 실험마다 유의수준 significance level 알파α라는 기준점을 정한다. 이 값은 가설이 옳은데도 틀린 것으로 보고 기각할 확률이다. 이제 이 값을 결과가 통계적으로 볼 때 우연히 나타날 확률인 p값과 비교한다. 만약 p가 선택된 유의수준보다 낮다면, 결과가 통계적으로 유의하다고 본다. 보통 통계적 유의성을 판단할 때 5%가 기준으로 많이 쓰인다. 100%에서 유의수준을 뺀 값을 신뢰수준 confidence level이라고 하므로, 5%의 유의수준이라는 표현은 신뢰수준 95%라는 말과 같은 뜻이다.

순수한 과학적 원리를 판매 수치나 시장 조사에 그대로 적용하기

---

* 이 둘이 상관된 것으로 보이는 관측 결과는 순전히 우연의 결과라는 가설. (옮긴이)

는 당연히 어렵지만, 어떤 값이 순전히 우연에 의해서 나타나기가 쉽지 않을수록 근본적 이유를 찾아낼 가능성이 높아진다는 기본 원칙은 알아둘 필요가 있다.

다음으로 기억할 내용은, 진부하긴 하지만, 상관관계correlation가 인과관계causation를 의미하지는 않는다는 것이다. 어떤 변수 사이에서 아주 높은 상관관계가 보인다고 해도 이 둘 사이의 관계를 설명하려면 여전히 많은 것을 살펴봐야 한다. 예를 들어 어떤 판매상의 실적이 모든 지역에서 상승한 것을 보고 누구라도 이 회사가 아주 일을 잘하고 있다는 생각부터 드는 건 자연스런 반응이다. 그런데 만약 회사의 신제품이 씨앗을 뿌리는 파종기이고 이 판매상이 농촌 지역에서만 활동하고 있다면, 뛰어난 실적의 원인은 판매상의 능력이라기보다는 신제품 출시 때문이라고 보는 것이 합당할 것이다.

어떤 값들을 살펴볼 때 서로 상관관계가 있는지를 보려면 표본이 충분히 많은지, 둘 사이의 연관이 충분히 강하고 일관성이 있는지, 다른 가능성은 없는지를 잘 확인해야 한다. 예를 들어 남자와 여자 직원들이 점심 식사에 할애하는 시간을 비교하는 경우를 생각해보자. 이 경우 한쪽의 결과가 다른 쪽에 영향을 미치지 않으며 둘 다 회사의 사규라는 별도의 요인에 영향을 받는다.

마케팅에서는 실험과 가설에 대해 생각해봄으로써 종종 유익한 결과를 얻기도 한다. 만약 자신이 SNS에서 인지도가 있으면서 사업을 더 키워보고 싶다면, 예컨대 프로필에 적혀 있는 대문 글에 이 목표를 달성하는 데 필요한 구체적인 이론을 내거는 것 같은 일부터 시작하길 권한다. 그리고 일정 기간 동안 변화를 살펴본다.

이때 두 방법이 서로 영향을 주는지를 살펴보는 A/B 테스트의 관점에서만 바라보지 않아야 한다. 통계적 유의성이 있을 모든 경우를 떠올려야 하고, 가능하다면 차이를 측정하고 기록한다. 조회가 구매로 연결되는 비율을 높일 아이디어를 시험해보려 한다면 이 비율과 관련이 있는 모든 데이터를 기록한다. 비율의 추세는 어떤가? 제품은 얼마나 팔리고 있는가? 어떤 화면이 효과적인가? 등등.

어떤 것이건 변화를 주었을 때의 결과가 일정한 판매 기간 동안 일관되게 나타나는지도 확인해야 한다. 조회 수가 구매로 연결되는 비율의 증가가 무언가를 개선해서가 아니라 우연히 나타난 것일 수도 있다. 변화의 효과가 의도하지 않은 다른 요소에 의해 일시적으로 일어난 것이 아니라는 것을 확인해야 한다.

어차피 완벽하게 과학적인 접근이란 불가능할 수도 있지만, 처음부터 가설과 통계적 유의성을 생각하고 있다면 훨씬 안정적인 결과를 얻을 수 있는 것이다.

퀘스트

수치를 보고 판단할 때는 표본 크기가 적절한지 늘 확인한다. 가능한 많은 데이터를 확보하는 것이 중요하다. 회사의 회계 시스템이나 판매 데이터베이스를 이용해 보고서를 작성해야 하는 경우가 많으므로, 관련 교육을 받아두면 유용하다. 미래 예측은 신뢰도가 높아야 쓸모가 있다는 것을 명심하자. 그리고 어떤 데이터건 설명이 가능해야 한다.

무작위성 이해하기

/

앞선 장에서 살펴보았듯, 인간은 본능적으로 패턴을 찾으려 하기 때문에 무작위성에 대해서는 어려워한다. 무작위적인 움직임을 흉내 내는 것에도 약하다. 가장 대표적인 예가 동전 던지기에서 계속해서 앞면이 나오면 다음번에는 뒷면이 나올 가능성이 높다고 생각하는 것이다. 무작위적인 분포에 대한 무지를 극복하고 나면, 수치가 통계적으로 유의하지 않은데도 상관관계를 인과관계로 여기는 것 같은 여러 가지 실수를 피할 수 있다.

나심 탈레브가 쓴 《행운에 속지 마라》는 이 주제를 아주 흥미롭게 다루고 있다. 그의 주장의 핵심은 삶에 다양한 방식으로 영향을 미치는 무작위성, 우연, 행운을 사람들이 제대로 이해하지 못한다는 것이다. 후판단 편파hindsight bias와 생존자 편향 오류survivorship bias 같은 개념은 인간이 어떤 일을 성공적으로 완수하려면 우연보다는 자신의 능력에 더 의존해야 한다고 생각하고 있음을 보여준다. 그가 든 예 중에는 부유한 치과의사와 성공한 펀드 매니저의 비교가 있다. 치과의사는 대체로 이후의 보상이 보장된 분야에서 힘든 수련 과정을 마쳤으므로 현실에서 닥치는 여러 문제에도 불구하고 성공하는 반면, 변화가 극심한 분야에 종사하는 부유한 펀드 매니저는 아주 작은 사건들이 이어지다보면 한순간에 모든 것을 잃을 수도 있다. 그가 말하고자 하는 것의 요점은, 삶에서 내리는 다양한 결정의 질은 단순히 결과가 아니라 각각의 결정에 의해서 일어나는 시나리오도 고려해서 판단해야 한다는 것이다. 예를 들어 주식시장이 고점에 이르렀다고 잘못 판단한 사람이라도 시장의 펀더멘털에 대해서는 올바르게 분석하고 있을 수도 있는 반면, 시장을 잘 읽은 사람이 그저 운이 좋았던 것뿐일 수도 있다. 누구건 오랜 시간에 걸쳐 다양한 선택을 하는 과정에서의 성공 비율이 높아야 비로소 확실하고 신뢰할 만한 방식으로 성공적이라고 이야기할 수 있다.

이 말 속에는 사업이나 투자에 종사하는 사람이라면 주목해야 할 교훈이 여러 가지 들어 있다. 결정을 내리는 데 많이 활용되는 단기적 정보는 많은 경우 통계적 관점에서는 그저 핵심과 무관한 정보(잡음)이기 쉽다. 그러므로 지금껏 좋은 성과를 내온 전략을 평가하려면 이 전략을 고수하면서 동시에 부정적인 결과에 노출되지 않도록 주의해야 한다. 왜냐하면 성공의 원인이 어떤 특정 전략 때문이었다는 것을 확인하려면 긴 시간 동안 반복적으로 이 전략을 적용해봐야 그간의 성공이 무작위성 때문이 아니라는 것을 확인할 수 있기 때문이다. 결국 반복적으로 장시간 동안 같은 방법을 시도해봐야 비로소 그 방법을 쓴 것이 올바른 결정이었는지 아니면 그저 운이 좋았을 뿐인지가 드러난다.

또한 탈레브는 큰 이익을 위해서라면 작은 손실은 감수할 가치가 있다는 점을 강조한다. 아주 가능성이 낮은 사건도 값이 싸게 매겨질 수 있으므로(홀인원 갱의 사례에서처럼. 206쪽 참조) 큰돈이 걸려 있는 경우에는 작은 베팅을 해보는 것도 때로는 가치가 있다. 탈레브가 이야기했듯, 95%의 시나리오에서는 돈을 잃지만 5%의 경우에 큰돈을 버는 옵션의 기대치는 아주 클 수 있다. 그리고 여기에 돈을 거는 것은 95%의 경우에 작은 돈을 따지만 5%의 경우에는 파산할 가능성이 있는 옵션에 거는 것보다는 덜 위험한 베팅이기도 하다.

인간은 태생적으로 무작위성을 오해하도록 만들어진 존재에 가까우므로 무작위성을 제대로 이해하려면 표준편차나 큰 수의 법칙 같은 통계적 개념을 반복적으로 습득하는 식으로 상당한 노력을 해야 한다. 예를 들어 동전 던지기에서 뒤/앞/뒤/앞/뒤/앞이 나오면 뒤/뒤/뒤/앞/앞/앞이 나온 것보다 더 무작위적이라고 본능적으로 여긴다. 첫 번째 경우가 두 번째보다 단지 앞뒤가 더 자주 바뀌므로 무작위적이라고 생각해버리는 것이다. 어떤 결과건 일단은 무작위성에 의한 것일 수 있다고 생각하는 것도 좋은 방법이라고 탈레브가 주장하는 이유가 이것이다. 결과가 무작위성에 의한 것인지, 아니면 특정한 전략이나 결정에 의한 것인지는 결국 시간이 지나야 드러나므로, 일단은 양쪽 모두에 가능성을 열어두는 것이 중요하다.

그림으로 표현하라(하지만 조심해서)

수학자들 사이에서는 주어진 문제를 그림으로 표현하는 것을 백안시하던 시절이 있었다. 19세기 후반 주세페 페아노Giuseppe Peano는 사각형 모양으로 이루어진 무한 프랙털*인 공간 채우기 곡선space-filling curve을 제시하면서 간단한 그림을 마다하고 굳이 방정식을 이용해서 이를 표현했다. 이후 다비트 힐베르트David Hilbert 같은 후대의 수

---

* 일부의 형태가 전체와 유사한 성질인 자기 유사성을 갖는 기하학적 구조. (옮긴이)

그림30 공간 채우기 곡선을 힐베르트가 그림으로 나타낸 것. 이론적으로는 이 과정이 무한히 복잡해지면서 한 직선이 사각형 내부를 모두 채우게 된다.

학자들이 이 방정식의 아름다움을 그림으로 나타냈다.

  수학의 연구 분야가 넓어지면서 그림으로 문제를 표현하는 접근 방법이 점점 많이 활용되었다. 2017년에 아깝게 세상을 떠난 이란의 수학 천재 마리암 미르자카니Maryam Mirzakhani는 자신의 연구에 다이어그램과 패턴을 이용한 방법을 많이 활용했다. 그녀는 예술적 재능이 풍부했는데, 수학 분야에서는 고차원 공간에서의 다양한 형태의 기하, 추상적 형태와 구조를 연구했고, 다각형 당구대에서의 공의 움직임 같은 조금은 평범한 문제(수학적으로는 엄청나게 복잡한 문제다)에도 관심을 가졌었다.

  비즈니스나 투자를 하면서 쌍곡선, 다차원 당구대를 그려봐야 하는 상황은 아마 없겠지만 정보를 처리할 때 무엇인가를 그림으로 나타내는 것은 아주 중요한 일이다. 엑셀 같은 스프레드시트보다는 차트 한 장이 훨씬 더 설득력 있게 마련이다. 생산 라인이나 신제품의 개발 흐름을 보여주는 순서도를 이용하면 해당 과정을 훨씬 이해하기 쉽다. 무엇인가를 그림으로 나타내면 데이터 속에 담긴 패턴을 이해하기도 쉽고, 타인에게 보여주기에도 아주 효과적이다. 하지만 그림에 의한 정보의 왜곡에 대해서는 약간의 주의가 필요하다. 예를 들어 그래프의 아래쪽이 0이 아니면 변화의 양이 과장되고, 여러 집단을 벤다이어그램으로 나타내면 각 집단의 크기 차이를 오해하기 쉽다.

여기서는 수학을 그림으로 표현할 때 흔히 일어나는 실수의 예를 몇 가지 살펴보기로 한다. 이 실수들은 수학적인 사고에 애초부터 실패하는 것만큼이나 치명적이다. 이런 문제들을 이해하고 나면 다른 사람의 주장에 담긴 오류를 파악하기 쉬워지고 자신의 주장을 보다 명료하게 제시할 수 있을 것이다.

기린의 키를 나타낸 차트를 보자(그림10, 48쪽). 이 장의 초반에서 이미 이 차트가 부정확하다는 것을 눈치 챘을 것이다. 이 차트는 아래쪽 선이 0이 아니다. 그랬다면 기린들의 키는 실제 비율에 가깝고 훨씬 비슷하게 그려졌을 것이다. 그림에서 가장 작은 기린은 가장 큰 기린의 절반에도 못 미쳐 보이지만, 실제 키의 분포는 153cm에서 181cm 범위다. 이런 식으로 그린 이유는 훨씬 더 드라마틱하고 재밌어 보이기 때문이지만, 실제에 가까운 그림을 원한다면 아래 선이 0이 되도록 그렸어야 한다.

기준선이 0이 아닌 그래프는 그림으로 표현할 때 오해를 불러일으키는 대표적인 방법이다. 기린의 키를 나타내는 그래프라면 별 해가 될 것도 없겠지만, 영업이사가 경영진에게 그림31의 그래프를 발표하는 경우라면 이야기가 다르다. 마치 판매가 두 배는 늘어난 것

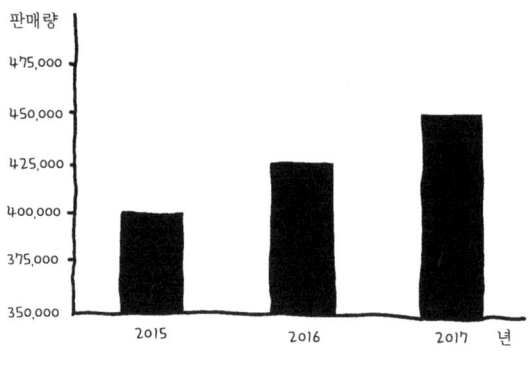

그림31 판매 실적.

처럼 보이지만 실제 증가율은 12.5%에 불과하다. 결국 경영진에게 부정확한 인상을 통해 잘 보이려는 의도에 다름 아니다.

　영업이사가 실적을 좀 더 드라마틱하게 보이고자 한다면 그림32처럼 판매 증가를 더 극적으로 과장되게 보여주는 3차원 막대그래프를 쓸 수도 있다. 3차원 그래프는 막대의 높이를 실제에 비해 왜곡되게 보여주기 때문에 항상 의심의 눈으로 바라볼 필요가 있다.

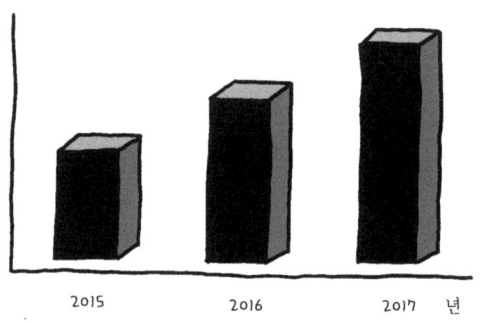

그림32 3차원 막대그래프로 나타낸 판매량 실적.

어떤 수치가 제시될 때는 항상 핵심적 의미를 잘 고려해야 한다. 그림33은 플라스틱 바나나사Plastic Bananas Ltd의 생산 부서에서 작성한 것으로 고객의 반품 사유를 보여주는 그래프다.

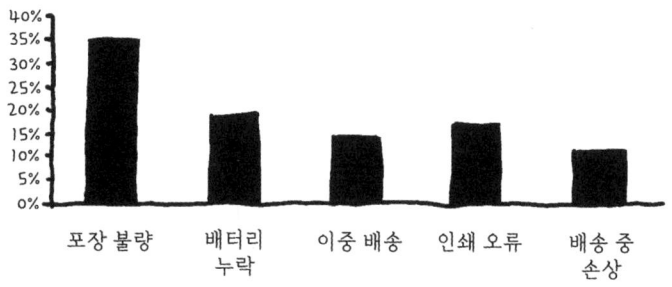

그림33 플라스틱 바나나사에 반품된 제품의 반품 사유.

이 그림 같은 작성 방식은 거의 쓸모가 없다. 예를 들어 35% 정도가 포장 불량 때문에 반품되었다고 나타나 있다. 우선, 무엇보다 전체 반품율을 알아야 한다. 만약 반품율이 0.1%라면 단 0.035%가 포장 불량으로 반품되고 있는 것이므로 크게 우려할 정도는 아니다.

또한 제시된 자료의 완성도도 중요하다. 만약 영업자가 실적을 자랑하고 싶어 한다면 아마 그림34 같은 자료를 제시할 것이다.

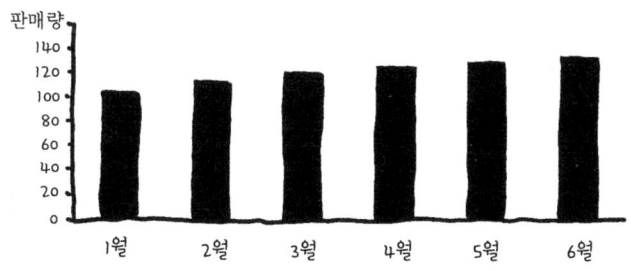

그림34 1월부터 6월까지의 판매 실적.

이 그림을 봐서는 판매가 계속 증가하는 추세는 분명해 보인다. 하지만 그림35의 12개월 판매 실적과 비교해보면 이야기가 다르다.

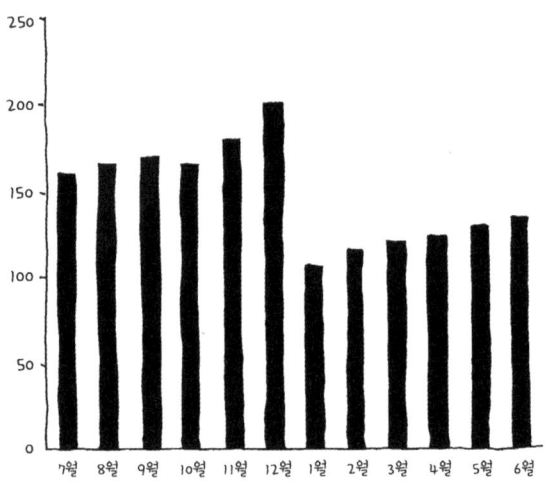

그림35 작년 7월부터 올해 6월까지 12개월간의 판매 실적과 비용.

이젠 상황이 훨씬 덜 좋아 보인다. 1월부터 6월까지의 판매 증가는 단지 판매가 항상 낮은 계절에서 여름이 되며 늘어난 것에 불과하고, 6월의 판매량은 작년 여름과 비교하면 현저히 낮다. 현황을 정확히 파악하려면 수년 전부터의 판매 실적을 함께 살펴봐야 한다. 언제나 그렇듯, 데이터가 많을수록 상황을 더 명확하게 볼 수 있다.

그림36은 그래프에 y축을 두 개 사용해서 문제가 있는 경우다. 판매 대리점들로부터 세일즈 비용이 늘어나고 있다는 불평을 듣고 있는 영업 책임자는 세일즈 비용과 매출액 사이에 관계가 있다는 것을

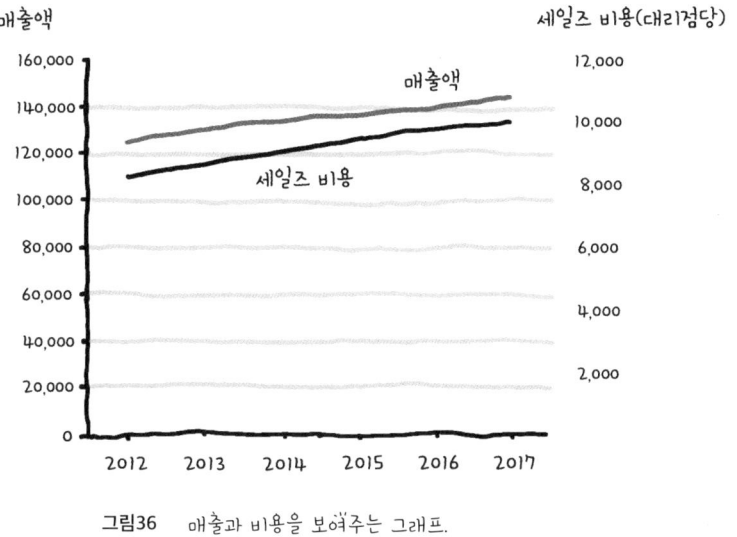

그림36　매출과 비용을 보여주는 그래프.

보여주려고 이런 그래프를 내놓았을 것이다. 하지만 서로 다른 수치를 갖는 y축 두 개를 쓰면 혼란만 가져온다. 이 그래프에서 보면 매출액은 불과 8% 정도 성장했는데 반해, 대리점당 세일즈 비용은 약 25%나 증가했다. 이 사례에서는 아마도 대리점당 비용보다 총 비용을 표기하는 편이 더 합당했을 것이다.

다음 예는 벤다이어그램을 잘못 활용한 경우다(그림37). 이 그림의 목적은 어떤 특정 장난감 매장에서 장난감을 구매한 고객들 중 어느 정도가 의류도 함께 구입하는지를 보여주려는 것이다. 하지만 수치 자체의 의미가 모호하고(정확히 무엇의 10%, 20%인가?) 일단 원의 크기가 오해를 부른다. 그려진 원의 교집합 부분의 면적을 바탕으로 바라보면 마치 장난감 구매자의 절반에 못 미치는 수의 고객이 의류도 함께 구입한 것처럼 보이지만, 숫자를 보면 장난감 구매자의 80%가

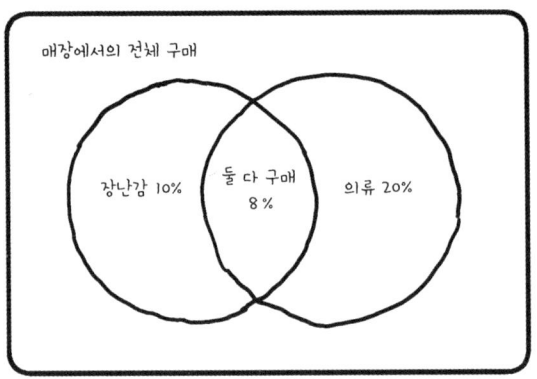

그림37   매장에서의 구매자 분포를 보여주는 벤다이어그램.

의류를 구입하고 있다. 바로 앞의 그래프의 경우와 마찬가지로, 이 그림도 정확하게 그려졌다면 의미 전달이 더 용이했겠지만, 이처럼 잘못된 경우엔 오히려 혼란만 부를 뿐이다.

퀘스트
그림으로 정보를 표현하려면 어떻게 해야 정확한지를 먼저 배워야 한다. 또한 동료들이 사용하는 그림에서 잘못된 부분과 혼란스러운 요소들을 찾아내는 훈련을 한다(특히 판매 실적과 관련된).

데이터에 귀를 기울인다

사실만 나열된 데이터는 지루하게 마련이다. 예를 들어 부동산을 장기간에 걸쳐 소유하면서 세를 놓거나 주가지수 연동 펀드에 장기 투자하는 이야기에는 사람을 확 끌어들이는 매력 같은 건 없지만, 장기에 걸쳐 일어나는 시장가격 상승에 귀를 기울인 사람 중에는 꽤 성공적인 투자를 한 경우도 많다. 1995년에 빌린 돈 6,000파운드를 갖고 런던의 부동산에 투자하기 시작해 14년 뒤엔 3억 3,000만 파운드의 재산을 일구어 《선데이 타임스》가 뽑는 부자 순위에 당당히 이름을 올린 캔디Candy 형제의 경우가 좋은 예다. 물론 타이밍과 행운이 중요하긴 하다. 1995년은 장기 평균보다 시장가격이 낮았던 해이고, 이후 부동산 가격은 계속 최고가를 경신했다. 반면 1986년에서 1991년 사이의 버블 경제 시기의 일본, 혹은 최근 부동산 폭락이 있기 전에 아일랜드의 부동산에 투자했다면 아마도 끔찍한 결과를 얻었을 것이다.

워런 버핏은 엄청나게 공을 들여 분석하고, 사실과 수학을 활용하면서 얻어진 결과를 신뢰하는 방식으로 투자했었기 때문에, 그의 성공적인 투자 중 많은 경우는 상당히 따분한 방식이었다고 할 수 있다. 기업의 입장에서 최선의 전략인, 자신이 잘하는 핵심 사업을 지속하는 것도 따분해 보이긴 마찬가지다. 현재 영위하는 사업이 장기적으로 어떤 결과를 내왔는지에 대한 수학적 이해가 있다면 향후에도 전망이 좋은지, 혹은 대대적인 개편이 필요한지 판단하는 데 도움이 된다. 그리고 무작위성과 위험에 대해 이해하고 있다면 새로운 사업에 투자하는 것이 좋은 결정인지 나쁜 결정인지 파악하는 데 유리하다.

사실에 집중해서 놀라운 성과를 낸 다른 예로 뱅커스 트러스트 은행의 외환 트레이더였던 앤디 크리거Andy Krieger가 있다. 32세이던 1987년 뉴질랜드달러를 공매도해서 수백만 달러를 벌었던 그가 이 과정에서 불안감을 극복하고 신뢰했던 것은 바로 데이터였다. 당시는 블랙 먼데이*의 폭락 이후 많은 통화가 미국달러에 대해 상승하던 시기였다. 시장에는 보다 안전한 통화를 사고 달러를 팔려는 수요가 넘쳤으므로 엄청난 양의 달러가 풀리고 있었다. 처음에는 조금 의심이 들었지만, 크리거는 자신의 분석 데이터에 따르면 다른 통화가 머지않아 과대평가되는 수준에 이르게 될 것이라는 결과를 믿고 아주 좋은 차익거래 기회를 손에 넣었다.

그는 옵션을 이용해서 뉴질랜드달러(키위라고도 불린다)를 수억 달러나 공매도한다. 키위는 고점에서 5%나 하락했고 크리거의 회사는 수백만 달러의 수익을 거뒀다. 이후 크리거는 마찬가지로 외환시장에서 큰 이익을 낸 조지 소로스George Soros의 회사에서 일했는데 이런 거래로 인해서 타인에게 피해를 미친 것에 대해서 후회를 표시했다(이런 거래는 뉴질랜드처럼 규모가 작은 국가에는 상당한 피해를 입힌다).

마이클 루이스의 책 《빅숏The Big Short》에는 금융업계에서 주택 융자 담보 증권과 미국 주택 시장의 데이터를 면밀히 살펴본 불과 몇 명에 의해 글로벌 금융위기가 일어나는 과정이 잘 묘사되어 있다.

---

* 1987년 10월 19일 뉴욕 증시가 대폭락한 날. (옮긴이)

그 주역 중의 한 명인 사이언 캐피탈Scion Capital 헤지펀드의 매니저 마이클 버리Michael Burry는 2005년 서브프라임 시장에 주목했다. 그는 과거 3년간 장기 주택 융자가 어떤 식으로 이루어졌는지를 심도 깊게 살펴보곤 이 시장이 곧 터지기 직전의 버블 상태에 있다는 정확한 결과를 얻어낸다. 그는 투자은행 골드먼삭스에게 이들이 보유한 신용부도 스왑credit default swap을 서브프라임 채권과 교환하자고 제안한다. 한때 그의 고객들은 그가 커다란 실수를 하는 것이라고 반발하기도 했다. 그러나 서브프라임 시장은 결국 붕괴했고, 버리는 1억 달러를 벌었으며 그를 믿지 않았던 투자자들조차도 7억 달러의 수익을 얻었다.

물론 서브프라임 시장이 몇 년 늦게 붕괴했더라면 버리도 아주 곤란한 상황에 처하게 되었을 터이므로, 이처럼 엄청난 리스크를 안고 투자에 임하려면 정말 확신할 수 있는 데이터가 있어야 한다. 만약 뭔가 교훈이 될 만한 스토리를 기대한다면 엄청난 리스크를 안고 투자했다가 수백만 달러를 잃은 트레이더와 투자자들의 이야기도 참고해야 한다. 어쨌거나 여기서 핵심은 1억 달러를 벌 기회를 찾기는 힘들지 몰라도 데이터를 수학적으로 관찰하고 그 결과를 믿는다면 현실적인 규모의 일상적인 투자에서 훨씬 더 좋은 결과를 기대할 수 있다는 점이다.

다른 건 다 제쳐두고, 적어도 주변 동료들이 이야기해주는 것보다는 훨씬 더 진실을 알려주리라는 건 분명하다.

상트페테르부르크 복권 팔기

/

사업에서는 첫인상이 굉장히 중요하다. 만약 가장 안 좋은 실적부터 나열된 자료를 상사나 동료에게 보여준다면 좋은 실적부터 나열된 자료를 보여줄 때에 비해 덜 인상적으로 받아들일 가능성이 높다.

3장에서 살펴본 상트페테르부르크 복권의 경우에서, 동전을 던져 첫 번째에 앞면이 나오면 1파운드, 두 번째에 나오면 2파운드, 세 번째에 나오면 4파운드, 네 번째에 나오면 8파운드라는 식으로 상금이 두 배씩 늘어날 때 얼마를 내고 게임에 참여하는 것이 타당한지 살펴보았다. 대학에서 필자가 이 문제를 다루는 심리학 실험을 한 적이 있다. 대조군에게는 위의 문제가 제시되었다. 두 번째 그룹에게는 동전을 열 번째 던졌을 때 앞면이 처음 나온다면 500파운드를 받고, 그 이후부터 두 배씩 늘어난다고 문제를 달리 제시했다. 그리고 열 번째 전에 앞면이 나오는 경우에는 위로금으로 250파운드에서 1파운드까지를 받는다고 설명했다.

두 번째 그룹에 소속된 사람들은 사실상 조건이 약간 더 불리했음에도 불구하고 대조군보다 평균적으로 60% 이상 더 참가비를 지불하겠다고 했다. 여기서 핵심은 상금액을 제시할 때는 큰 금액을 먼저 이야기하는 편이 반대의 경우보다 심리적으로 더 유인 효과가 있다는 점이다. 그래서 사람들이 복권을 사는 것이다. 1등에 당첨되었을 때를 상상하는 기분의 유혹이 사실상 당첨될 가능성이 없다는 사실보다 훨씬 강력하기 때문이다. 그래서 1파운드짜리 복권을 긁어서 2파운드가 나올 수도 있다고 광고하는 복권 회사는 아무데도 없는 것이다.

한편에선 돈을 잃는 곳에 충분히 합리적인 이유로 돈을 거는 경우도 있긴 하다. 여느 사업과 마찬가지로 보험도 실제 비용보다 훨씬 더 많은 값을 받고 무엇인가를 고객에게 파는 사업이다. 보험 회사가 받는 보험료는 회사가 지불하게 될 보험금을 충당하고 남을 수준으로 책정된다. 그렇지 않으면 이익이 날 수가 없다. 그렇다면 사람들이 이런 사실을 알면서도 보험에 가입하는 이유는 무엇일까?

주택 화재 보험이나 자동차 보험을 가입할 때는 실제 돌려받을 돈보다 지불액이 더 크다는 사실은 중요하지 않다. 여기서는 최악의 상황이 발생해도 모든 것을 잃지는 않을 것이라는 사실이 액수보다 훨씬 중요한 것이다. 집이 불타거나 차를 도난당해도 이를 만회하는 데 별 어려움이 없는 부자라면 이론적으로 볼 때 보험은 없어도 된다. 하지만 대부분의 사람들에게 보험은 손해를 볼 가능성이 높지만 그래도 해볼 만한 베팅이다.

전시회의 수학

/

과거 필자는 업무상 고객과 기업 사이에 짧은 미팅이 이루어지는 다양한 전시회에 참여할 기회가 있었다. 당시 상사는 판매할 상품의 가격을 추산해야 하는 경우가 있으면 '전시회의 수학'을 활용해보라고 조언했다. 처음엔 무슨 뜻인지 알 수 없었는데, 쉬는 시간에 상사는 내게 판매직에 있는 사람에게 가장 유용한 것 중 하나가 무언가를 추산할 때 암산을 잘하는 것이라고 설명해주었다.

예를 들어, 통상적으로 생산비가 1.75파운드인 어떤 상품에서 30%의 마진이 필요하다고 해보자(마진 m을 계산하려면 생산비용 p를 판매가격 s에서 뺀 뒤, 이 값을 판매가격의 비율로 표시한다. $\frac{100(s-p)}{s}$ = m이므로 s = $\frac{100p}{(100-m)}$ 라는 계산이 나온다. 그러므로 생산비 1.75파운드의 상품에 30%의 마진을 더하려면 이를 7로 나눈 뒤 10을 곱한 2.50파운드가 판매가격이 되어야 한다).

만약 고객이 원하는 사양이 회사가 준비한 상품과 달라서 생산비가 10% 늘어나는 경우에는 대략적 판매가격이 어떻게 될지를 바로 알려줘야 한다. 이런 계산을 순식간에 하려다 보면 당황하기 십상이지만, 몇 가지 방법을 숙지한 뒤에는 훨씬 자신 있고 빠르게 계산할 수 있었다. 10%가 증가하면 대략 2파운드가 되고, 여기에 $\frac{3}{2}$를 곱하면 3파운드가 된다. 실제 정확한 값은 2.75파운드이지만 어쨌건 그 자리에서 그럴듯한 견적은 제시할 수 있었다(물론 상세한 견적은 추후에 제시하겠다고 말한다).

위의 두 가지 간단 계산법 모두 가격을 살짝 높게 계산한다는 점에 주목하자. 전시회에서 제시하는 추산 가격은 방향이 틀리면 안 된다. 만약 $\frac{4}{3}$을 곱했다면 제시 가격이 2.66파운드가 되어 너무 낮은 가격이 되므로 나중에 고객에게 사정을 이야기하고 값을 올려야 하는 상황이 올 수 있다. 처음에 조금 높은 가격을 제시하고 여기서 가격을 낮은 쪽으로 조정해 나가는 편이 반대의 경우보다 훨씬 낫다. 마찬가지로 물건을 사는 입장에서는 처음엔 값을 낮게 불러야 추후 가격 조정의 여지가 생긴다.

여기서 사용하는 간단한 수법은 곱할 값을 미리 머리에 넣어 두고 살짝 여유를 둔 값이 결과로 얻어지도록 하는 것이다. 위의 경우 곱할 값이 정확히는 $\frac{10}{7}$이었다. $\frac{3}{2}$는 $\frac{10.5}{7}$이므로 결과적으로 살짝 높은 값이 얻어진다. 반면 $\frac{4}{3}$과 $\frac{10}{7}$을 비교하면 분모의 최소 공배수가 21이므로 $\frac{28}{21}$과 $\frac{30}{21}$을 비교하는 것과 마찬가지가 되어 $\frac{4}{3}$을 곱했을 때의 결과가 살짝 작은 값이 된다.

여유 있게 계산하기padding는 잘 활용한다면 비즈니스의 많은 경우에 유용한 원칙이다. 한 제품이 유럽, 중국, 미국에서 생산되고 있는 경우를 생각해보자. 거래가 외화로 이루어질 때는 생산비를 5%를 더하고, 예상 수익은 5%를 빼기로 한다. 이렇게 하면 거래 통화의 환율 변동이 있어도 마진율을 확보하고, 만약 환율이 안정적인 경우에는 추가적인 수익을 기대할 수 있게 된다. 물론 여유를 너무 많이 두면 너무 높은 가격을 제시하는 결과로 이어져서 어쩌면 성사될 수 있던 거래도 놓칠 수 있으므로 항상 상식과 유연성을 잃지 않아야 한다.

같은 이유로, 자동차를 수리하거나 집을 고칠 때 많은 경우 수리업자들은 부품 가격을 상당히 높여 부르는 경향이 있다. 그러므로 공임 이외에 더해지는 부품 가격은 항상 확인하는 것이 좋다.

투자에서도 여유를 두고 계산하는 것이 현명하다. 무엇보다도 지나치게 낙관적 결과를 예상하지 않도록 해준다. 둘째, 투자자가 감당해야 하는 비용 중 하나는 증권 회사가 거래 때마다 챙기는 수수료다. 수수료를 절감하는 거래 방법이 많아지고 있지만 여전히 무시하긴 힘든 액수다. 마지막으로, 시장에서 가끔 일어나는 지정가 매매 주문stop order이나 시장가 주문market order 메커니즘은 투자자가 항상 목표 가격에 거래하지는 못할 수도 있다는 사실을 의미한다. 어쨌거나 일단은 여유를 두고 계산해야 부정적 결과로부터 자신을 보호하는 데 도움이 된다.

> **퀘스트**
>
> 암산을 연습해둔다. 특히 복잡한 계산 결과를 비슷하게 계산하는 방법을 익힌다. 스트레스가 높은 직무에 종사하는 경우라면 이런 방법으로 대략적인 계산을 빨리 할 수 있으면 아주 유용하다. 스프레드시트나 비용 관련 자료를 회의에서 제시할 때도 마찬가지다. 눈앞에서 논의되고 있는 비용을 재빨리 계산하는 능력이 오히려 해가 되는 경우는 절대 없을 테니까.

협상력을 높여주는 게임 이론

/

3장에서는 케인스 미인대회를 살펴보면서 게임 이론을 간략히 맛보았다. 헝가리 출신의 천재 수학자 존 폰 노이만 John von Neumann은 이 분야의 선구자로 기억된다.* 그가 이 분야에 관심을 갖게 된 동기는

---

* 아주 까다롭게 말하자면 처음으로 이 분야를 다룬 논문을 낸 사람은 프랑스의 수학자 에밀 보렐(Emile Borel)이지만 이론적 틀을 확립한 사람은 역시 폰 노이만이다.

자신이 포커를 좋아하기도 했고 사람들이 정보가 충분치 않을 때 어떤 식으로 결정을 내리는지 궁금하기 때문이었다. 게임 이론은 협상이 이루어지는 방식을 다루므로 어떤 분야에 종사하건 알아둘 만한 가치가 있다.

게임 이론에서는 양측이 선택할 수 있는 결정을 행렬로 나타낸다. 밥이 제니에게서 집을 사려면 서로 가격에 동의해야 한다. 양쪽의 선택에 따라 어떤 가격이 결정되는지가 그림38에 나타나 있다.

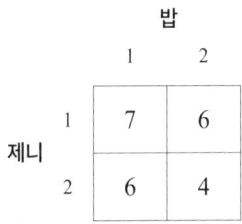

그림38   집의 가격은 밥과 제니가 선택하는 전략에 따라 달라진다.

대부분의 간단한 게임에서는 상대가 얻는 최대 이익이 최소화되는 선택을 하는 미니맥스 정리minimax theorem를 적용할 수 있다. 위 그림의 경우에 밥은 7을 지불하지 않기 위해 2번을 선택하고, 제니는 4만 받는 일을 피하려고 1번을 선택한다. 이 표에서 이 전략을 적용해보면 밥이 제니에게 6을 지불하는 결과를 얻게 된다.

협상에서 최선의 결과를 찾아내려면 사용 가능한 전략을 유사한 방식으로 표로 나타내면 되는데, 이때 게임 참여자들이 전략을 선택하는 순서가 중요하다. 그림39의 경우를 보자. 각 칸에 적힌 값은 각각의 참여자가 받을 금액이다(왼쪽 위 칸의 '3, 4'는 캐럴이 3을 받고 앨리스는 4를 받음을 의미한다).

그림39 협상의 결과는 참여자들의 선택 순서에 따라 달라질 수 있다.

앨리스가 먼저 선택할 때는 1번 전략이 최선의 선택이다. 하지만 캐럴은 앨리스가 1번 전략을 택하면 자신이 2번 전략을 택하겠다고 협박하고(그리고 앨리스는 이 협박이 실제로 행해질 수 있다고 생각한다) 결국 앨리스는 전략2를 선택해서 4가 아니라 3을 받는다. 만약 캐럴이 먼저 선택한다면, 3을 받게 될 거라는 건 분명하다.

이제 다른 종류의 협상을 한번 생각해보자(그림40). 여기서 두 번째로 플레이하는 팀이 기대할 수 있는 최선의 결과는 전략2를 택하고 동시에 베티도 2번 전략을 선택해줄 때다. 그러므로 베티가 처음 2번을 선택해주면 자기가 욕심을 부리지 않겠다는 믿음을 베티에게 주는 것이 중요해진다. 그렇지 않으면 베티 입장에서는 손실을 막기 위해 1번을 선택하게 되므로, 결국 양쪽 모두 이익을 내지 못하고 만다.

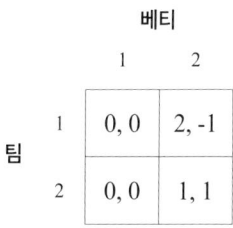

그림40 팀은 베티가 2번 전략을 택하도록 설득할 수 있을까?

현실의 협상은 당연히 이런 것들보다 훨씬 복잡하다. 하지만 게임 이론을 이해하면 선택의 여지가 많지 않은 상황에서도 최선의 결과를 얻으려면 어떻게 해야 하는지를 이해하는 데 도움이 된다. 또한 협상이 어떤 방식으로 진행되는지에 따라(누가 먼저 제안하는가에 따라서도) 결과가 크게 달라진다는 사실도 중요하다.

부의 분배와 수학

부유한 사람이 가난한 사람보다 돈을 벌기가 왜 더 쉬운지에 대해 이 책의 초반부에서 살펴본 바 있다. 카지노에서 부유한 사람 대 가난한 사람의 게임이 벌어질 때 왜 가난한 쪽이 질 가능성이 더 높은지도 알아봤다. 부동산이나 주식 같은 자산은 시간이 지남에 따라 가치가 증가하는 경향이 있으므로, 투자 여력이 많을수록 투자자산을 장기적으로 묻어둬야 하는 투자에서 자산을 크게 늘리기 유리한 입장이라는 건 거의 분명하다. 그러므로 부자가 되고 싶어 하는 사람에게 해줄 가장 솔직한 조언은 '부자로 시작하라'다.*

부의 분배를 측정하는 수학 모델은 몇 가지가 있다. 한 국가의 부의 불평등을 표현하는 가장 표준적인 지표는 지니계수Gini index다. 인구가 10명이고 총 소득이 10만 파운드인 나라에서 부의 분배 방식이 5가지 있을 수 있다고 해보자(표7). A부터 J는 사람을, 1부터 5는 분배 방식을 나타낸다.

	1	2	3	4	5
A	10,000	5,000	3,000	2,000	0
B	10,000	6,000	3,000	2,000	0
C	10,000	7,000	3,000	3,000	0
D	10,000	8,000	4,000	3,000	0
E	10,000	9,000	5,000	3,000	0
F	10,000	10,000	7,000	5,000	0
G	10,000	12,000	10,000	6,000	0
H	10,000	12,000	14,000	12,000	0
I	10,000	14,000	21,000	24,000	0
J	10,000	17,000	30,000	40,000	100,000

표7 10명에게 수입을 분배하는 5가지 방식.

* 같은 내용의 다른 표현이 여럿 있다. 영화 업계에는 '영화로 돈을 조금 벌려면 어떻게 해야 할까?'의 대답으로 '큰돈을 갖고 시작하면 된다'라는 조크가 있다.

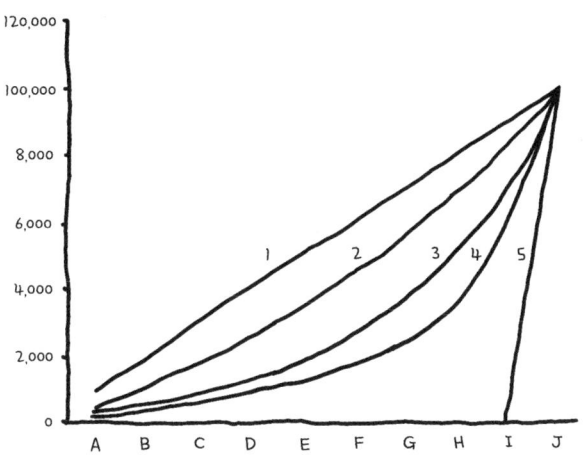

그림41　부의 분배 그래프: 분배 방식에 따른 A부터 J까지의 누적 소득.

소득이 낮은 사람부터 순서대로 정렬하고(표7처럼) 누적 소득을 그래프로 나타내면 그림41과 같은 모양이 된다.

지니계수는 방식1(완전한 평등 분배)과 방식5(완전히 불평등한 분배) 사이의 공간 면적을 100%로 본다. 그리고 각 곡선에 대해서 이 곡선과 1번 직선 사이의 면적이 몇 퍼센트인지 계산한다. 이 값이 100%에 가까울수록 부의 분배가 불공평한 사회다. 다만 이 값은 해당 사회가 얼마나 부유한지에 대한 정보는 아무것도 알려주지 않는다. 부유한 사람의 수가 아주 적은 빈곤한 국가일수록 부의 분배가 평등하게 나타날 수밖에 없다. 하지만 한 국가의 부의 분배 정도가 시간이 지남에 따라 어느 쪽으로 변하고 있는지를 알아보거나, 유사한 국가 사이에서의 비교에는 여전히 유용한 지표다.

부를 분석할 때 쓰이는 또 다른 방법으로 이탈리아의 경제학자 빌프레도 파레토Vilfredo Pareto의 이름을 딴 파레토 법칙이 있다. 그는 자신의 밭에서 수확된 완두콩의 80%가 20%의 콩 꼬투리에서 나온다는 사실을 발견했다. 이후 이런 80/20법칙이 다른 상황에서도 흔히 발견되고, 사회의 부의 분배도 이런 경향을 보인다는 걸 밝혔다. 대체로 20%의 인구가 80%의 부를 소유한다는 뜻이다.

좀 더 일반화해서 이야기하자면 파레토 법칙은 자연계의 많은 것이 불평등하게 분포한다는 것을 표현한 것이고, 특히 20%의 입력이 출력의 80%를 만들어낸다는 뜻이다. 이 법칙은 다양하게 적용할 수 있다. 우선, 20%의 직원이 80%의 생산성을 만들어내고, 20%의 고객이 80%의 수익을 내준다(사업 운영 방식에 따라서는 당연한 결과다). IT 기업들은 가장 문제가 되는 버그 20%를 해결하면 문제의 80%가 해결된다는 것을 경험적으로 알고 있기도 하다.

직장에서는 시간 관리에 이 법칙을 적용할 수 있다. 20%의 중요한 프로젝트가 80%의 결과를 만들어내는데도 모든 프로젝트에 균일하게 시간과 노력을 투입하는 경우가 많다(이 법칙은 단지 원칙적인 이야기이고, 80과 20을 더해 100이 된다는 이유로 80/20 법칙이라고 불리는 것이 아니라는 것을 기억하라. 여기서 80과 20은 각각 다른 항목을 가리키며 어떤 시스템에서 80%의 결과가 입력의 10%나 30%에 의한 것이거나, 20%의 입력에 의해 결과의 75%가 결정될 수도 있다).

이 법칙에서 정말 매혹적인 부분은 이 패턴을 그래프로 그리면 멱함수 분포가 된다는 점이다. 이는 이 함수가 어느 일부분의 모양도 함수 전체의 모습과 비슷한 프랙털과 비슷한 성질을 갖는다는 뜻이다. 예컨대 만약 20%의 인구가 전체 부의 80%를 소유한다면, 이 20%의 20%의 사람이 전체 부의 80%의 80%를 소유한다. 즉 4%의 인구가 64%를 갖는다는 이야기다. 그리고 0.8%가 51.2%를 소유하

그림42 사각형의 크기는 전체 인구에서의 비율을 의미한다. 하위 64%가 4%의 부를 소유한다. 각각 인구의 16%를 차지하는 두 집단(위 왼쪽과 아래 오른쪽)이 각각 16%씩의 부를 소유하고, 상위 4%가 64%를 소유한다.

고… 그런 식이다. 그림42는 하위 80% 중에서 상위 20%도 비슷한 비율로 부를 소유하고 있음(전체 부의 20%의 80%인 16%)을 보여준다(실제로는 이렇게 일률적이진 않으므로 이 법칙은 기초적인 법칙으로 봐야 한다. 현실에선 하위 80% 중의 20%가 GDP의 15%를 벌고, 상위 20% 중의 하위 80%가 17%를 벌 가능성이 더 높다).

멱함수 분포의 다른 특징 중 하나는 이 함수를 그림으로 그리면 우측으로 '아주 길게 뻗어나간다long tail'는 점이다. 이를 간단히 말하면 여러 종류의 제품을 생산하는 기업에서 아주 일부만 잘 팔리고 있다고 했을 때 시간이 지날수록 점점 개별 제품의 판매량이 줄어든다는 뜻이다. 하지만 좀 더 큰 관점에서 보면 이런 성향은 오히려 장

7장 일잘하는 사람의 수학 스킬　　283

점이 될 수 있다. '길게 뻗는' 제품은 초기 판매량이 많고 점차 판매량이 줄어들지만 오랜 기간에 걸쳐서 꾸준히 팔린다. 기업에겐 판매량이 높은 신상품이 필요하고 이런 상품일수록 개발비가 많이 들긴 해도 길게 뻗는 제품은 장기간에 걸쳐 수익을 가져다준다.

80/20 법칙은 인생이란 그야말로 공평하지 않다는 이야기이므로 처음 보면 좀 기분이 언짢을 수도 있긴 하지만, 삶과 일에 있어서 수를 어떤 식으로 생각해야 하는지에 관해 분명히 좋은 교훈을 준다.

퀘스트

돈을 버는 데 파레토 법칙을 활용하고자 할 때 가장 중요한 것은 자신이 부의 분포 그래프에서 어디에 위치하건, 혹은 어떻게 생계를 꾸리고 있건 가장 생산적인 활동에 시간을 주로 할애해야 한다는 사실이다. 하지만 현실적으로는 어떤 활동이 돈을 버는 데 가장 도움이 될지를 미리 알기란 어렵다. 한번은 이사회에 참석했을 때 임원이 아닌 부서장에게(도구에 빗대어 표현하자면 흠잡을 데 없지만 최고 성능은 아닌) 선의의 질문을 받은 적이 있었다. 그는 회사 수익의 대부분을 아주 일부 제품에서 얻고 있다는 걸 발견했다. 그러고는 왜 굳이 다른 제품들을 만들어야 하는지 물었다. 잘 팔리는 제품만 만들면 되는 것 아닌가? 당연히 대답은 어떤 제품이 잘 팔릴지는 만들어보기 전까지는 아무도 모른다는 것이었다….

빚과 레버리지

/

자신이 아직 세계적 부호가 아니라면 인생의 어느 순간인가에는 누구나 빚을 얻어야 할 수 있다. 자동차를 할부로 구입하거나, 주택 융자를 받거나, 신용으로 주식을 사는 것은 헤지펀드나 금융 기관에게도 핵심적인 기법인 레버리지를 이용하는 것이다. 기본적으로 레버리지란 투자의 일부를 빌린 돈을 이용해서 충당하는 것이다.

레버리지를 이용하면 왜 위험과 기대수익이 모두 늘어나는지를 이해할 필요가 있다. 20만 파운드짜리 주택을 구입할 때 선금 2만 파운드를 냈다면 구입 가격의 10%를 지불한 것이므로 이 구입은 10:1로 레버리지된 것이다(레버리지leverage는 작은 힘으로 훨씬 무거운 것을 들어 올리는 지레lever에서 비롯된 용어다).

레버리지의 장점은 이를 이용하지 않는다면 구입할 수 없는 재화를 구입할 수 있고, 수익이 증폭된다는 데 있다. 만약 구입한 주택의 가격이 10% 상승해서 22만 파운드가 되었다면, 실제 투자 금액 대비 이미 100%의 수익을 얻은 것이다. 단점은 손실도 마찬가지로 증폭된다는 것이다. 만약 주택 가격이 15% 하락해서 17만 파운드가 된다면 초기 투자액 2만 파운드를 잃었을 뿐 아니라 주택 구입에 사용한 빚 18만 파운드보다 주택 가격이 1만 파운드나 낮다. 부동산 가격이 떨어질 때 많은 사람들이 역자산negative equity 상태*로 몰리는 이유가 바로 이것이고, 이런 상황에서 이 사람들은 주택을 팔기가

---

* 속어로 '깡통' 상태. (옮긴이)

거의 불가능하다(부동산을 팔고 기존 빚을 갚으려면 빚을 추가로 얻어야 하므로).

헤지펀드는 아주 약간의 가격 상승이 예상되는 특정 자산에 레버리지를 이용해서 엄청난 투자를 하는 방법을 사용해서 약간의 상승에도 큰 수익을 내는 전략을 구사한다(하지만 투자가 잘못되면 엄청난 손실을 본다). 헤지펀드의 평균 수명이 5년 내외인 이유가 여기에 있다. 레버리지가 큰 투자에서 손실을 보면 투자자들은 엄청난 손해를 안게 되고 이때 헤지펀드도 해체된다.

기업을 평가할 때도 레버리지는 중요한 요소다. 자기 자본 수익률 return on equity, ROE, 부채 비율, 자본 이익률 등은 모두 기업이 돈을 얼마나 빌려서 얼마나 잘 투자하고 있는지를 나타내는 지표다. 어떤 기업의 레버리지가 높다는 표현은 이 기업이 빌려온 돈으로 하는 투자의 비율이 높다는 것으로, 부채에 과도하게 의존하고 있으며 위험에 많이 노출되어 있다는 뜻이므로 위험한 신호일 수 있다.

부채가 있는 상태에서 부채 잔금과 상환금을 계산하는 것은 돈의 시간가치 계산의 또 다른 예다(135쪽 참조). 현재의 잔금을 계산하는 표준적 방법은 연금의 현재가치 present value of an annuity 공식을 이용하는 것이다. 이 공식의 한 가지 예는 아래와 같다.

$$\text{현재가치} = P \left[\frac{1-(1+r)^{-n}}{r} \right]$$

P: 주기적 지급액(상환액)
r: 기간당 이율
n: 기간

이 식은 (1) 주기적 상환액과 이자율은 고정이고, (2) 첫 상환은 한 기간 이후에 이루어진다고 가정한다.

상환 방식에 따라 다른 공식도 여럿 있다. 여기서 모든 공식을 나열할 필요는 없다고 생각되며, 필요하다면 대부분의 회계 해설서에 실려 있는 자세한 공식을 활용하기 바란다.

> **퀘스트**
>
> 종류에 관계없이 빚이 있다면, 자신이 어떤 레버리지를 하고 있는지, 최악의 경우는 무엇인지를 알아둔다. 헤지펀드는 선뜻 믿지 않길 바란다. 몇몇 큰 수익을 낸 곳의 이름이 잘 알려져 있지만 큰 레버리지로 도박을 했다가 대규모 손실을 내고 폐업한 곳도 아주 많다(투자자는 손실을 입지만 펀드 매니저는 그렇지 않다).

78의 법칙

현대적인 회계 시스템이 만들어지기 이전에는 대출잔고 계산에 매우 불공정한 방법이 쓰이기도 했다. 지금은 영국, 미국을 비롯한 많은 나라에서 사용이 금지된 78의 법칙(78s의 법칙이라고도 한다)은 돈을 빌려준 사람에게 아주 유리하도록 잔고를 계산하는 대표적인 수법이다.

5,000파운드를 빌리는데 연간 이자를 500파운드로 합의했다고 하자. 단순한 방식으로 원리금을 매달 균일하게 갚는 경우, 총액 5,500파운드를 12로 나누면 매달 지불해야 하는 액수가 계산된다. 그러므로 매월 지불할 원리금은 $\frac{5,500}{12}$=458.33파운드이고 이 중 41.66파운드가 이자다. 만약 3개월이 지난 뒤 고객이 빚을 청산하려 하면 고객은 은행에게 첫 3개월간의 이자(125파운드)와 남은 원금을 돌려주면 된다.

78의 법칙은 계산 방식이 다르다. 1년 동안의 대출인 경우 12분할만큼의 이자를 첫 달에 부과하고, 11분할만큼의 이자를 두 번째 달에 부과하는 식으로 이자가 앞 기간에 쌓인다. 그러므로 총 이자는 다음과 같이 계산된다.

12 + 11 + 10 + 9 + 8 + 7 + 6 + 5 + 4 + 3 + 2 + 1 = 78분할

2년 동안 돈을 빌리는 경우에는 훨씬 커진다.

24 + 23 + 22 + ⋯ + 3 + 2 + 1 = 300분할

3개월이 지난 시점에 돈을 빌린 사람이 빚을 다 갚으려고 하는 경우, 빌려준 사람은 그 기간에 해당하는 이자를 앞으로 몰아서 계산한다.

12 + 11 + 10 = 33

결국 채무자는 500파운드의 $\frac{33}{78}$만큼인 211.54파운드의 이자를 내야 한다. 총 이자의 거의 절반을 전체 대여 기간의 앞쪽 $\frac{1}{4}$에 몰아넣는 이 방식이 왜 불공평한지는 뻔히 보이므로 결국 거의 사라졌지만, 안타깝게도 일부 악덕 대금업자들은 여전히 이 방식을 사용한다. 여기서 핵심 메시지는 이자가 어떤 식으로 지불되는지 충분히 이해하지 못하겠으면 돈을 빌리지 말라는 것이다.

7장 요약

1. 암산 실력을 갖추고 수학적으로 생각하면 업무를 좀 더 정교하고 성공적으로 수행할 수 있다.
2. 가장 최선의 데이터를 확보한다. 불충분한 데이터에서 결론을 이끌어내지 않는다. 무작위성이 일으키는 효과에 특히 주의한다.
3. 내용을 정확하게 그림으로 표현할 수 있다면 아주 효과적이다. 정확하지 않은 그림은 오히려 단점이 더 많을 수 있으므로 다른 사람이 제시하는 그림은 면밀히 주의 깊게 살펴보도록 한다.
4. 게임 이론은 협상의 기본을 이해하는 데 아주 유용하다.
5. 맡은 업무 중 가장 생산적인 곳에 가능한 많은 시간을 투입한다.
6. 돈을 빌릴 때는 원리금 지급 방식과 계산법, 총액으로 얼마를 지불하게 되는지 확인한다.

제8장

불가능한 문제를 증명하기

"'그래봤자 소용없어요.
불가능한 걸 믿을 순 없다고요.' 앨리스가 웃으며 말했다.
'내가 보기엔 넌 연습을 별로 안 한 것 같네.' 여왕이 대꾸했다.
'내가 네 나이 때는 매일 30분씩 연습했어.
어떤 땐 아침 먹기 전에
여섯 가지 불가능한 일을 믿기도 했거든.'"

루이스 캐럴, 《거울 나라의 앨리스》 중

마지막 장에서는 재미삼아 좀 더 복잡한 수학문제, 그리고 이와 관련된 금전적 보상에 대해서 살펴보기로 한다. 하지만 일단 마음의 준비가 필요하다. 몇몇 문제는 굉장히 복잡하니까. 대부분은 이해하기 힘들지 않지만 상금이 걸려 있는 문제들은 아주 풀기 힘들다. 여기에 몰두해서 기발한 해법을 찾느라 귀중한 시간을 써버리기는 아주 쉽지만, 여기서 언급하는 큰 상금이 걸린 문제들을 최고 수준의 수학자가 아닌 사람이 풀 가능성은 사실상 없다. 물론 가끔 아마추어들이 일을 내기도 한다. 위젠춘余建春의 경우처럼.

현실판 〈굿 윌 헌팅〉

할리우드 영화 〈굿 윌 헌팅〉에서 맷 데이먼이 맡은 보스턴의 거친 동네 출신 청소부 헌팅은 수학 천재라는 사실이 밝혀지면서 로빈 윌

리엄스가 연기한 뛰어난 수학 교수에게 보살핌을 받게 된다. 관점에 따라선 지나치게 감상적인 오락 영화, 혹은 벽이나 거울에 낙서를 갈겨대는 비뚤어진 천재라는 전형적인 할리우드식 설정에 충실한, 수학을 오해하게 만드는 영화로 보일 수도 있겠다.

그런데 이와 비슷한 경우가 현실에도 있었다. 중국의 도시 이주노동자로 수학을 좋아하던 위젠춘이 카마이클Carmichael 수를 증명하는 새로운 방법을 만들어내 세계적으로 주목받게 되었던 것이다. 그는 수학에 관한 한 자신을 진지하게 봐달라고 주변 사람들을 설득하는 데에 8년이라는 세월을 쏟았고, 이제는 그의 업적이 높은 평가를 받고 있다.

우선 카마이클 수를 (잘 모르는 독자를 위해) 간단하게 소개해야 그의 업적을 설명할 수 있다. 페르마의 '작은 정리'에 따르면 p가 소수素數이고 a가 p로 나누어지지 않을 때 다음 관계가 항상 성립한다.

$$a^{p-1} \equiv 1 \pmod{p}*$$

임의의 합성수(소수가 아닌 수) n을 골라서 시험해보자. 그리고 n으로 나누어지지 않는 수 a를 찾아서 위의 관계를 시험한다. 그런 a가 없으면 n은 합성수다. 반대로 만약 위의 관계가 성립하는 a가 여럿 있으면 n이 소수라고 믿을 만한 근거가 있는 셈이다. 이것이 페르마의 소수 판별법이다. 간단한 예를 통해 좀 더 살펴보자.

* a^{p-1}과 1은 p로 나누었을 때 나머지가 모두 1로 같다는 뜻.

n =7 이면 n으로 나누어지지 않는 값을 a로 고른다.

a =6

p =5

$a^{p-1} \equiv 1(\mod p)$인가?

$6^4 = 1,296 = 1(\mod 5)$

6과 1,296 모두 5로 나누었을 때 나머지가 1이므로 위의 관계가 성립한다. 다른 예도 살펴보자.

a =10

p =3

$a^{p-1} \equiv 1(\mod p)$인가?

$10^2 = 100 = 1(\mod 3)$

위의 두 시험을 통해 7이 소수일 가능성이 높다는 것을 알 수 있다(물론 7이 소수라는 건 이미 알고 있지만).

이 방법에는 두 가지 문제점이 있다. 첫째는 어떤 a와 n에 대해서는 n이 합성수임에도 $a^{p-1} \equiv 1(\mod p)$라는 것이다. 이런 경우의 a를 페르마 거짓 소수Fermat liar,* n을 페르마 유사 소수Fermat pseudo prime라고 부른다. 더 심각한 두 번째 문제는 페르마 유사 소수 중 아주 일부는 모든 값의 a가 페르마 거짓 소수가 된다는 점이다. 이런 수를

* 페르마 판별법으로는 소수일 수도 있는 것처럼 보이는 합성수. (옮긴이)

카마이클 수라고 한다. 이 수는 정수 전체에서 소수보다 훨씬 적지만 여전히 무한히 많다.

필자가 보기에는 카마이클 수는 코셀트Korselt 판정법을 이용하면 이해하기 쉽다. 뜬금없이 보일 수 있겠으나 어쨌건 이 방법이 그래도 쉬운 축에 든다. 합성수 n의 소인수가 모두 서로 다르고, 모든 소인수 p와 (n-1)이 (p-1)로 나누어지면 n을 카마이클 수라고 하며 역도 성립한다. 예를 들어, 가장 작은 카마이클 수는 561 = 3×11×17 이다. 그리고 560은 2, 10, 16으로 모두 나누어진다.

25,000,000,000보다 작은 정수 중 카마이클 수는 2,163개뿐이다. 하지만 여기서 중요한 부분은 카마이클 수 때문에 페르마의 소수 판별법의 유용성이 더 떨어진다는 데 있다. 소수라는 것이 멋대가리 없는 수학자들이나 빠져 있는 대상처럼 보일지 모르겠지만 6장의 디지털 암호화에서 보았듯 큰 수를 빠르게 소인수분해하고, 어떤 수가 소수인지 아닌지를 신속히 판단하는 작업은 의외로 중요하다.

위젠춘이 푹 빠졌던 문제가 이것이었다. 그는 농촌에서 일자리를 찾아 도시로 온 이주노동자로 배달회사에서 일하고 있었지만 시간을 내어 대학에서 강의를 들었다. 체계적인 교육도 개인교습도 받은 적이 없었지만, 시간 날 때마다 수학을 파고들었고 자신만의 방법을 만들어나갔다. 이처럼 자신의 생각을 다듬는 데 몇 년이 걸렸고, 인정받기까진 더 오랜 시간을 기다려야 했다. 그의 아이디어에 처음으로 대응해줬던 저장浙江 대학교 수학과의 차이텐신蔡天新 교수는 그가 "수에 대한 극단적 예민함을 타고났다"고 표현했다.

학자들이 위젠춘이 제시한 방법을 검토해보았는데, 이 방법은 어느 모로 보나 어떤 수가 카마이클 수인지 아닌지를 판별하는 완전히 새로운 방법이었다. 차이텐신은 이 내용을 다음번 출간할 책에 담을 계획이었는데, 이때까지 위젠춘은 자신의 발견에 대해 아무 보상을 받지 못한 상태였다. 하지만 이미 그는 중국에서 꽤 유명한 인물이 되어 있었고, 수학과 관련된 일자리를 제안받기도 했다. 정착해서 가족을 부양할 수입을 확보하는 꿈에 한 발 다가간 셈이다.

정수론 분야에는 누구라도 큰 공헌을 하기만 하면 커다란 보상이 주어지는 문제가 이 외에도 여러 가지가 있다.

상금 100만 달러짜리 문제

100만 달러를 즉시 손에 넣는 방법 중 하나는 빌의 추측Beal's conjecture을 입증하고 증명하는 것이다(아니면 반대로 이 추측이 틀렸다는 것을 입증하거나).* 이 추측은 설명하기는 쉽지만 풀기는 극도로 어려운 고전적이고 대표적인 수학문제 중 하나다.

$A^x + B^y = C^z$이고

여기서 A, B, C, x, y, z가 양의 정수이며 x, y, z ⟩ 2이면,

A, B, C는 공약수를 갖는다.

---

* 누가 먼저 이런 추측을 내놓았는지에 따라 수학자들 사이에서 의견이 갈리므로 일부에서는 타이드먼-재지어(Tijdeman-Zagier) 추측이라고도 한다.

예를 들어 27 + 216 = 243은 $3^3 + 6^3 = 3^5$이고 3과 6은 모두 3이 약수이므로 둘의 공약수는 3이다. 다른 예로 531,441 + 4,251,528 = 4,782,969은 $27^4 + 162^3 = 9^7$이고 9, 27, 162 사이에는 공약수 3이 존재한다. 이 추측에 따르면 위의 등식을 만족할 때 A, B, C는 항상 공약수를 갖는다.

그림으로 표현한 빌의 추측

$A^x + B^y = C^z$을 만족하는 다른 예로 343 + 2,401 = 2,744를 살펴보자. 이 등식은 $7^3 + 7^4 = 14^3$로 쓸 수 있고 공약수는 7이다.

7^3을 343개의 육면체로 이루어진 커다란 육면체로 표시할 수 있다.

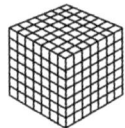

7×7×7 = 343

7^4은 다음과 같은 육면체 7개로 나타낸다.

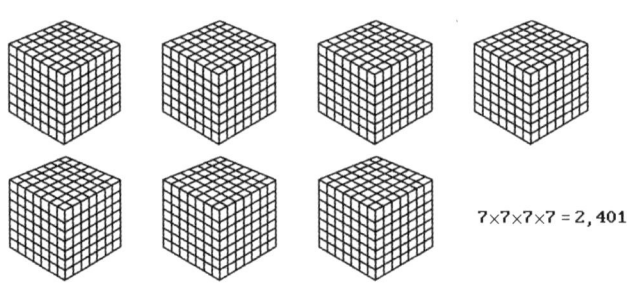

7×7×7×7 = 2,401

육면체를 모두 더하면 같은 육면체 8개가 되고, 이것을 하나의 육면체로 다시 그리면 처음의 육면체보다 모든 방향으로 길이가 2배인 육면체가 된다. 즉 14^3을 나타낸다.

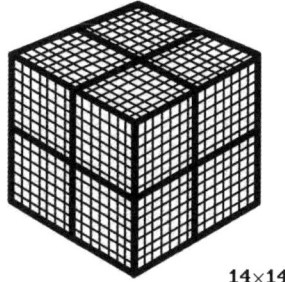

14×14×14 = 2,744

$A^x + B^y = C^z$을 만족하는 다른 경우도 비슷한 방식을 써서 그림으로 표현할 수 있다. 빌의 추측 반례도 유사한 방식으로 들 수 있을지 모르나, 그러려면 원래의 육각형 덩어리를 하나씩 모두 분리해서 다시 정리하는 과정을 거쳐야 하는 문제가 있다.

이 문제는 유명한 페르마의 마지막 정리*를 일반화하는 데 심혈을 기울이던 아마추어 수학자이자 사업가인 앤디 빌Andy Beal이 1993년에 제안한 것이다. 앤드루 와일스Andrew Wiles가 페르마의 마지막

---

* 페르마의 마지막 정리는 n이 2보다 클 때 $a^n + b^n = c^n$을 만족하는 정수 a, b, c는 존재하지 않는다는 것이다. 이 정리는 빌의 추측에서 x, y, z가 동일한 수인 경우에 해당한다.

정리를 1994년 증명한 뒤 빌은 자신이 내놓은 문제에 상금을 걸었다. 이 상금은 미국수학협회와 빌상위원회가 공동으로 관리하며 상금액은 수차례 인상되어 현재는 100만 달러에 이른다.

빌의 경력은 화려하다. 처음엔 미시건주립대학교에 다니던 시절 6,500달러를 주고 구입한 것을 시작으로 부동산으로 돈을 벌었다. 2만 5,000달러를 주고 구입한 브릭 타워스Brick Towers라는 공공지원 주택을 2년 뒤에 300만 달러에 매각한 적도 있다. 1988년에는 댈러스에 빌은행을 설립해서 70억 달러가 넘는 자산을 보유한 규모로 키웠다. 이 외에 위성 발사 사업을 하는 개인 회사 빌에어로스페이스도 소유하고 있다.

또한 포커 실력도 상당해서 가장 베팅이 큰 대회인 텍사스 홀덤에서 프로 포커 선수로 구성된 팀을 이기고 우승하기도 했다. 라스베이거스에 있는 카지노 벨라지오Bellagio's에서 열린 이 게임의 최저 베팅액은 10만 달러였다. 마치 서부 영화나 액션 영화 주인공처럼 위험을 마다 않는 그의 스타일은 빌은행이 다른 투자자들은 엄두를 내기 어려운 상황에서 자산을 과감히 싼 값에 사들이는 데서도 잘 드러난다. 그는 2001년 미국에서 에너지 위기가 일어났을 때 발전산업과 기간산업, 9·11테러 이후 공채, 2008년 금융위기 때 부동산 대출 등에 엄청나게 투자했고 금융위기 때는 이로 인해 파산한 다른 은행도 여럿 인수했다.

하지만 빌이 뛰어난 사업 감각을 갖고 있고 성공했음에도 불구하고 벌써 20여 년 전에 그를 매혹시킨 수학문제를 풀어낼 누군가는 아직도 나타나지 않았다. 이 문제를 풀기 힘든 이유 중 하나는 문제 자체가 매우 광범위하다는 점인데, 사실 이 문제의 특수한 경우조차 수학적 접근이 쉽지 않다. 페르마의 마지막 정리는 이 문제의 특수한 경우를 다룬 것임에도 페르마가 《산술론Arithmetica》한 귀퉁이에 이 문제를 적어놓고부터 와일스가 이를 풀어내기까지 358년이나 지나야 했다.

구글의 디렉터인 피터 노빅Peter Norvig은 이 문제의 반례를 열심히 찾으면서 x, y, z ≤ 7이고 A, B, C ≤ 250,000일 때와 x, y, z ≤ 100이고 A, B, C ≤ 10,000일 때 이 문제를 만족시키는 답이 없다는 것을 보였다. 물론 이런 식으로 접근하면 반례를 찾아내야 이 추측이 맞는지 틀리는지 알 수 있다. 반례를 못 찾았다고 해서 무수히 많은 수 중에 반례가 존재하지 않는다는 의미가 아니므로 아무리 열심히 찾아도 반례를 찾지 못하면 이 추측을 증명할 수 없다.

그런데 반례와 '거의 비슷한' 사례가 꽤 있었다는 사실은 짚고 넘어갈 필요가 있다. 일례로 페르마-카탈란Fermat-Catalan 추측은 빌 추측과 비슷한 등식을 다룬다.

$a^m + b^n = c^k$ 일 때,

$$\frac{1}{m} + \frac{1}{n} + \frac{1}{k} < 1$$ 이다.

(위의 두 번째 조건은 한마디로 m, n, k 중 하나만 2일 수 있으므로 $3^2 + 4^2 = 5^2$ 또는 $5^2 + 12^2 = 13^2$처럼 피타고라스 정리가 성립하는 경우는 배제한다는 뜻이다.)

지금까지 알려진 이 식의 해는 10가지가 있는데 모두 m, n 중 하나, 또는 k가 2이므로 이 중 어느 것도 빌 추측의 반례가 아니다. 최초로 알려진 것들 중 몇은 다음과 같다.*

$1^m + 2^3 = 3^2$ (m은 0, 1, 2를 제외한 정수)
$2^5 + 7^2 = 3^4$
$13^2 + 7^3 = 2^9$

이 책을 준비하는 시점에서 가장 최근에 알려진 것은 아래와 같다.

$43^8 + 96,222^3 = 30,042,907^2$

이런 답에 속하는 제곱수는 더 큰 제곱수와 달리 왜 답이 되는지를 탐색해볼 수 있으므로, 발견된 해들은 빌 추측을 다루는 학생들에게 당연히 큰 관심거리다.

돈벌이라는 관점에서 보자면 빌 추측은 아주 가능성이 낮은 대상이다. 문제 자체를 이해하기는 쉽기 때문에 관심을 보이는 아마추어 수학자들은 많다. 빌 자신도 아마추어 수학자였고 결국 문제의 어려움에 봉착했었다. 그가 상금을 건 후 자신이 전문 수학자보다 나을지도 모른다고 생각하는 괴짜들이 이 문제에 주목하기 시작했다.

빌의 추측으로 돈을 벌고자 하는 분들에게 드리는 마지막 충고:

---

* $1^m+2^3=3^2$은 a, b 또는 c가 1일 때의 유일한 해로 알려져 있고 연속하는 두 정수의 제곱수로 나타내지는 유일한 경우다. 이는 2002년 프레다 머하일레스쿠(Preda Mihăilescu)가 증명한 카탈란 추측의 주제이기도 했다. 증명이 이루어졌으므로 지금은 머하일레스쿠의 정리라고 부른다.

정수론에 등장하는 다른 많은 '간단한' 문제들과 마찬가지로 이 문제도 이 문제를 이해한 사람에게는 아주 중독성이 크다. 사이먼 싱 Simon Singh이 쓴《페르마의 마지막 정리》에서는 이 정리가 아마추어와 전문가를 불문하고 왜 수많은 수학자들을 수세기 동안 매혹시켜 왔는지, 이들의 열정을 자극한 것이 무엇인지, 이와 관련한 속임수, 심지어 광기에 이르기까지를 자세히 다루고 있다.

페르마의 마지막 정리를 더 확장해서 더 어려운 문제가 되었을 뿐더러 100만 달러라는 상금까지 붙으며 빌 추측은 앞으로도 페르마의 마지막 정리와 비슷한 관심을 많이 끌어 모을 것이다.

> **퀘스트**
>
> 돈을 벌 다른 기회가 있다는 것을 망각하고 빌의 추측 문제에 매달리지 않는다. 페르마의 마지막 정리를 증명하는 데도 350년 넘게 흘러야 했으니, 빌의 추측이 맞는지 틀리는지를 알아내는 데도 350년쯤은 쉽게 걸릴 수 있다.

밀레니엄상에 도전해볼까?

클레이재단은 금융과 벤처 캐피털로 성공한 사업가이자 자선 사업가인 랜던 클레이Landon Clay가 1998년에 설립했다. 그는 수학자는 아니었지만 수학에 관심이 많았고 사회적으로 수학의 중요성이 저평가되어 있다고 믿고 있었다. 재단의 목표는 수학 연구를 지원하고 수학 분야의 발전을 장려하는 데 있다.

　이를 위해 재단에서는 2000년에 7가지 중요한 수학문제를 제시한다. 이 문제 중 어느 것이라도 증명하면 100만 달러(밀레니엄상)를 수여한다. 밀레니엄 문제 중 지금까지 풀린 것은 푸앵카레 추측 단 한 가지다. 물론 모든 문제가 최고 수준의 수학자여야 풀 수 있다고 여겨지므로 섣부른 희망은 갖지 않는 편이 좋다. 어쨌거나 문제들이 어떤 것인지 간략히 살펴보기로 하자.

리만 가설

리만 가설은 1859년 베른하르트 리만 Bernhard Riemann이 제기한 것으로 수학계에서는 아직까지 풀리지 않은 문제 중에서 가장 중요하다고 여겨진다. 간략하게라도 이유를 이해하려면, 수가 커질수록 소수의 빈도가 줄어드는 것을 설명하는 소수론 prime number theory을 조금 알아야 한다. 수의 값이 큰 경우, 어떤 임의의 정수 n이 소수일 확률은 $\frac{1}{\log(n)}$에 가깝다. 하지만 항상 오차를 나타내는 항이 덧붙기 때문에 실제 확률은 이 값과는 조금씩 다르다.

　리만 가설은 리만 제타 ζ 함수에서 자명한 근trivial zero*과 비자명한 근non-trivial zero을 찾는 것과 관련이 있다. 그리고 리만 제타 함수의 모든 비자명한 근은 실수부가 $\frac{1}{2}$인 복소수라고 추측한다.

---

* 어떤 함수에서 출력이 0이 되도록 하는 입력을 근(根, zero) 또는 해(解)라고 한다. (옮긴이)

매우 혼란스럽게 들리겠지만, 어쨌든 설명해보겠다. 함수에 입력이 주어지면 그에 상응하는 출력이 정해진다. 예를 들어 f(x)=x-3이라는 함수에 3을 입력하면 출력은 0이다. 이 함수에서는 출력이 0인 입력은 이 경우 하나뿐이지만, 함수에 따라서는 출력이 0인 입력이 여러 개 존재할 수 있다.

실수real number 만을 다루는 제타 함수는 아래와 같다.

$$\sum_{n=1}^{\infty} \frac{1}{n^s} = \frac{1}{1^s} + \frac{1}{2^s} + \frac{1}{3^s} + \frac{1}{4^s} + \cdots$$

실수는 유리수rational number 와 무리수irrational number 로 이루어진다. 예를 들어 1, -7, $\frac{1}{5}$, π, 2의 제곱근 등은 실수다. 그런데 수학자들은 무엇이건 더 복잡하게 만들고 싶어 하는 사람들인지라 더 복잡한 수를 입력으로 받는 함수도 생각해냈다. 복소수complex number 는 실수와 허수imaginary number 가 모여서 이루어지는 수다. 복소수는 3+i처럼(i는 -1의 제곱근을 가리킨다) 통상적으로 생각하는 수 체계에서는 불가능한 수다. 수정된 제타 함수에 복소수를 입력하면 출력이 자명하게 0이 되어 찾기 쉬운 경우들이 있는데('자명한 근'이라고 함) 수학자들이 관심을 가진 대상은 이것이 아니라 찾기가 극히 어려우면서 출력이 0이 되는 입력('비자명한 근')이다.

리만은 이 아이디어를 이용해서 어떤 수 n보다 작은 수 중에서 소수를 찾는 좀 더 정교한 방법을 만들어냈다. 리만 제타 함수의 중요성은 소수가 있을 것으로 생각되는 값 근처에서 이 함수 값의 진동의 크기가 제타 함수의 근의 실수부와 관련이 있다는 데 있다. 역시 설명하기엔 조금 복잡하지만, 핵심은 리만이 특정 수보다 작은 범위 안에서 이 함수를 소수의 위치를 예측하는 훨씬 정확하고 새로운 방법을 만드는 데 사용했다는 것이고, 이는 이 함수가 소수의 위치를 어떤 식으로건 '암호화'한 것이라는 사실을 의미한다. 대부분의 수학자들은 리만 가설이 옳다고 믿고 있으며 이 가설이 옳다는 전제하에 증명된 다른 가설도 매우 많으므로, 리만 가설을 증명하면 수많은 다른 수학 이론도 증명하게 되는 셈이다. 이 주제에 대해 더 알고 싶은 독자에게는 마커스 드 사토이Marcus du Sautoy가 쓴 《소수의 음악 The Music of the Primes》을 비전문가를 위한 최고의 책으로 추천한다.

P-NP문제

어려운 수학문제의 답을 구하는 것과, 어떤 답이 맞는지 틀리는지를 알아내는 건 별개다. P-NP문제는 이 차이에 관한 것이고, 컴퓨터 과학 분야에서는 아직 해결되지 않았으면서 핵심적인 문제이기도 하다. P-NP문제는 이런 질문을 제기한다. 어떤 값이 주어졌을 때 이것이 답인지 아닌지를 '손쉽게'(혹은 빠르게) 확인할 수 있는 문제는 모두 답도 '손쉽게' 구할 수 있는가? 여기서 '손쉽게'의 의미는 수학적으로 '다항식 시간polynomial time 이내'라는 뜻이다. 다른 말로 설명하자면, 입력이 n개일 때 어떤 문제의 답을 구하는 데 걸리는 시간이 n의 다항식 함수에 비례하는가, 아니면 n의 지수함수에 비례하느냐이다. 이 두 함수는 n의 값에 따라 값이 증가하는 속도가 매우 다르다.

10^n: $10^1, 10^2, 10^3, \cdots = 10, 100, 1{,}000, \cdots$

n^2: $10, 100, 10{,}000, 1{,}000{,}000, \cdots$

m^n: $m^{10}, m^{100}, m^{1000}, \cdots$

언뜻 보기에도 풀이 시간이 세 번째 수열과 같은 식으로 값이 늘어나는 함수가 첫 번째 수열처럼 값이 늘어나는 함수보다 훨씬 풀기 힘들다. 답인지 아닌지를 '손쉽게' 확인할 수 있는 문제 중에서 답 자체를 '손쉽게' 찾을 수 있는 것들을 P문제*라고 하고, 손쉽게 찾을 수 없는 문제를 NP문제**라고 한다. NP문제로 보이는 문제의 예로 해밀턴 경로 문제가 있다. N개의 도시가 있을 때 한 도시를 두 번 방문하지 않고 모든 도시를 방문하는 경로가 있는가?(그림43) 이런 형태의 문제는 굉장히 풀기 힘들지만(네트워크가 크면 그렇다) 일단 답이 주어

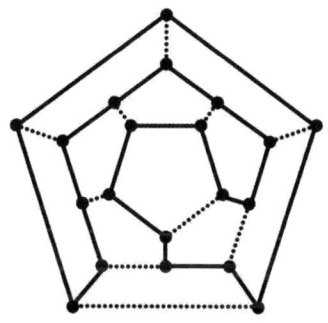

그림43 각 노드를 한 번씩만 지나면서 모든 노드를 지나는 경로를 찾는 문제. 실선은 지나간 경로를 나타낸다. 경로가 맞는지 확인하기 쉽지만 찾기는 (상대적으로) 어렵다.

* Polynomial(다항식) 시간 이내에 답 여부를 확인하고 풀 수 있는 문제라는 뜻. (옮긴이)
** non-deterministic(푸는 방법이 확실치 않지만) Polynomial(다항식) 시간 이내에 답 여부를 확인할 수 있는 문제라는 뜻. (옮긴이)

지면 맞는지 아닌지를 확인하는 건 아주 쉽다.

P문제와 NP문제가 양방향으로 성립하는지를 증명하는 것은 암호학, 수학, 인공지능을 비롯한 많은 분야에서 아주 중요한 의미를 갖는다.

버치와 스위너턴-다이어의 추측

이 추측은 타원을 표현하는 방정식의 유리수 해에 관한 것이다. 1960년대에 이 추측을 처음 제기한 브라이언 버치Bryan Birch와 피터 스위너턴-다이어Peter Swinnerton-Dyer의 이름을 땄다. 몇몇 특수한 경우에 대해서는 증명되었고, 아마도 맞을 것이라는 근거는 많이 발견되었지만 전체적으로는 여전히 증명되지 않았다. 이미 234쪽에서 타원 곡선이 디지털 암호학에서 아주 중요하고 수의 소인수분해에 이용된다는 사실을 살펴보았다. 그러므로 이 문제의 증명 여부는 온라인 보안 분야의 발전에 아주 중요하다고 할 수 있다.

양-밀스 질량 간극 가설, 나비에-스토크스 방정식, 호지 추측

앞서 설명한 세 가지 문제는 밀레니엄상 문제 중에서 전문적인 수학 지식이 없어도 대략의 의미는 이해할 수 있는 쉬운 것들이다. 이제부터 설명할 세 가지는 상당히 어렵기 때문에 필자도 완벽하게 이해하고 있다고 말하지는 않겠지만 간략하게 살펴보기로 하자.

양-밀스Yang-Mills 방정식은 입자 물리학의 기본을 이루는 요소 중 하나다. 시뮬레이션에 의하면 양자 물리학 방정식을 이용해서 구한 값에 '질량 간극mass gap'이 생긴다고 하는데, 아직 이 성질에 관해서는 증명된 바가 없다. 이를 '양-밀스 질량 간극'이라고 한다. 도대체 무슨 말인지 이해하기 힘들다고 느껴져도 걱정할 필요는 없다. 필자도 마찬가지이고 사실 설명하기 힘들다.

나비에-스토크스Navier-Stokes 방정식은 공간에서 공기와 물을 포함한 유체의 흐름에 관한 것이다. 많은 분야에서 이 방정식을 응용한다. 하지만 유체의 흐름이 불규칙하게 바뀌는 상황에서는 물리학자들도 아직 이를 적절하게 수식으로 나타내지 못하고 있다. 그러므로 이 문제를 푼다면 물리학 분야의 발전은 물론, 자연계를 이해하는 데 큰 진전이 있을 것이다.

위상수학topology은 형태, 그리고 다양한 형태가 서로 어떻게 변환되는가에 관한 분야다. 호지Hodge 추측은 이 분야에서 아직 풀리지 않은 문제로, 대수代數방정식algebraic equation의 해 중 어느 정도가 다른 대수방정식으로 정의될 수 있는가에 관한 것이다. 4차원 미만의 경우에 대해서는 증명이 되어 있지만 4차원인 경우에 대한 증명은 아직 없다. (필자가 여기 걸린 문제 중 어느 하나라도 풀어 100만 달러를 받을 가능성은 절대로 없다고 확언할 수 있다…)

푸앵카레 추측

마지막으로 다룰 문제인 1904년 프랑스의 수학자 앙리 푸앵카레 Henri Poincaré가 제시한 추측은 밀레니엄상에서 제시된 문제 중 유일하게 증명된 문제다. 위상수학 분야에서 가장 오랜 시간 동안 풀리지 않은 문제 중 하나였던 이 추측은 3차원 구球가 특정한 대수적 조건하에서 3차원 폐곡선(정의된 점의 집합)과 동일한지에 관한 것이다.

2006년 러시아의 수학자 그리고리 페렐만Grigori Perelman이 이 추측을 증명했다. 이 업적으로 그에게 필즈상이 주어지고 클레이연구소에서 상금 100만 달러를 지급하려 했으나 그는 다른 수학자들이 증명의 토대를 쌓은 것이므로 자신이 받는 것은 적절치 않다며 두 가지를 모두 거절했다.

그가 상을 거부한 사실은 많은 수학자들이 물질적인 풍요로움보다 학문적 성취에 더 관심을 갖고 있다는 것과, 돈을 벌려면 복잡하고 추상적인 것에 매달리기보다는 일상의 기본적인 수학이 더 의미 있다는 점을 일깨워준다.

수학과 관련된 다른 상들

현실적으로 볼 때 수학 분야의 상들은 전문적인 수학자들을 대상으로 한 것이긴 하지만, 누구라도 가끔은 즐거운 상상을 해보는 것도 괜찮다. 수학자들 사이에서 가장 권위 있는 상은 필즈상이다. 상금은 단지 1만 5,000캐나다달러에 불과하지만 이 상을 받는 것은 수학자로서는 최고의 영예다. 또한 이 상은 수상 자격이 40세 이하로 제한된다. 1936년에 이 상을 제정한 존 찰스 필즈John Charles Fields는 이 상이 젊은 수학자들에게 지속적인 연구를 권장하는 자극이 되길 바랐다.

상금이 더 많은 상도 있긴 하다. 중국 출신의 미국 수학자 천싱선 陳省身의 이름을 딴 천메달Chern Medal은 국제수학연맹이 4년마다 수여하며 상금은 25만 달러다. 아벨상Abel Prize의 상금은 더 높다. 노르웨이 정부가 매년 수여하는 이 상은 19세기의 노르웨이 수학자 닐스 헨리크 아벨Niels Henrik Abel의 이름을 땄으며 상금은 600만 크로네(약 57만 달러)다. 노벨상에는 수학 분야가 포함되지 않았으므로 처음엔 노벨상이 제정된 1901년부터 이 상을 수여하려 했다. 하지만 실행에 옮겨지지 못했고 2001년이 되어서야 상이 제정되었는데 이제는 수학 분야의 중요한 상으로 꼽힌다.

노벨상에 수학 분야가 포함되지 않은 이유는 분명치 않다. 떠도는 이야기에 따르면 스웨덴의 저명한 수학자였던 미탁-레플러Magnus Gösta Mittag-Leffler가 노벨의 부인과 함께 도망을 가서 화가 난 노벨이 수학을 제외했다고도 한다. 하지만 노벨은 결혼한 적이 없으므로 오히려 부유했던 미탁-레플러가 사업으로 노벨보다 더 큰 성공을 거뒀기 때문이라는 설이 더 그럴듯하다. 어쨌거나 진실은 훨씬 더 무미건조할 수도 있다. 두 남자 사이에 연결 고리가 있었다는 증거가 없기도 하고, 노벨 스스로가 수학에 별 관심도 없었기 때문에 수학을 노벨상에 포함하지 않았을 가능성이 높다.

이젠 아벨상이 있으므로 재능과 운을 겸비한 수학자라면 큰돈을 벌 길이 열린 셈이다.

이해하기 쉽지만 풀기는 어려운

/
수학과 관련된 큰 상들은 최고 수준의 수학자 이외에는 거리가 멀다는 걸 보았다. 그러나 아마추어 수학자들의 관심을 끄는, '문제 자체는 이해하기 쉽지만 풀기는 어려운' 수학문제들이 있다. 중요한 미해결 문제의 해결에 공헌한 위젠춘의 사례도 있듯, 누구라도 언젠가는 아래에 설명한 문제를 풀어서 명성도 얻고 (어쩌면) 금전적 보상도 손에 넣게 될지 모를 일이다. 그런데 문제를 체계적으로 푸는 관점에서 본다면 이 문제들은 하나같이 매력적이다. 하지만 이해하기도 어렵지 않고, 증명하려면 어떻게 접근해야 할지도 눈에 보이는 것 같은데도 불구하고 어느 것이나 오랜 시간 동안 풀리지 않고 있는 것을 보면, 어쩌면 하나같이 증명이 불가능한 것일지도 모를 일이다.

콜라츠 추측

임의의 양수를 아무것이나 고른다. 짝수면 2로 나누고, 홀수면 3을 곱한 뒤 1을 더한다. 예를 들어 7부터 시작해서 이 과정을 반복하면 아래와 같은 식의 수열이 얻어진다.

7 - 22 - 11 - 34 - 17 - 52 - 26 - 13 - 40 - 20 - 10 - 5 - 16 - 8 - 4 - 2 - 1

1이 나온 뒤에는 1-4-2-1의 수열이 반복된다. 콜라츠Collatz 추측 (3n+1 추측이라고도 함)은 어떤 수에서 시작해도 수열이 결국 1에 이르게 된다는 내용이다. 이 추측의 반례는 아직 없지만, 그렇다고 해서 이 추측이 항상 성립한다는 의미는 당연히 아니다.

이 문제의 약간 다른 버전에는 반례가 몇 개 있다는 점이 흥미롭다. 만약 수열이 음수에서 시작해도 된다면(양수와 마찬가지로 수열이 최종적으로 대부분 -1에 도달한다), 아래처럼 -1이 되지 않는 경우가 생긴다.

$-7 \to -20 \to -10 \to -5 \to -14 \to -7$

$-17 \to -50 \to -25 \to -74 \to -37 \to -110 \to -55 \to -164 \to -82 \to -41 \to -122 \to -61 \to -182 \to -91 \to -272 \to -136 \to -68 \to -34 \to -17$

홀수인 경우 3n+1 대신 5n+1을 적용하면 13과 33에서 시작했을 때 1에 도달하지 않는 반례가 된다. 또한 1이 아니라 원래 시작한 수로 돌아가는 수도 있고, 무한히 커지는 수열이 되는 수도 존재한다.

이리저리 머리를 굴려보기엔 재미있는 추측이지만, 그 이상 무엇인가를 찾아내기란 지극히 어렵다. 이 문제는 팔 에르되시Paul Erdős 같은 뛰어난 수학자가 상금을 내건 문제 중 하나이기도 하다(해결한다면 지금도 그의 유산으로 상금이 지급된다). 하지만 상금은 500달러에 불과하고 그 자신조차 "수학은 이런 문제를 풀 준비가 안 되어 있다"고 말하며 아마도 풀기가 불가능할 것이라고 생각했었다. 현재 이 문제에 관한 최고의 전문가는 아마도 (수십 년간 연구한 후) 2010년에 이 문제가 어쩌면 '증명 불가능'하다는 의견을 내놓은 제프리 러개리어스Jeffrey Lagarias일 것이다.

골드바흐의 추측

이 추측도 이해하기 아주 쉬운 것 중의 하나다. 2보다 큰 모든 짝수는 2개의 소수의 합으로 표현 가능하다는 것이다. 독일의 수학자 크리스티안 골드바흐Christian Goldbach는 1742년 레온하르트 오일러Leonhard Euler에게 보낸 편지에서 이 아이디어를 처음 제시했는데, 지금껏 꿋꿋이 증명되지 않고 있다.

수가 커질수록 '골드바흐 파티션partition'의 개수가 늘어나는 것으로 보이므로 이 추측이 맞을 가능성이 극히 높아 보이긴 한다(어떤 수 n의 골드바흐 파티션은 두 소수를 더해 n이 되도록 하는 방법이다. 24는 5+19, 7+17, 11+13 세 가지의 골드바흐 파티션을 갖는다).

이 추측은 어느 정도 진전은 있었지만 아직 완전한 증명에는 이르지 못하고 있다. 예를 들어 4보다 큰 모든 수는 최대 4개의 소수의 합으로 표시되는 것이 증명되어 있다.

이 추측을 증명하면 100만 달러를 받을 수 있다는 이야기를 들었다면 조심할 필요가 있다. 이 상금은 영국의 페이버&페이버 출판사가 《그가 미친 단 하나의 문제, 골드바흐의 추측Uncle Petros and Goldbach's Conjecture》 홍보의 일환으로 2000년에 제시했던 것으로 지금은 유효하지 않다. 정말 증명한다면 엄청나게 유명해지긴 하겠지만, 문제가 제시되고 270여 년이 지난 지금도 증명이 될 기미는 좀처럼 보이지 않는다.

쌍둥이 소수

쌍둥이 소수 추측은 필자처럼 좀 괴짜들이 많이 끌리는 문제다. 이 추측은 사실 한 쌍의 소수가 이루는 패턴을 다루기 때문에 골드바흐 추측과 아주 밀접한 관련이 있다.

 소수가 무한히 많다는 것을 증명하려는 역사는 고대 그리스까지 거슬러 올라간다. 유클리드는 놀라운 방식을 이용해서 가장 큰 소수가 존재할 수 없다는 것을 증명했다. 만약 알고 있는 모든 소수를 곱한 뒤 1을 더하면 이 수는 새로운 소수이거나 지금껏 모르던 다른 소수의 곱이어야 하므로 원래의 가정이 틀렸다는 의미가 된다. 그러므로 가장 큰 소수라는 것은 존재할 수 없다.

 이와 관련해서 최근 수백 년 동안 수학자들을 매료시킨 문제가 있다. 바로 쌍둥이 소수(p와 $p+2$가 모두 소수인 수)가 무한히 존재하는가 하는 것이다. 유클리드가 썼던 방법을 비슷하게 적용하면 될 것 같지만 막상 해보면 그렇지 않다. 어느 정도 진전이 있긴 했다. 2013년 중국 출신의 미국 수학자 장이탕張益唐이 인접한 두 소수의 차이가 7,000만 이하인 소수쌍이 무한히 많음을 증명했다. 언뜻 보기엔 성과가 좀 약해 보이겠지만 두 소수 사이의 간극이 어떤 한도 내일 때 소수쌍이 무한하다는 것을 보였다는 것은 사실 쌍둥이 소수 문제의 증명 과정에서 엄청난 진전을 이룬 것이다. 이후 후속 연구가 진행되면서 간극은 7,000만에서 246까지 줄어들었고 언젠가는 2까지 줄어들지도 모른다. 답이 나오기 전까지는 어찌 되었건 이 문제가 앞으로도 매혹적인 문제로 남아 있을 것이다(비슷한 유형의 문제인 4촌 소수쌍 [p와 $p+4$가 소수], 섹시 소수쌍*[p와 $p+6$이 소수] 등을 포함해서).

---

* sexy는 6을 뜻하는 라틴어 sex의 형용사형이다. 6촌 소수쌍이라는 뜻. (옮긴이)

아직 풀리지 않은 문제는 이 밖에도 많다. 소수와 관련된 추측만 해도 아주 많다. 하지만 이런 문제들을 푸는 데 매진해보고 싶다면 금전적 보상보다는 재미삼아 해보는 편이 현명하다고 본다.

암호 해독의 유혹

/

수학에 관심 있는 사람들에게 있어서 암호 해독 분야는 항상 매혹적이었다. 암호 해독으로 역사적으로 이름을 남긴 사람은 많은 경우에 수학자들이었다. 지금껏 풀리지 않은 유명한 암호를 해독해낸다면 아마도 명성과 부를 한꺼번에 얻을 수 있을 것이다.

대표적인 것은 270년이 지나도록 풀리지 않았던 코피알레Copiale 암호다. 손으로 쓰여 있는 7만 5,000개의 글자로 이루어진 이 암호는 2011년이 되어서야 서던캘리포니아대학교의 케빈 나이트Kevin Knight, 스웨덴 웁살라대학교의 베아타 메기에시Beáta Megyesi와 크리스티안 셰이퍼Christiane Schaefer에 의해 비로소 풀렸다. 빈도 분석을 비롯해서 이들이 사용한 수학적 기법들에 의하면 이 암호문이 복잡한 동음이의어와 1730년대 비밀조직인 오큘리스트Oculists(안과의사들로 구성된 일종의 프리메이슨 조직)의 연대기를 사용하고 있음을 보여준다.

이와 같은 고대의 미스터리를 풀려면 기본적으로 끈기와 행운, 뛰어난 수학적 접근이 필요하다. 또한 여전히 풀리지 않는 암호문으로 보이니치 문서Voynich manuscript가 있다. 이 책은 아주 아름답고 황홀하게 장식되어 있으며 식물학 혹은 천문학과 관련된 내용이 담겨 있는 것으로 여겨지고, 알려지지 않은 문자로 쓰여 있다. 길이는 240쪽이고 17만 개의 글자로 이루어져 있는데 이 중 30개의 글자가 자주 등장한다. 이 책에 대해 알려진 건 거의 없다. 언제쯤 만들어졌는지도 불분명하고 식물 그림 대부분은 내용이 확인되지 않았다. 수십 년에 걸쳐 이 책을 해독하려고 애쓴 결과 짧은 부분 몇 곳을 해독했다고 주장하는 연구자들이 있긴 하지만 실질적 성과는 별로 없다. 일부에서는 이 책이 전통적 의미의 암호가 아니라 어쩌면 한 면에 정해진 격자를 대면 어떤 글자를 해독해야 하는지 알려주는 스테가노그래피steganography일지도 모른다고 보는데, 만약 정말 그렇다면 해독은 더 어려워지기만 할 뿐이다.

아직까지 해독되지 않은 또 다른 암호문으로 1939년 알렉산더 디아가페예프Alexander D'Agapeyeff가 쓴 《암호와 암호문Codes and Ciphers》 초판에 실린 디아가페예프 암호(그림44)가 있다. 이 암호는 저자가 독자들에게 직접 풀어보라고 낸 문제로, 해답이 실려 있지 않았다. 게다가 간결한 구조는 이 암호를 풀기가 불가능할 수도 있음을 의미한다. 2판부터는 디아가페예프는 자신이 어떤 방법으로 이 암호를 만들었는지 잊어버렸다고 하며 문제를 삭제했다.

```
75628 28591 62916 48164 91748 58464 74748 28483 81638 18174
74826 26475 83828 49175 74658 37575 75936 36565 81638 17585
75756 46282 92857 46382 75748 38165 81848 56485 64858 56382
72628 36281 81728 16463 75828 16483 63828 58163 63630 47481
91918 46385 84656 48565 62946 26285 91859 17491 72756 46575
71658 36264 74818 28462 82649 18193 65626 48484 91838 57491
81657 27483 83858 28364 62726 26562 83759 27263 82827 27283
82858 47582 81837 28462 82837 58164 75748 58162 92000
```

그림44

이론적으로 보자면 지금껏 해독되지 않은 암호문 중 해독해서 가장 큰 보상을 받을 가능성이 있는 암호는 빌Beale 암호다. 이 암호는 1880년대 버지니아에서 출판된 팸플릿에 실려 있던 것으로, 이야기 하나와 암호화된 메시지 셋이 실려 있다. 이 이야기에 따르면, 당시로부터 수십 년 전, 빌이라는 남자가 버지니아의 베드포드 카운티에 있는 비밀 장소에 마차 두 대분의 보물을 땅에 묻었다고 한다. 그런 뒤 동네 여관에 열쇠로 잠긴 상자를 하나 맡겨놓고선 마을을 떠나버렸다. 몇 년 뒤 여관 주인이 상자를 열어보니 암호 메시지가 들어 있었다. 여관 주인이 죽은 후 그의 친구가 20년에 걸쳐 해독한 메시지 하나에는 땅에 묻어둔 금, 은, 보석들의 내용이 담겨 있었다. 당연히 나머지 두 메시지에는 보물이 묻힌 장소와 그곳으로 찾아가는 방법이 들어 있을 터이지만 아직 아무도 이 암호를 풀지 못하고 있다.

경고 한 가지. 빌이라는 사람이 실존했는지에 대한 믿을 만한 정보는 전혀 없고, 이 이야기는 그저 출판사가 판매를 늘리려고 만들어낸 흔해빠진 수법일 가능성도 있다. 이 암호를 풀어서 보물을 찾을 수도 있겠지만, 아마도 이 이야기에서 건질 교훈은 예나 지금이나 보물찾기 이야기가 사람들의 관심을 잘 끈다는 것일 테다. 아울러 그저 헛수고일 것이 뻔하다는 교훈도.

문제는 풀리라고 있는 것

이 장에서는 아직까지 풀리지 않은 다양한 수학문제와 암호문들을 살펴보았다. 그렇다고 지나치게 비관적인 시각으로 마무리 지을 필요는 없다. 앞에서 이미 보았듯 가끔은 좀처럼 풀리지 않던 문제가 풀리기도 한다. 여러 학자가 힘을 합쳐 270년이 넘도록 풀리지 않고 있던 코피알레 암호문을 풀었고, 그레고리 페렐만은 푸앵카레 추측이 제시된 지 한 세기가 지나서 이를 증명했으며, 앤드루 와일스는 페르마의 마지막 정리를 358년 만에 (엄청나게 복잡하게) 증명함으로써 세계적인 명성을 얻었다. 이 밖에도 오랫동안 풀리지 않던 문제가 풀린 사례는 아주 많다.

1919년 헝가리의 수학자 포여 죄르지Pólya György가 임의의 주어진 수보다 작은 자연수 중 50% 이상은 소인수가 (짝수 개가 아니라) 홀수 개일 것이라는 추측을 내놓았다. 이 추측은 포여 추측이라고 불렸는데 1958년 C. 브라이언 하셀그로브C. Brian Haselgrove에 의해서 참이 아니라는 것이 증명된다. 어떤 추측의 반례를 아직 찾지 못했다고 해서 참이라고 볼 수는 없다는 것을 보여주는 좋은 예다. 하셀그로브가 처음 이 추측이 참이 아니라는 사실을 발견했을 때까지의 연구 결과에 의하면 반례가 1.845×10^{361}! 이내의 수 중에 존재하리라는 것까지만 밝혀져 있었다. 하지만 이후의 연구에 의해 훨씬 작은 값을 갖는 반례가 발견되었다($n = 906,180,359$).

비교적 이해하기 쉬우면서도 해결이 된 문제로 4색 정리four-color theorem가 있다. 이 문제는 1852년 거스리F. Guthrie가 제시했는데, 2차원 평면 위에서 구역이 나누어진 어떤 지도도 인접한 두 영역이 같은 색이 되지 않도록 4가지 색으로 모두 칠할 수 있다는 내용이다(점이 아니라 선으로 접한 두 영역을 인접 영역으로 본다).

최초의 오류 없는 증명은 두 수학자가 공동으로 컴퓨터를 이용한 연구를 통해 어떤 영역이건 4가지 색으로 구분할 수 있다는 것을 보인 1977년에 나왔다(당시 일부 수학자들은 이들의 증명에 컴퓨터를 이용한 사례가 포함되어 있다는 이유로 이를 인정하지 않았으나, 이후 별개의 증명을 통해 이들의 증명이 컴퓨터 시뮬레이션에 의존하지 않았다는 사실이 확인되었다).

결국 오랫동안 풀리지 않던 문제도 언젠가는 풀릴 수 있다. 상금도 받을 수 있다. 보물도 찾을 수 있다. 이런 일이 쉽사리 일어나는 건 아니지만, 자신이 이런 미해결 문제의 핵심이 숨겨진 미로에서 길을 찾아내는 주인공이 되리라는 상상이 전혀 해로울 것이 없는 것도 사실이다.

8장 요약

1. 오랫동안 풀리지 않고 있는 수학문제나 암호도 언젠가는, 몇백 년이 지나서 풀릴 수도 있다.
2. 카마이클 수에 대한 위전춘의 업적은 오늘날에도 아마추어 수학자가 커다란 기여를 할 수 있음을 보여준다.
3. 현실적으로 보자면 어려운 추측을 이리저리 생각해보는 것은 자신의 수학적 본능을 다듬고 (일부 사람들에게는) 여가 시간을 보내는 좋은 방법이다.
4. 어딘가에 보물이 묻혀 있기야 하겠지만 대부분의 사람들에겐 큰돈을 벌기에 이보다는 더 좋은 방법들이 있다.

나가며
수학적으로 생각하기

이 책에서는 수학과 부를 연결하는 몇 가지 측면을 살펴보았다. 도박의 세계에서 얻은 통찰력을 어떻게 투자의 세계에 활용할 수 있을지도 보았다. 포트폴리오 이론은 투자 위험을 분산하는 데 적용할 수 있다. 예측 불허의 주식시장도 수학적 관점에서 바라보았다. 수학을 이용해서 시스템을 해킹하거나 돈을 버는 사람들의 기법도 알아보았다. 퀀트 펀드와 알고리즘이 어떻게 금융업계를 지배하게 되었는지도 보았고 수학, 암호학, 비즈니스의 미래도 간단하게나마 살펴보았다. 수학적 통찰력을 실제 업무 현장에서 성과를 높이는 데 활용할 최선의 방법도 생각해보았다. 잠시나마 수학 분야의 상, 미해독 암호문, 수백 년 된 추측들과 함께 몽상의 시간도 가졌다.

 결론적으로 하고 싶은 이야기는 수학을 이용해서 큰돈을 벌 방법이 실제로 있다는 것이다. 어떤 방법은 다른 방법보다 좀 더 쉽지만, 대부분은 어렵고 시간이 많이 걸릴 뿐더러 수학적 능력을 요구하며,

일부는 전문적인 수학자만 접근 가능하다. 하지만 누구나 자신의 수학적 능력을 이용해서 가능한 한 가장 즐겁고 수익성이 높은 방법을 활용해서 돈을 버는, 그런 꿈을 꿀 수 있다.

많은 자기계발서, 특히 쉽게 돈을 벌어 행복을 손에 넣는 방법을 알려주는 안내서들은 독자들에게 목표를 명확하게 글로 적어보라고 권하는 경우가 많다. 수학적 사고의 경우, 필자가 추천하는 방법은 이 책에 나온 내용 중 실제로 자신의 삶에 변화를 줄 수 있는 것들을 추려 목록을 만들어보는 것이다. 아마 큰 상금을 목표로 하거나 힘들게 시간을 들여 포트폴리오 이론을 배우는 것이 내키지 않을 수도 있다. 만약 그렇다면, 통계적 왜곡에 대해 좀 더 이해하고 게임 이론을 공부하는 것은 어떤가. 그것만으로도 다음 연봉 협상이 과거와는 크게 달라질 수 있을 것이다. 기존의 복권이나 상금이 걸린 게임쇼에서 허점을 발견하기는 힘들다고 생각한다면? 그래도 무작위성이 자신의 삶에 어떤 영향을 미치는지를 이해하게 되고 투자를 결정할 때 비이성적 오류는 피할 수 있을 것이다.

자신이 현실적으로 달성할 수 있는 것이 무엇인지 진지하게 고민해보고, 뭔가 개선할 능력이 자신에게 있는지를 긍정적으로 생각해보기 바란다. 자수성가한 부호들이 모두 어떤 아이디어 한 가지만으로 그 자리에 이른 건 아니다. 대부분은 사업과 삶에 있어서 다양한 측면에 적절하게 집중했고, 손실을 최소화하고 수익을 최대화하려고 항상 노력했다.

사업과 투자에서 항상 수학이 몸에 배면 실수를 피할 가능성이 아주 높아지고, 더 효과적으로 투자하고 자금을 보존할 수 있으며,

매일매일 훨씬 효율적이 된다. 돈과 숫자는 역사가 시작된 이래 떼려야 뗄 수 없는 관계다. 그 어느 때보다도 수학을 제대로 이해하는 것이 재무적 관점에서의 성공에 핵심적 요소라는 것은 말할 나위가 없다.

경제적 자유를 위한
최소한의 수학

1판 1쇄 펴냄 2023년 8월 1일
1판 3쇄 펴냄 2023년 11월 25일

지은이	휴 바커
옮긴이	김일선
편 집	안민재
디자인	룩앳미
제 작	세걸음
인쇄·제책	영신사

펴낸곳	프시케의숲
펴낸이	성기승
출판등록	2017년 4월 5일 제406-2017-000043호
주 소	(우)10885, 경기도 파주시 책향기로 371, 상가 204호
전 화	070-7574-3736
팩 스	0303-3444-3736
이메일	pfbooks@pfbooks.co.kr
SNS	@PsycheForest

ISBN 979-11-89336-62-2 03410

책값은 뒤표지에 표시되어 있습니다.

이 책의 내용을 이용하려면 반드시 저작권자와
도서출판 프시케의숲에 동의를 받아야 합니다.